In the Blink of an Eye

The Cause of the Most Dramatic Event in the History of Life

ANDREW PARKER

眼の誕生

カンブリア紀大進化の謎を解く

アンドリュー・パーカー

渡辺政隆｜今西康子＝訳

草思社

IN THE BLINK OF AN EYE
by
Andrew Parker

Originally published in English by The Free Press,
an imprint of Simon & Schuster UK Ltd.
Japanese translation rights arraged with Andrew Parker
c/o Curtis Brown Group Ltd., London
through Tuttle-Mori Agency, Inc., Tokyo.

絶対に起こり得ないことを除外していったあげくに残ったものが、どんなに現実ばなれしたものであろうとも、真実であるはずなのだ。

——サー・アーサー・コナン・ドイル

『緋色の研究』（一八八七年）

わが両親に本書を捧げる

はじめに

カンブリア紀の地層から突如として化石が見つかるようになることについては、現時点ではまだ説明がついていない。……この点はここで論じた進化論の考え方に対する有力な反証となりうる。
——チャールズ・ダーウィン『種の起源』
（最終第六版、一八七二年）

今を去ること五億四三〇〇万年前、今日見られる主要な動物グループのすべてが、いっせいに硬い殻を進化させ、それぞれ特有の形態をもつにいたった。しかもそれは、地史的に見れば一瞬に等しい期間で起こった。これこそ、動物進化におけるビッグバン、史上もっとも劇的な出来事といってよいかもしれない。では、この「カンブリア紀の爆発」と呼ばれる出来事を招来した起爆剤は、いったい何だったのか。

この尋常ならざる爆発的進化を起こした原因については、これまでにさまざまな説が提唱されてきたが、納得のゆくものはなかった。いずれにも強力な反証が存在するのだ。有力とされる説もくわしく検討してみると、どれもみな、進化史上の異なる出来事を説明する説ではありえても、カンブリア紀の爆発そのものの説明とはなっていないことがわかる。早い話、進化のビッグバンで起きたことに関しては多くのことが書かれ、広く知れ渡っている一方で、それが起きた原因については皆目わかっていないというのが実情なのだ。本書の目的は、カンブリア紀の爆発が起こった原因を解き明かすことにある。

その原因を解き明かすにいたった物語を語るにあたっては、「謎」とか「手がかりを捜す」といった表現がぴったりである。そう、この物語は、科学的犯罪捜査として語るにふさわしい話題なのだ。したがって本書はおのずと探偵小説の構成をとることになった。

これまでぼくは、関心が赴くまま、また目前に立ちはだかる謎を解く必要上から、さまざまな研究分野に首を突っ込んできた。歩んだ道は決して平坦なものではなかったが、長い捜査の果てに姿を現わしたのが、カンブリア紀の謎だった。謎をひとつひとつ解き明かす過程でおのずと証拠が集積され、最後に手にした答については、今もって反証の現われる兆しがない。つまり、最後に残ったこの答こそが「真実」であると、ぼくは確信している。

カンブリア紀の爆発が起きた真の原因を解き明かすには、たとえいかにまだるっこくとも、順序立てて説明してゆく必要がある。そこで、第1章で問題を提起したあと、第2章から第8章では、地球上の生きものはどのように生きているのか、進化の過程ではどのようなことが起きてきたのかを説明しながら、地史学上の時代ごとに生きものが対処してきた問題を、多層的に論じてゆけたらと思う。そうやって少しずつ光を当てながら、全体像をあぶりだしてゆきたい。

専門用語を使う分だけ読者の数は減るという忠告に従い、学名や専門用語は極力使わないつもりである（引用文献もしかり）。動物の学名はできるだけ避け、場合によっては俗称や通称ですますことにする。そうすることに対する批判は、甘んじて受ける覚悟である。ただし、繰り返し使わざるをえない重要な専門用語については、あえてそのまま使用する。

第8章を終える時点で、カンブリア紀の爆発の謎を解明するために必要な手がかりは、すべて提示されるだろう。積み上げられる科学的な証拠は、生物学の分野にとどまらない。地質学、物理学、化学、歴史、芸術と多岐におよぶはずである。俎上に上げる話題も、眼、色彩、化石、捕食動物、古代エジプトの像、深海、サンゴ礁など多彩である。〝マクスウェルの朝食やニュートンのクジャクのどこが、進化と関係があるのだ。チャールズ・ドゥーリトル・ウォルコットが発見したカンブリア紀の「バージェス化石」と同列とでも言うのか〟そんな訝しむ声も聞こえてきそうだが、カンブリア紀の爆発をめぐる謎は、あらゆる分野の証拠を集めてかからねばならないほど手強い。しかも、誰もが耳を傾けて損はない。その謎解きは、一般向けの本にする値打ちがあると、ぼくは確信している。読者のみなさんの同意が得られたら、これほどうれしいことはない。

ぼくがカンブリア紀の謎へと導かれたのは、いくつかすばらしい機会を与えていただいたおかげである。シドニーのオーストラリア博物館での職を最初に提供してくれたのは、ペニー・ベレンツとパット・ハッチングス両氏である。そこで過ごした何年かの間に、地球上の主要な動物グループすべての生きた標本や収蔵標本を詳細に調べる幸運に恵まれた。それは、大学生時代に動物の多様性を教科書で学んだときとはまるで異なる体験だった。オーストラリア博物館のジム・ラウリーとマクアリー大学（シドニー）のノエル・テートの両氏は、ぼくの博士過程の研究に深い理解を示し、動物の多様性、生態、進化について多くのことを教えてくれた。そのほか、オーストラリア博物館のみなさんには、大きな援助と励ましをいただいた。紙幅の関係で名前を列挙するわけにはいかないが、みなさんにお礼を申し上げたい。

貝虫を専門に研究しようと決意を固めるにあたっては、スミソニアン研究所（ワシントンDC）のルー・コーニカーとロサンゼルス郡自然史博物館のアン・コーエンの両氏から専門的指導を受けた。温かく忍耐強いお二人の指導が、駆け出しのぼくの大きな力となった。じつは、本書で述べるように、貝虫の研究は、ぼくをまったく思いもよらない別の分野へと導いた。古典物理の光学の世界である。

英国のマイケル・ランド（サセックス大学）、サー・エリック・デントン（プリマスの英国海洋生物学協会）、ピーター・ヘリング（サウサンプトン海洋センター）といった方々は、動物の光学的特性や体色について刺激的な研究をされていた。そうした方々の研究分野に参入できたのはすごいことであり、ぼくの突拍子もない問い合わせに辛抱強くつきあい、多くの力添えをいただいたことに感謝している。動物の構造色に手を染めてからは、光学を専門とする物理学者をなにかと煩わせることになった。とくに、シドニー大学のロス・マクフェドランとデイヴィッド・マッケンジーの両氏には並々ならぬ面倒をおかけした（仲介の労をとってくれたのはお二人の同僚マリアン・ラージ氏）。その他にも多くの方々が、ぼくのために少なからぬ時間を割いてくださった。そうした物理学者の方々のおかげで、基礎すらおぼつかない分野にもすぐになじむことができた。そして、自然界の現象に光学理論を適用することの面白さにすっかり魅せられた。

カンブリア紀の問題を垣間見たのはそんなころだった。カンブリア紀の生物学については、たくさんの古生物学者の方々からご指導をたまわった。とくに感謝に堪えないのは、ぼくの研究に対して示唆に富む考察や批評を加えてくれた、グレッグ・エッジコム（オーストラリア博物館）、サイモン・コンウェイ・モリス（ケンブリッジ大学）、故スティーヴン・ジェイ・グールド（ハーヴァード大学）の諸氏、それと、カナディアンロッキーにある名高い「バージェス頁岩《けつがん》」採掘場への生涯忘れられない旅をかなえてくれたデズ・コリンズ氏（カナダのロイヤル・オンタリオ博物館）である。

彼らの多くが、ぼくのオクスフォード大学への移籍を支持してくださった。実際にこの移籍を実現させてくれたマリアン・ドーキンズとポール・ハーヴィーの両氏にも感謝している。その間に獲得できた奨学金や研究資金なくして、これまでのぼくの研究はありえなかった。現在は、ロイヤルソサエティ（英国学士院）の大学特別研究員の地位を提供されているおかげで、最大限の時間を研究にあてられるという幸運に浴している。また、リサーチフェローの地位を提供してくれているオクスフォード大学サマーヴィル・カレッジにも感謝しなければならない。

研究以外の面、とくに本書を出版するにあたっても、多くの方々のお世話になった。オクスフォード大学出版局のキャシー・ケネディ氏からは、研究者仲間以外の読者に向けた文章作法の指南を受けた。最初の草稿はひどい代物だった。一般向けの科学書を書くというのは、まさに至難のわざである! 出版エージェントであるピーター・ロビンソン氏には、文章作法の鍛錬に力を貸していただいた。しかし、科学論文とも科学読み物ともつかぬ中途半端な草稿と格闘し、なんとか読みやすい文章にまとめるうえでひとかたならぬお世話になったのは、担当の編集者の方々、なかでもとくに英国のアンドルー・ゴードン氏(および米国のアマンダ・クック氏)である。また、第10章のヒントを与えてくれたロンドンのジェレミー・デイ氏と、米国の科学者ロナルド・ワッツ氏にも感謝する。

最後に、たえずぼくを励まして研究生活を支えてくれた、両親、家族、親友に感謝したい。

眼の誕生——カンブリア紀大進化の謎を解く◆目次

第2章　化石に生命を吹き込む

第3章　光明

第1章

進化のビッグバン

カンブリア紀に起きた爆発的進化は、生命史における最大級の謎めいた出来事である。

――デレク・ブリッグス、ダグラス・アーウィン、フレデリック・コリアー（一九九四年）

いわゆる「カンブリア紀の爆発」は、生命史の要をなす瞬間である。

――スティーヴン・ジェイ・グールド『ワンダフル・ライフ』（一九八九年）

カンブリア紀にどうして放散が起きたのかと問われても、正直言ってわからないとしか答えようがない。

――ヤン・ベリストローム（一九九三年）

おなじみの生きものたち

ぼくは大学生時代に、動物の多様性を論じる動物系統学の講義を受けた。その内容の退屈さは今でも鮮明に覚えている。歴代の学生が使いまわしてきた教科書の新しい章を毎週開くたびに、それぞれの動物グループを代表する種を描いた、ぐねぐねした白黒の線画が目に飛び込んできた。紙の折れ目やインクの染み、前に使った学生のいたずら書きなどと違和感なく一体になった絵で、旧式タイプライターの太くて不鮮明な印字ほどにも興味のわかない代物ばかりだった。現代の生物とは何の類縁もなかったり、絶滅種なのか現生種なのか区別できないものばかり。

その数年後、初めてグレートバリアリーフを訪れたぼくは、オーストラリアが世界に誇る自然界の驚異に接する期待と畏れを抱きつつ、気負って海中に顔を突っ込んだ。しかしそこは、案に相違して、墨色の闇に包まれた世界だった。ぼくの突然の出現に驚いたイカが、墨を吐いてしまったのだ。けれども墨が薄れるにつれ、四方八方から目を射る強烈な色彩に焦点が合うと同時に、グレートバリアリーフの浅海にすむ多種多様な生きものの姿がくっきりと浮かびあがってきた。学生時代に少しかじっただけの予備知識しかないまま、多種多様な動物と再び相見《あいまみ》えることになったのである。枝角状、ドーム状、うちわ状、脳状、パイプ状など、さまざまな形状のサンゴがまっさきに姿を現わした。ひとつが直径わずか数ミリメートルのポリプ（その姿は小さなイソギンチャクのようでもあり、逆さにしたクラゲにも見える）がサンゴの本体で、夜になると触手を伸ばして食物をとらえる。グレートバリアリーフでは、ポリプの骨格をなしている硬い石灰質の構造が二〇〇〇キロメートルにもわたって広がっており、月面からでも見えるといわれるほど世に名高いサンゴ礁を形成している。

サンゴとイソギンチャクとクラゲは、外観やライフスタイルは異なっているものの、じつは「刺胞《しほう》動物門」という同じひとつの高次動物グループ（門）に属している。体内の体制（ボディプラン）が共通しているのだ。つまり、栄養分の処理工程や酸素輸送システムといった体内器官の組成が似ているということである。

グレートバリアリーフに話を戻すと、ありとあらゆる色彩に彩られたサンゴ礁は、動物門のすべてをそろえたアンソロジーともいえる。サンゴ礁はカイメンの花畑で飾られており、その形状や色彩の多様さはサンゴにひけをとらない。カイメンの体内の水路は、別の門に属する動物のすみかとなっている。たとえば、ミミズやヒルとともにひとつの門を構成している環形《かんけい》動物がいる。そのなかにはオパールのように虹色に光るものもいる。奇怪な姿をしたコガネウロコムシもそのひとつ。多毛類と呼ばれるこの環形動物の姿は、コンパクトディスクのように虹色に光る。海のハリネズミという形容がぴったりである。

フウセンクラゲは、透明な風船というか提灯のような姿をしており、虹色に光る八本の帯（櫛板《しつばん》列）がある。まるで風船状のエイリアンのようなこのクラゲは、体内の体制が他のどんな動物グループとも似ておらず、独自のグループである有櫛《ゆうしつ》動物門を構成している。ヒトデは昼間もよく目立つが、なかには、生物発光によって怪しい光りを放ち、まるで地球外生物であるかのごとく闇のなかに浮かびあがるものもいる。ヒトデはウニと近縁関係にあり、同じグループである棘皮《きょくひ》動物門に属している。

青や緑や紫の蛍光を発するオオジャコガイは、軟体動物門の一員である。同じ軟体動物門の一員には、いかにも毒々しい色をしたヒョウモンダコがいる。この小型のタコは、興奮するとリング状の斑紋がコバルト色に浮きあがり、自分は猛毒の持ち主だぞと警告する。

知名度の低いコケムシは、奇妙な形や色をした群体を形成するものが多く、陸上の岩石に付着する苔《こけ》や地衣《ちい》類にも似ている。

ニョロニョロした蠕虫《ぜんちゅう》はどこにでもいるが、蠕虫というのはあくまでも便宜上の呼び名で、その実体はヒモムシ（紐形《ひもがた》動物門）、ホシムシ（星口《ほしぐち》動物門）、ヤムシ（毛顎《もうがく》動物門）、ギボシムシ（半索《はんさく》動物門）、ヒラムシ（扁形《へんけい》動物門）など、それぞれさまざまな動物門に属している。ヒモムシは、その名のとおり紐のような形をしており、一見おとなしそうだが、長い吻《ふん》を突き出して獲物をからめとる肉食動物である。ホシムシはそれほど獰猛《どうもう》ではなく、後部末端がふくらんでいる。ピーナツワームという英名が似つかわしいかどうかはともかく、標準的な体色はピーナツ色である。ギボシムシの英名はエイコーンワーム（ドングリムシ）だが、どうも納得しがたい［訳註　和名は、吻が、橋の欄干の先端についている擬宝珠《ぎぼし》という飾りに似ているものがいることに由来する。英名は、吻と襟《えり》のつながり方が、ドングリに似ていることによる］。その一方で、ヤムシ（矢虫）という命名はなかなか適切である。ヒラムシはその名のとおり平たくて、波打つように体をうねらせて泳ぐ種類のなかには、体色がぎょっとするほど派手なものがいる。

　海のなかにすむ昆虫はほとんどいないが、グレートバリアリーフでは、カニ、ロブスター、エビなど、昆虫と同じ節足動物門に属する甲殻類が、もっとも華々しい姿を見せている。

　もうひとつ、有名な陸生生物のメンバーをかかえている門に脊索《せきさく》動物門がある。両生類、爬虫《はちゅう》類、鳥類、そしてヒトを含む哺乳類など、いわゆる脊椎《せきつい》動物に代表される門なので、節足動物よりもこちらのほうが親近感を抱けるかもしれない。しかし脊索動物門は、サンゴ礁にすむ華やかな熱帯魚のほかに、ホヤやナメクジウオといったマイナーな存在も擁しており、そもそもかつてはそれらが主流だった。

界：Animalia（動物界）
　門：Arthropoda（節足動物門）
　　亜門：Crustacea（甲殻類）
　　　綱：Malacostraca（軟甲類）
　　　　目：Isopoda（等脚類）
　　　　　亜目：Oniscoidea
　　　　　　科：Porcellionidae
　　　　　　　属：Porcellio
　　　　　　　　種：scaber

ワラジムシ（*Porcellio scaber*）を例に用いた生物の階層的分類。多細胞動物には38の門がある。

海からあがろうとしたとき、まさに先ほどの場所で、あの墨の「犯人」が三〇匹ほど群れているのを見つけた。軟体動物門のイカがぼくを囲むように弧を描き、触腕が顔に触れ、なんと眼と眼が合ってしまった。ぼくが近づくと、茶色の体がたちまち白くなり、近寄った距離と同じだけ、全員が後ろに退いた。と同時に、体色が波打つように変化した。茶色と白の波が同調しながら体の縦方向にさっと流れたかと思うと、突然どぎつい赤色がそれに続き、ぼくが退くと穏やかな緑色に変わった。その間ずっと、イカの眼の周りは、まるで鏡のような銀色だった。

進化と多様性

イカの眼とヒトの眼は、とてもよく似ている。これは、進化生物学者を惑わす「収斂《しゅうれん》現象」の好例である。収斂現象とは、異なる動物門のあいだで、対応する器官がよく似た基本構造から独立して進化し、同じ機能をもつようになる現象をいう。しかし、すでに述べたように、ある動物がどの動物門に分類されるかは、外部形態ではなく体内の体制で決まる。蠕虫類を見ればわかるように、ニョロニョロした蠕虫型の動物は多くの門にまたがっており、内部構造が大きく異なるため、それぞれのあいだに類縁関係はない。口はあるが肛門のない蠕虫は扁形動物門に属する。ギボシムシには肛門のほかに脳まであり、おまけに咽頭《いんとう》（腸の入口）もある。ヒトにも肛門と脳と咽頭があるが、蠕虫型の体形はしていない。それはともかく、どんな動物の体も、内側と外側（「皮膚」や「殻」）という二つの部分に分けられる。

進化生物学者の仕事は、体の内側と外側は必ずしも相関していないなど、形態の多様性が語りかける意味を読み解くことにある。進化生物学が誕生してまもなく、動物を門とか綱《こう》などの高次分類群に分けるにあたっては、外部形態よりも内部の体制のほうが一般に重要であることが明らかとなった。動物の呼吸のしかた、栄養摂取や繁殖を行なう方法などは、体内の体制によって大枠を設定されているからである。この体制を比較すると、動物の類縁関係もわかる。たとえばヒトは類縁関係ではヒラムシよりもギボシムシに近い。一方ギボシムシにとっても、ヒトとの類縁関係のほうがヒラムシとの類縁関係よりも近い。

成体の内部構造が複雑になればなるほど、胚《はい》から成体にいたる個体の発生過程もそれを反映して複雑になる。ほんの数個の細胞の集まりから、特定の体制をそなえた複雑な動物を構築するには、特別な発生方法が必要とされる。複雑な内部構造を完備したヒトの赤ん坊を数個の細胞からつくるにあたっては、三種類の細胞層が球状の入れ子になっているだけのクラゲをつくるよりも多くのステップを踏まねばならないことは、容易に想像がつく。

動物の体制や、胚から成体までの発生のしかた、外部形態などは、遺伝子に支配されている。細胞内の染色体に格納されている指令書の指示を受けているのである。動物の体制や発生には、おびただしい数の遺伝子が関与している。それに対して、外部形態の形成を支配している遺伝子の数は、それよりも少ないのがふつうである。では、遺伝子そのものは何に支配されているのだろうか。それを考える前に、もう一度、内部の体制を異にする動物間で外部形態が似てくる収斂現象に目を向けてみよう。

動物の外部形態とは、体の外層の素材、色、形状などのことである。それらは、内部体制にくらべると、生息環境と密接な関係をもっている。そうした環境要因としては、温度や光などの物理的要因と、同じ環境に生息する他の動物などの生物的要因とがある。動物の外部形態はとくに、その種に特異的な生息環境に適応していなければならない。

そうした適応をとげるにあたっては、体内の体制が大まかな制約を課す。ところが同じタイプの環境に生息している二種類の動物が、内部の体制が異なっているのに、外部形態がよく似ていたりする。こうした現象が起きうるのは、外部形態の形成を支配する遺伝子が体内の体制を支配する遺伝子よりも少ないうえに、そうした少数の遺伝子が、種の違いを超えて同じ構造の形成を指令するコード（暗号）を突然変異によって獲得する確率が意外に大きいためである。二個のサイコロを投げたとき、両方とも六が出る確率は三六分の一と存外大きい。もちろん外部形態の進化にかかわる突然変異は二個どころではないし、突然変異の起こり方は六種類ではすまないかもしれないが、個々の突然変異は保持され、蓄積されうる。したがって、属する動物門の異なるシャミセンガイ（腕足動物）とマテガイ（軟体動物）とが、同じタイプの砂地の海底に穴を掘って生息し、よく似た外部形態をそなえていることに不思議はない。おそらくそれが最適なデザインなのだろう。同じタイプの捕食者から身を守る必要があるのだ。

ただしそれでも、体内の体制は大きく異なったままである。体制は外部形態よりも多数の遺伝子の支配を受けており、それを一新させるには、関与するたくさんの遺伝子すべてでいっせいに突然変異が起こらなくてはならない。外部形態とは違い、体内の体制は、移行途中の中間段階では機能しないことが多いため、徐々に構築するというわけにはいかないのだ。

これが、体内の体制と外部形態を統御するしくみの際立った違いである。体表のとげの場合には、まず小さな出っぱりができ、それが中間段階を経ながら大きな出っぱりとなり、さらに長くとがったとげになるということが起こりうる。ここで重要なのは、個々の中間段階もすべて、その持ち主にとって何らかの利益をもたらすおかげで、それぞれ存在しうるという点なのだ。それに対して、血体腔《けったいこう》が突如として出現するとか、体内の器官すべてがいっせいに上下逆さまになるといった体制の変更が、中間段階を経るということはありえない。体内の体制を段階的に構築することはできないのだ。したがって環境の影響を受けることも少ない。つまり、体内の体制の収斂進化は起きない。一〇〇〇個のサイコロを投げてすべて六が出る確率は百京（一〇の一六乗）分の一であり、これはまず起こりえない確率である。

動物の多様性を生みだしたのは、永続的な分岐プロセスである進化の結果であることを初めて明かしたのは、チャールズ・ダーウィンとアルフレッド・ラッセル・ウォレスだった。物理的環境や生物的環境はたえず変化している。したがって生物種も、最適な（あるいは、なるべく最適に近い）デザインを維持するためにたえず変化する必要がある。これが適応である。つまり環境の変化は、そこに生息する動物に変化を強いる圧力とも考えられる。そうしたことから、「淘汰圧」という言葉が用いられるようになったのだ。

淘汰圧がそれほど高くなければ、そこに生息する動物もわずかな変化ですむ。海底の砂や泥が柔らかくなったら、海底を這いまわる動物は、沈まないようにするために少し大きめの足を発達させる程度だ。淘汰圧が高ければ、そこに生息する動物に生じる変化もかなり大きなものとなるかもしれない。それまでなかった食物源が出現すれば、新しいタイプの口器や、食物源まで移動できる肢《あし》の発達をもたらすかもしれない。集団中に蓄積した変化により、新しい種の誕生がもたらされうる（ただし所属する動物門の枠内で）。種のあいだに見られる差異が小さいほど、進化上の類縁関係、つまり進化の系統樹の上での分岐点は近い。

現生する動物門は、外部形態に関しては、独自の特徴だけでなく、他の動物門とも共通する（収斂している）特徴も合わせもっているが、体内の体制に関してはそれぞれ独自の特徴をそなえている。では、体内の体制は、特徴的な形態と連携して進化したのだろうか。この両方が進化をとげたのはいつのことなのだろうか。こうした疑問は、本書で解明しようとする進化上の重大な問題へと誘《いざな》う。その前に、まず生命の歴史を振り返り、心の準備をととのえることにしよう。

カンブリア紀の爆発とは

地球上ではこれまでに、三八の動物門が進化した。つまり、これまでに起きた遺伝的な大変革はわずか三八件のみで、その結果、三八の異なる体制が生まれたということである。グレートバリアリーフで垣間見られるように、各動物門の構成種の外見はじつに変化に富んでいる。防御用のとげ、遊泳用のひれ、穴に潜りやすい体形、獲物を捕らえるための腕、眼、体色などに見られる多様性の大きさを思い出してほしい。異なる動物門のメンバーによく似た形態が現われること（収斂現象）もあるが、一般に個々の動物門の外部形態は、それぞれ特有の変異幅のなかに収まっている。

五億四三〇〇万年前から四億九〇〇〇万年前の地層から最初に化石が見つかったのは、英国ウェールズのカンブリア山地においてだった。そこでこの時代は「カンブリア紀」と呼ばれることになった。五億四三〇〇万年前よりも古い時代は先カンブリア時代と呼ばれている。

もしここで、外部形態の特徴からすると、五億四四〇〇万年前の時点では三つの動物門しかなかった、と言ったらどうだろう。ほとんどの人は、過去五億四四〇〇万年間に、動物門の数は三つから三八へと少しずつ増加してきたという筋書きを思い描くだろう。この伝でゆくと、三億二〇〇〇万年前の時点で動物門の数は二〇くらいかと考えてしまうかもしれない。ダーウィンやウォレスは、そういう考え方をしていた。

ダーウィンの時代以降、進化理論には大変革が起こった。現在はこう考えられている。地球上の

地質年代区分

単位 100万年前	代	紀
	新生代	新生代
65	中生代	白亜紀
145	中生代	ジュラ紀
210	中生代	トリアス紀
245	古生代	ペルム紀
290	古生代	石炭紀
360	古生代	デボン紀
410	古生代	シルル紀
438	古生代	オルドビス紀
490	古生代	カンブリア紀
543－4600	先カンブリア時代	

生命の歴史は、長期にわたる漸進的な進化（徐々に進む小規模な進化、つまり「小進化」）ないし完全な足踏み状態の期間が大半を占めてきた。ところが、そうした停滞期は、突如として起こる「大進化」によって断続的に破られてきた。長い停滞のあとで、短期間に爆発的な進化が炸裂するのだ。このような進化のパターンを説明するモデルは、「断続平衡説」と呼ばれている。

ダーウィンや当時の研究者が大進化に気づかなかったのも無理はない。なにしろその存在が知られるようになったのは、二〇世紀に入ってから発見された化石や、生化学の最新技術、遺伝学や発生学が発展した結果だからである。

本書のテーマである「カンブリア紀の爆発」に関する従来の説明は、「全動物門の突然の進化」という簡略な定義で片づけられてきた。生命の歴史上もっとも劇的な出来事をこのように軽率に扱ったのでは、とんでもない誤解を生じかねない。事実その結果として、カンブリア紀の爆発が起きた原因に関しては、とんでもない解釈がいくつも生みだされてきた。いちばん問題なのは、体制と外部形態とをひとまとめに扱い、両者の進化が同時に起きたと想定されている点である。しかしそうではない。カンブリア紀の爆発とは、五億四三〇〇万年前からのわずか五〇〇万年間に、すべての動物門が複雑な外部形態をもつにいたった進化上の大事変である。つまり、それまでみな同じような形態だった動物門が、この時期を境に多様な外形へと姿を変えたのだ。ただしすでに述べたとおり、動物の多様性に関しては体の体制がきわめて重要な意味をもっている。したがって、「カンブリア紀の爆発をひきおこした原因は何か」というジグソーパズルを完成させるためには、まず動物体の体制の進化についてもっとくわしく調べる必要がある。体制の進化史に踏み込むには、話を先カンブリア時代までさかのぼらねばならない。

これまで、生命の進化史は、少なくとも一〇〇万年という時間の単位で語られてきた。しかし、一〇〇万年などという時間は、なかなかぴんとこない。古代史にしたところで、たかだか二〇〇〇年前までしかさかのぼらないではないか。一万年となると想像するのも難しく、ましてや一〇〇万年とか一〇〇〇万年となるとお手上げである。何億年もかけた進化の歩みなど、人間の想像力ではとてもとらえきれるものではない。そこで、具体的な例をあげてみよう。

ハワイ島の大渓谷は、海岸まで続く完璧なV字型をしており、深さが一〇〇メートル以上もある。しかし一〇〇万年前の時点では、この渓谷は存在していなかった。当時のハワイ島の北西岸一帯は切り立った崖で、そのてっぺんは平坦だったのだ。火山が陸地をつくったとき、海に流れ込む小川が生まれた。その川は、地表面に少しずつ溝を穿《うが》っていった。一〇〇万年以上にわたる川の浸食作用によって、深さ一〇〇メートルの溝が穿たれたのである。つまり、これだけ長い時間をかければ、ほとんど目に見えない作用でも大きな結果をひきおこしうるのだ。ただしそれは、問題としている過程が徐々に変化し、各段階の小さな変化がどんどん蓄積されてゆく場合であり、しかも、生じた変化がしっかりと根を下ろした時点で、その過程が再び新たなスタートを切れる場合の話である。この路線に沿った考え方は、あとで再度とりあげる。

「生命全史」ダイジェスト

地球上の「生命の歴史」をその起源から順番に説き起こせば、一〇部構成の「生命全史」になるはずだが、本書のテーマであるカンブリア紀の爆発は第九部にならないと登場しない。かといって、「生命全史」第八部までのあらましを語らずにいきなり第九部から始めたのでは、たとえそれがいかに興味をそそる内容であったとしても、ちょっとまごついてしまうはずだ。動物体の体制の変化をたどるために、先カンブリア時代を振り返る必要もある。そこで、五億四三〇〇万年前に始まった最大の大進化に話を進める前に、まず、その当時やそれ以前の地球のようすを描いてみようと思う。

生命の誕生にまつわる歴史、つまり「生命全史」第一部は、細部において異論が多い。その理由の一端は、年代の古い化石ほど、微小だったり、細部の保存状態が悪いことにある。それ以外にも、過去にさかのぼるほど、地球の環境が現在とは大きく隔たっており、現在の知見がそのままあてはまらないという理由もある。それでも第一部から第三部は「生命全史」全体の大半を占めるから、くわしく見てゆく必要があるだろう。

地球が誕生したのは今から四六億年ほど前とされる。隕石が地球に雨霰《あられ》と降りそそぎ、およそ三九億年あまり前に生命が誕生した。しかし、誕生したとはいえ、最初の三〇億年間、つまり「生命全史」の第一部から第三部までの地球上には、バクテリア（細菌）、藻類、単細胞動物しかいなかった。生命の歴史は、岩石中に化石として記録されているほか、原始地球に相当する環境にも残されている。「生命全史」の第一部、つまり生命進化の第一ステージを研究するには、高温の温泉や深海を探らねばならない。

第一部から第三部――熱いスープから原始の細胞が生まれた

オレゴン州沖の西方およそ五〇〇キロの海中、水深数千メートルにおよぶ海底では現在でも、中軸海山と呼ばれる海嶺から水中に黒煙が噴き出している。「ブラックスモーカー」の名で知られる熱水噴出孔から、劇的な色彩の閃光とともに熱水が噴き出すさまは、太古の地球の姿を彷彿《ほうふつ》とさせる。それもそのはず、ブラックスモーカーは原始の海の出現とともに現われたのだ。

こうした噴出孔は、われわれを乗せて地球表面を漂移している巨大なプレートの境目にある。プレートの移動にともなって生じる裂け目に、地殻から熱いマグマが漏れ出し、新たな海底が形成されてゆく。原始のブラックスモーカーから噴出した不安定な化学物質の混合物は海水と反応し、やがて生体を構築するもととなったアミノ酸その他の有機分子の無機的な構造体を生みだしたものと考えられる。

こうした化学反応は、現存する原始的な生物に見られる化学反応とよく似ている。当然ながら、ブラックスモーカーから放出される化学物質は高温である。しかし、現在のブラックスモーカーのなかでは、きわめて原始的なバクテリアが摂氏一一〇度もの高温に耐えている。つまり初期の生命にとって高熱などまったく問題ではなかった。それどころか、もっとも原始的な現生種はおしなべて、体内の化学反応を維持するために極度の高温を必要としている。現在の地球上の生物の大半が、酸素を含む大気中における光合成を介して太陽からエネルギーを得ていることを考えると、ここブラックスモーカーは、その数少ない例外のひとつだろう。これはとても興味深いことだ。ブラックスモーカーの煙突で見つかる微細な硫化鉄粒子は、原初の生命を維持するのに不可欠だった還元型の環境を提供していたものと思われる。こうしたもろもろの事実をすべて考慮すると、生命のゆりかごとして、ブラックスモーカー以上の候補はなさそうだ。まさに、「生命全史」第一部の舞台としてふさわしい環境である。

一九六九年にオーストラリアに落下したマーチソン隕石には、七四種類ほどのアミノ酸が含まれていた。しかもそのうちの少なくとも八種類は、タンパク質を構成するタイプのアミノ酸であった。となると、地球上の生命の起源は地球外にあるのだろうか。最新の証拠からすると、そうではなさそうだ。

宇宙には有機分子（アミノ酸をはじめ生命体のもとになる分子）が満ちあふれているが、惑星間塵《じん》など、地球に衝突して海洋中に溶けても、生命を生みだすほどの濃度にはいたらない。生命地球外起源説を唱える英国の物理学者ホイルとウィクラマシンジは、生命が地球上においてアミノ酸を含む原始スープのなかから独自に生まれた確率は、飛行機の廃材置場に嵐が吹いただけでジャンボジェット機が組みあがる確率にほぼ等しいと計算したことがある。

それに対して進化生物学者アンドリュー・ハクスリーらは、その計算の重大な欠陥を指摘し、誤りを正した。ホイルとウィクラマシンジは、なるほど、適切なアミノ酸が偶然に適切な順序で結合して活性のあるタンパク質分子を形成する確率は計算した。しかし、時間と空間というとてつもなく大きな二つの要因を見落としていたというのだ。計算それ自体は十分に理にかなっているが、そこから導き出されるのは、そうしたタンパク質分子が、特定の瞬間に海洋中の特定の地点で自然発生する確率にすぎない。ハクスリーいわく、そんな確率には誰も興味をもっていない。知りたいのは、何億年もの歳月のある瞬間、広大な海洋中のある地点で、原始的な生命体が自然発生した確率なのだ。
また、ホイルとウィクラマシンジは、原始生命体が自然発生するには活性のあるタンパク質分子二〇〇〇個がたまたま同時に生成される必要があるとしていた。しかし、最初のタンパク質分子がいったん生成されたあとは、自己複製システムがはたらきはじめ、しかもその機能は自然淘汰によって精査されてゆくだろう。実験室内で生命発生のシミュレーションを初めて試みたスタンリー・ミラーが述べているように、「生命の起源は進化の起源」なのである。

今のところ、地球上で生命が誕生した第一段階には高温環境が関与していたということで大方の研究者の意見は一致しているが、そこにはもちろん、さまざまな説がある。目下、太平洋の海底熱水鉱床において、生命の起源をめぐる問題が調査されてはいる。しかし、理論的には必ずしも海洋である必要はない。西オーストラリア州のアーテシアン盆地深部の地下水には好適な高温環境が存在するし、米国の火山帯の地下にある熱水にも条件はととのっている。

ハワイ火山国立公園やワイオミング州イエローストーン国立公園内の地下数千メートルには溶融した岩石があって、地表の岩石を熱している。その結果、場所によっては地下水が沸騰して岩石のあいだを上昇し、間欠泉や水蒸気として地表から噴出したり、湯だまりをつくったりしている。地表に到達するまでのあいだに、熱水には周囲の岩石からミネラル分が取り込まれる。溶融した岩石から溶け出したものと合わせ、そうしたミネラル分は湯だまりで濃縮され、地表水の蒸発とともに沈殿する。地表水やその周辺がさまざまに着色されていることがあるが、それはミネラル分を食べて増殖するバクテリアの色である。

それらバクテリアが、生命史の第二部を体現している。彼らは無限の太陽光からエネルギーを得て、細胞壁内で自ら有機化合物をつくりだしている。それは光合成という方法によるもので、水素を必要としている。その水素の供給源は、溶融した岩石と地下水が反応してできる硫化水素（卵の腐った臭いのするガス）である。しかし、そのような微妙なバランスのもとでしか得られないものを食物としているせいで、こうしたバクテリアは火山の活動地域でしか生きられない。進化の第三部は、さらなる大きな波紋を投じることになった。

「生命全史」第三部では、水から水素を得るシアノバクテリア（一般には「藍藻《らんそう》」の名で知られているが、藻類ではない）が登場する。それを可能としたのは、葉緑素（クロロフィル）という、真の藻類や高等植物の生命線を握っている重要な物資の進化だった。硫化水素とは違い、水なら地球上にいくらでもある。つまり、地球上に生命が満ちあふれる条件がそろったということである。シアノバクテリアが地球上の水から水素を取り去ったことで、あとに残された酸素は大気中に放出されていった。シアノバクテリアが初めて出現した時期は化石の証拠からわかっている。

西オーストラリア州のマーブルバーにほど近いピルバラ地方では、三五億年前の地層からチャートと呼ばれるきめのこまかい岩層が見つかる。そのチャートを半透明になるくらいの薄さに切り、通常の顕微鏡で観察すると、シアノバクテリア状のものが見つかる。しかし、その化石がほんとうに現在のシアノバクテリアと同じものだとなぜわかるのだろう。なにしろその生物らしきものは、くねくねした微細な線にすぎないのだ。この疑問に答えてくれるのが、微生物によって形成され、今日もなお形成が続いている独特の構造物である。

ピルバラと同じ西オーストラリア州のシャーク湾内にハメリンプールという場所がある。この海岸は、サンゴ礁ではなく、ストロマトライト（ギリシャ語で「石のカーペット」という意味）というものに覆われている。岩でできた大きなマッシュルームのようなものがたくさん浅海から頭を出しているのだ。

ハメリンプールの入口は砂洲とアマモで閉ざされており、プール内の海水はこの仕切りによって外洋と隔てられているため、水分の蒸発によってプールの塩分濃度が高まっている。本来ならばプール内でシアノバクテリアを食べるはずの動物は塩分濃度が高いせいで生息できず、結果としてこのプール内ではシアノバクテリアが生存できる。シアノバクテリアは石灰を放出し、それが固まってストロマトライトが形成される。

ピルバラ地方のチャートは、じつは三五億年前のストロマトライトでできていることがわかっている。ハメリンプールのストロマトライトと同じ独特の構造が見られるからだ。つまり、ピルバラのチャートは、原始生命の姿を伝える最古の墓石なのだ（じつは、これよりも三億五〇〇〇万年前に地球上に生命が存在したことをうかがわせる化学的な証拠がグリーンランドで見つかっているのだが、まだ万人が認めるにはいたっていない）。

今から二〇億年ほど前の地球には、ハメリンプールのような海岸が随所に見られたのかもしれない。ここで重要なのは、シアノバクテリアのおかげで、このころから地球の大気に酸素が含まれるようになった点である。大気中に酸素が存在することにより、高等動物の呼吸が可能なだけでなく、動物組織にとって有害な日光中の紫外線をさえぎってくれるオゾン層が形成される。

その後地球では、重要な意味をもつ出来事が、知られているかぎり何ひとつ起こらないまま長い時間が経過した。ところがなんとも不思議なことに、またひとつ、とてつもない一歩が踏み出される事件が起きた。「生命全史」の第四部をなす、核をもった細胞の出現である。

第四部と第五部――細胞核の出現と細胞の合体

「生命全史」の第三部までに登場した生物は単細胞生物で、そのＤＮＡは細胞中に散らばっていた。

ここで新たに登場する生物は、単細胞である点は同じだが、流動性の細胞質から膜で隔てられている明確な構造体の中にDNAを収めていた。細胞核である。核の外には、バクテリアと同じような方法で酸素を利用して細胞にエネルギーを供給するミトコンドリアなど、他の構造体も存在する。そのなかにあって核は、細胞全体をまとめる役を果たす。

核をもった最初の細胞が登場したのは一二億年ほど前のことで、原生生物と呼ばれる単細胞生物グループに属するものだった。現在、原生生物は一万種ほど存在しており、よく知られたアメーバもその一員である。池の水を一滴とって顕微鏡でのぞけば、たやすく原生生物が見つかる。鞭毛《べんもう》を打ち振るもの、微細な繊毛《せんもう》を波打たせるもの、体内に葉緑素の小包（葉緑体）をもつものなど、種類は多彩である。葉緑体は、シアノバクテリアのように日光のエネルギーを利用して、細胞が必要とする栄養を生みだす。それら葉緑体やミトコンドリアは、それぞれ独自のDNAをもっている。そうした事実から、核をもつ細胞は、核をもたない複数の細胞が合体したもので、全体の生命システムを維持するためにそれぞれ特殊な機能を分担しあっているのだとする説もある。

原生生物は、二つに分裂することで増殖する。ただし、原生生物の二分裂はバクテリアの二分裂よりも複雑である。原生生物の場合には、バクテリアと違い、細胞内に存在する独立した構造体も二分される必要があるからだ。核のDNAの分割はとくに複雑で、すべての遺伝子がコピーされ、個々の娘細胞に完全な遺伝子セットが渡される。同じ原生生物でも分裂方法は種類によってまちまちだが、核をもつ細胞の増殖において重要な特徴は、遺伝子がシャッフルされることである。そうしたしくみのひとつが、卵と精子という二種類の細胞を用いる増殖法で、性の起源はここにある。この場合は、一個体ではなく二個体の親の遺伝子が娘細胞に分配される。娘細胞の遺伝子セットは、二親の遺伝子が混ざった新たな組み合わせを反映しており、ときにこうした新しい組み合わせから、親とはやや異なる新たな特徴をそなえた生物が生まれることがある。これもまた進化の一形態である。性の分化によって遺伝的変異が増す可能性が高まり、進化は加速されることになった。

単細胞生物の大きさには限界がある。細胞が大きくなるほど、細胞内の化学作用の効率が落ち、ある点までくると生物体はもはや生存不可能となる。「生命全史」の第五部で起きた進化の次なるステップは、細胞を組織化された群体（コロニー）にまとめることでこの限界をクリアするというものだった。

ボルボックスはまさにこれを成し遂げた生物種である。ボルボックスは直径一ミリメートルほどの中空の球体をしており、その体壁を構成する細胞ひとつひとつに鞭毛があって、リズミカルに動かしている。鞭毛の動きは、球全体が一方向に動くようにうまく調整されている。細胞の集合体はさらに進化して新たな特徴をもつようになった。クチクラの軸を枝分かれさせることで、細胞の小コロニーの統合を実現したのだ。

しかし、その次のステップのほうが重要である。一〇億年ほど前に、コロニーを形成する細胞間に分業が成立するにいたったのだ。このステップは「生命全史」第六部で語られるべき出来事で、真の多細胞動物門である海綿動物の出現である。

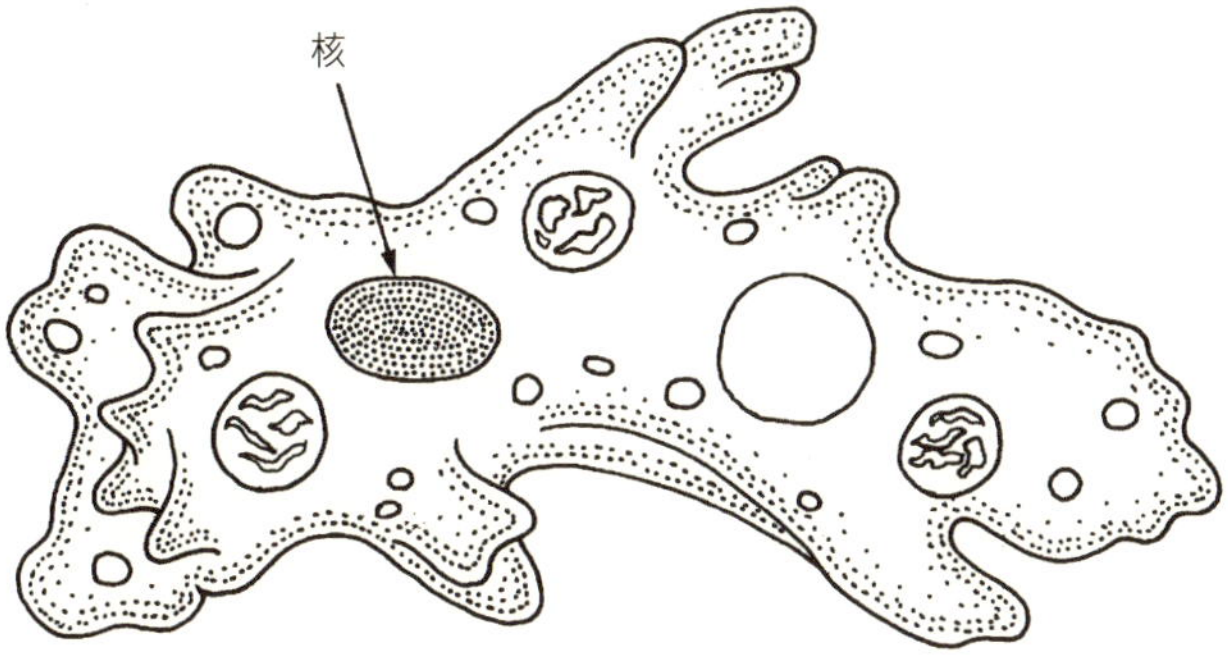

アメーバ——核と細胞器官をもつ細胞

第六部から第八部——真の多細胞動物の出現

海綿動物には、特殊な機能をこなすように変形した細胞が数種類あるだけで、もっと高等な動物で組織層を形成している細胞間結合のようなものはない。たいていの海綿動物は、てっぺんの口が開いた袋のような形で海底に固着しており、海水を体内に引き入れて食物を濾《こ》し取っている。海綿動物は、個々の細胞をばらしても独立して生存できる唯一の多細胞動物である。海綿動物をふるいにかけても、ばらばらになった個々の細胞はその後も生きつづけるばかりか、増殖までするのだ。

海綿動物には神経系も筋繊維もない。そのような組織をもつようになるのは、もっと複雑な体制をもつ二つの門、すなわち刺胞動物門（クラゲ、サンゴ、イソギンチャクなどが含まれる）と有櫛《ゆうしつ》動物門からである。刺胞動物や有櫛動物には、薄いけれども明らかに異なる二種類の組織層があり、それがゼラチン質で隔てられている。一方の層は体を覆って保護しており、もう一方の層は消化機能をもち、消化管の内張をなしている。刺胞動物も有櫛動物も基本的な体制はやはり袋型だが、一方の端に開閉可能な口と、食物を口に引き寄せる触手をそなえている。

「生命全史」第七部では、三種類の主要な組織層をもつ体制が出現する。扁形動物である。扁形動物には筋肉その他の器官を形成する組織層は存在するが、血液循環システムはない。したがって、中間組織層への酸素の運搬は拡散作用に頼らざるをえないが、その作用はとても緩慢であり、組織の厚みが増すほど効率が悪くなる。扁形動物の体が扁平なのはそのためである。クラゲと同じく、扁形動物の消化管も開口部はひとつだけで、栄養摂取も排泄もそこを通じて行なう。ただし、扁形動物の進化上の位置づけは明確ではない。したがって、「生命全史」の第七部と第八部の関係も不明確である。

「生命全史」の第八部では進化上の次なる大変革が起きる。やはり三種類の組織層をもち、さらに開放血管系（血体腔）をそなえた体制の出現である。第八部ではこれに続いて、三種類の組織層のほか

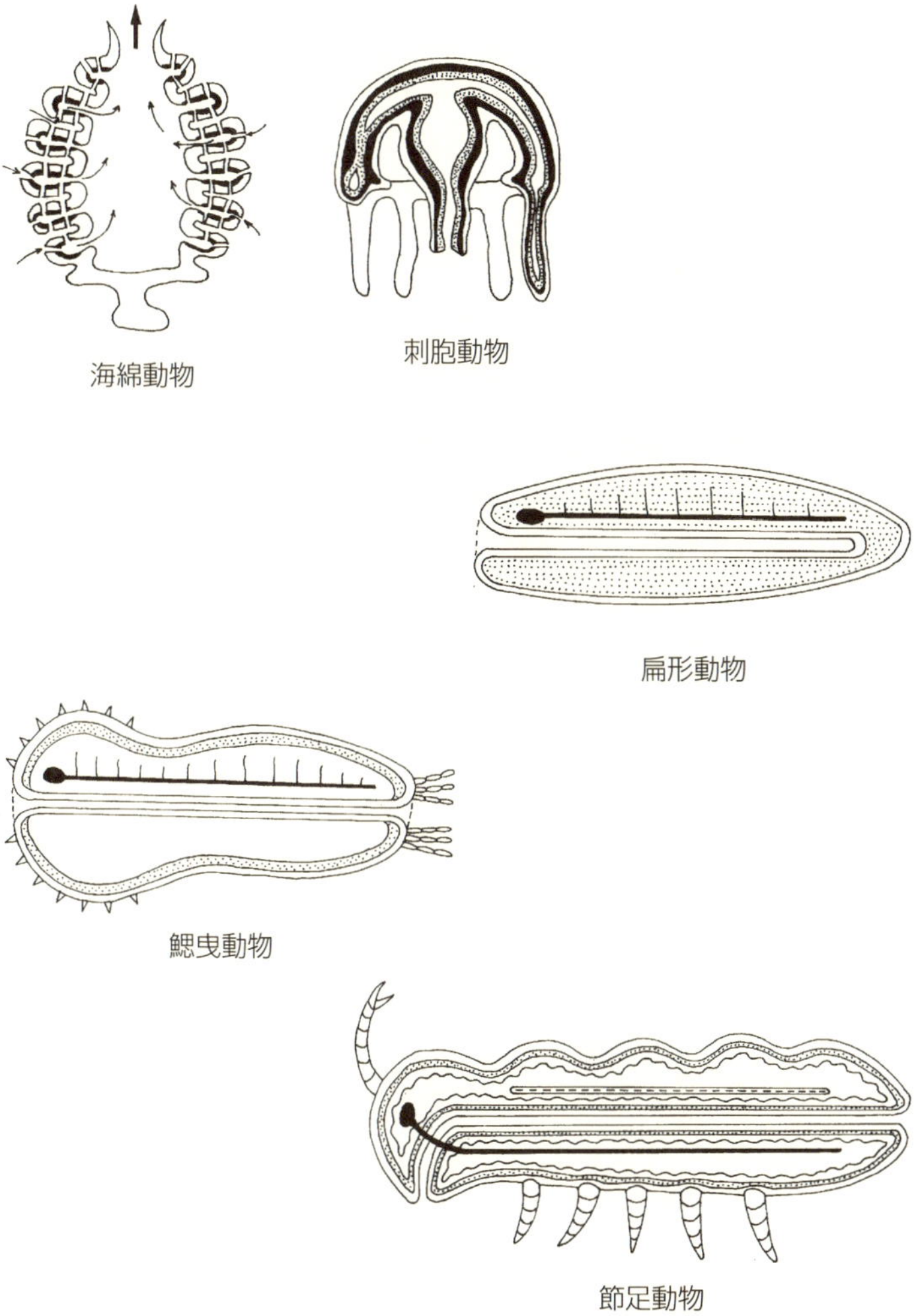

さまざまな門に典型的な体の断面。内部の体制の例を簡略化して示してある。

に、血管、そして消化管が収められた体腔をもつ体制が出現する。

じつのところ、血管系や体腔の出現は進化上の尋常じゃない大変革だった。残る三四の動物門それぞれを特徴づける多様な体制を生む下地をこしらえたからである。その三四の動物門とは、節足動物（カニ、昆虫、クモ）、軟体動物（貝、イカ）、棘皮動物（ヒトデ、ウニ）、脊索動物（魚類、哺乳類）のほかに、あまりなじみのない奇妙かつ不思議な動物門の数々である。そこで浮かぶ素朴な疑問は、「動物門の数はいったいいつ、三つから三八にまで増えたのか」というものだろう。

すでに述べたとおり、動物門は体内の体制で定義される。生命史はこの第八部で、三八の体制をもつ多細胞動物すべてが地球上に出そろう段階にまできた。けれども、それらの動物の外部形態についてはまだ検討していない。これまで外部形態についても検討したのは、有櫛動物ないし、せいぜい扁形動物までだった。

では、第八部でそろったのは、独自の体制と外部形態をもつ三つの原始的な門（海綿動物、刺胞動物、有櫛動物）と、扁形動物を含めた残りの三五種類の異なる内部体制をもつ蠕虫型のニョロニョロした一団であると考えていいのだろうか。そうだとしたら、カニやヒトデの体制も、かつては軟らかい蠕虫型の体内にひそんでいたということなのだろうか。現在でもさまざまな門に蠕虫型の動物がいることを考えると、この「昔はみんな蠕虫型だった」というシナリオも、あながち的外れとは思えない。ヒモムシ（紐形動物門）、ホシムシ（星口動物門）、ヤムシ（毛顎動物門）、ギボシムシ（半索動物門）を思い起こしてほしい。そういえば、ヒトを擁する脊索動物門も含め、いくつかの動物門のもっとも原始的な種類は蠕虫型だったではないか。

しかしこれだけでは、決定的な証拠にはほど遠い。もし「昔はみんな蠕虫型だった」というシナリオが正しいとしたら、各動物門の内部体制が出そろったのが「生命全史」第八部で、第九部では、一足飛びに外部形態の進化を論じることになる。遺伝的な変異が起こった年代を推定する分子時計によれば、各動物門の内部体制がすべて出そろったのは、今から一〇億年前から六億六〇〇〇万年前までのあいだだとされている。それは生命史の第八部に含まれる年代である。外部形態の変遷やカンブリア紀の爆発について学ぶためには、第九部に急ぐ前に、いったん化石記録に戻る必要がある。

第八部続き――エディアカラ動物の謎

フリンダーズ山脈とロフティ山脈は、南オーストラリア州の州都アデレードに近い海岸部からはるか内陸部まで、まるで屋台骨のように伸びている。この山地に関してはこれまで周到な地質学的調査が行なわれ、この地域で起きた地史上重要な出来事を解き明かす成果があげられてきた。

この山地がかつて海底だったころ、細長い凹地に堆積物が積もり、厚さ二四キロメートルにおよぶ地層が徐々に形成された。その後、地殻にかかる圧力が変化したことで、堆積物のかたまり全体が褶《しゅう》曲《きょく》させられて押し上げられ、現在の山脈のもとがつくられた。この地層のなかからは、一六億年前までさかのぼるストロマトライトのほか、知られている最古の有核細胞が化石として発見されている。しかしそれ以上に重要なのは、一四億年前から九億年前までのいずれかの時点で、沿岸の凹地を形成していた結晶質の岩盤上に砂浜がつくられたことである。そして、古生物学者にとってはありがたいことに、その砂浜の環境は、カンブリア紀に入ってもなくならず、五億四〇〇〇万年前まで存続していた。

一九四七年、オーストラリアの地質学者レジナルド・スプリッグは、フリンダーズ山脈のエディアカラ丘陵で多細胞動物の化石を採集した。その化石はおよそ五億七〇〇〇万年前の先カンブリア時代末期のものだった。しかし、その地質年代に化石などあるはずもないことは「周知の事実」だったため、スプリッグの指導教授は、その岩石を当然のごとくゴミ同然に扱った。

しかしスプリッグは、化石を奪還して綿密な調査を行ない、闇に葬られるのを阻止した。スプリッグのこの功績は大いに讃《たた》えられるべきである。なぜなら彼が見つけた謎めいた化石は最古の多細胞動物群に属するものであり、それらにはやがて「エディアカラ動物群」という名称が授けられたからである。

オーストラリアのこの地域から見つかっているエディアカラ動物群がもっとも多様性に富んでいるものの、その後、アフリカ、ロシア、イギリス、スウェーデン、米国などからも発見されている。最古のエディアカラ化石は、カナダのノースウェスト准州にあるマッケンジー山脈から出土している。それらは押し型だけが残された印象化石で、およそ六億年前の泥質の海底に生息していた、おわん型の軟体性動物のものとされている。それが、これまでに知られているものとしては最古の多細胞動物の化石なのだ。

最初に見つかったエディアカラ化石は、花の印象のような形だった。丸くてブヨブヨした生物の何かが浜に打ち上げられ、天日干しにされて固くなり、それがこまかい砂のなかに埋め込まれて化石となった可能性もある。グレートバリアリーフに浮かぶヘロン島の砂浜を歩くと、丸いクラゲの残骸が浜に打ち上げられ、同じような永久保存処理を受けつつある姿をよく見かける。そんなクラゲの残骸も、やがて砂浜に同じような花型の印象を残さないともかぎらない。エディアカラ動物はクラゲだったのだろうか。

エディアカラ化石には、シダの葉や鳥の羽状の化石もある。ヘロン島沖の海に潜ると、それとよく似た形のものが砂質の海底で揺れているのが見られる。クラゲと同じ刺胞動物門に属するウミエラである。エディアカラ動物群には少なくとも異なる一六種が認められているが、それら太古の生物はいったいどんな種類の動物だったのだろう。ほんとうにウミエラやクラゲの仲間もいたのだろうか。

一見したところ、エディアカラ動物には現生種に似ているものが多い。しかしそのような見かけ上の類似のなかには、われわれを幻惑してやまない、例の収斂現象で説明できるものが含まれている可能性がある。ディキンソニアを例にとってみよう。

先カンブリア時代の化石種ディキンソニアは、真上から見ると楕円形をしている。成長すると最高で全長約一メートルに達したが、厚さは三ミリメートルにも満たなかった。エディアカラ丘陵からは何百個体ものディキンソニアの標本が採集されている。ごくありふれた生きものだったにちがいない。ロシア北部からも見つかっており、先カンブリア時代末期の地球の広い範囲に生息していたものと思われる。

ディキンソニアには、体の中央部から端に向かって放射状の筋が見られる。それらの筋を体節の仕切りと解釈すると、ディキンソニアの体は個別の体節がつながってできていたと考えられる。だとするとディキンソニアは、現生する多毛類やミミズやヒル

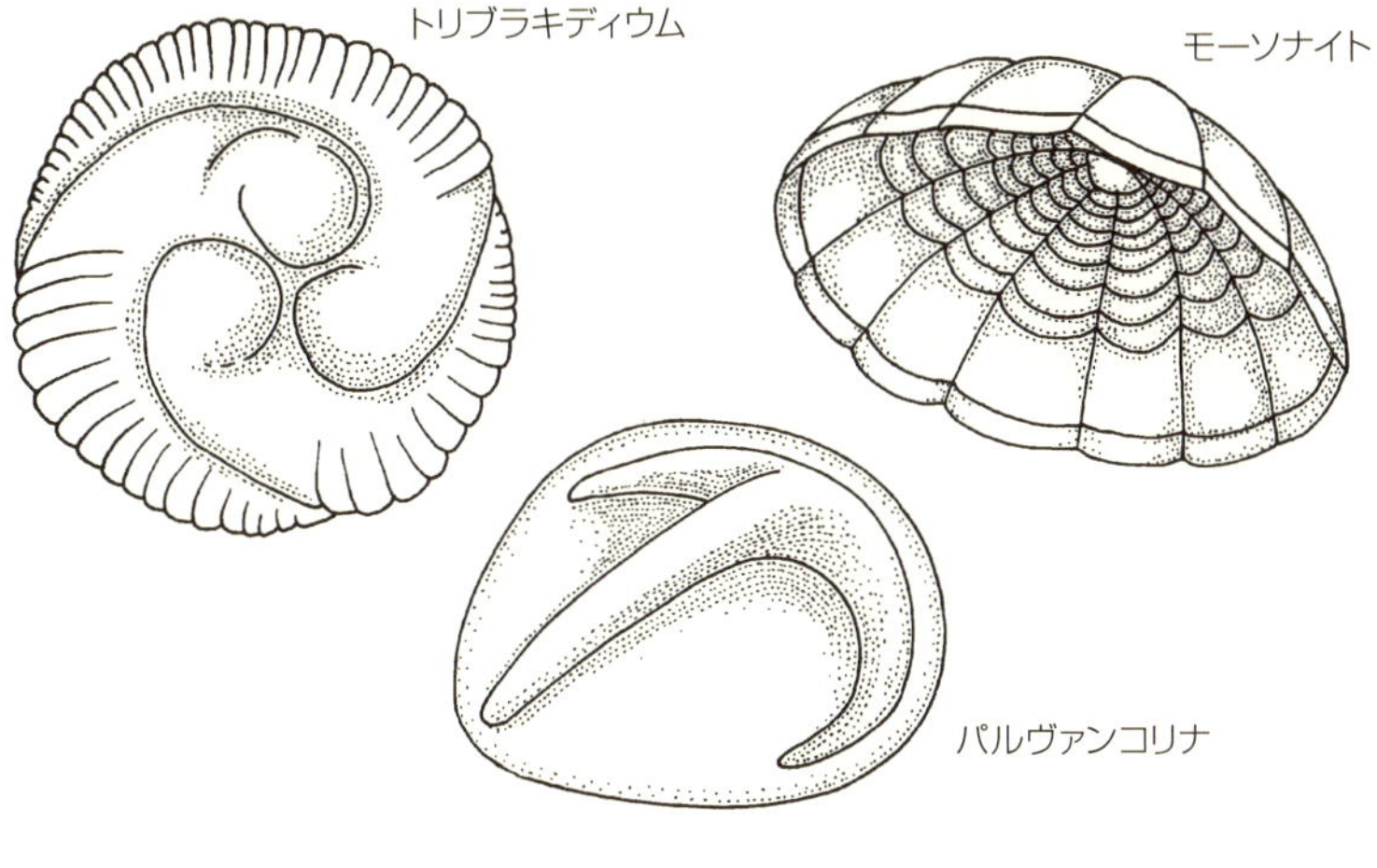

エディアカラ動物。トリブラキディウム、モーソナイト、およびパルヴァンコリナ。

と同じ、体節をもつ環形動物門に分類することができる。しかし、これが体節だとしても、もし体を大型化する手段として進化したものなら、別の門に分類されるべきである。なぜなら、環形動物の体節構造は、柔らかい砂地への対応として、穴を掘って潜りやすくするために進化したものだからだ。では、ディキンソニアの「体節」は潜る目的で進化したものなのだろうか。

海底に掘られた巣穴でも化石として保存されることがあり、太古の動物が残したそうした痕跡は生痕化石と呼ばれている。ところが、ディキンソニアのものとされる化石標本はたくさん見つかっているにもかかわらず、巣穴の化石は見つかっていない。エディアカラ時代特有の生痕化石は、地表を這《は》った痕跡である。この事実は、エディアカラ動物のなかには海底を這いまわるものはいたが、穴に潜

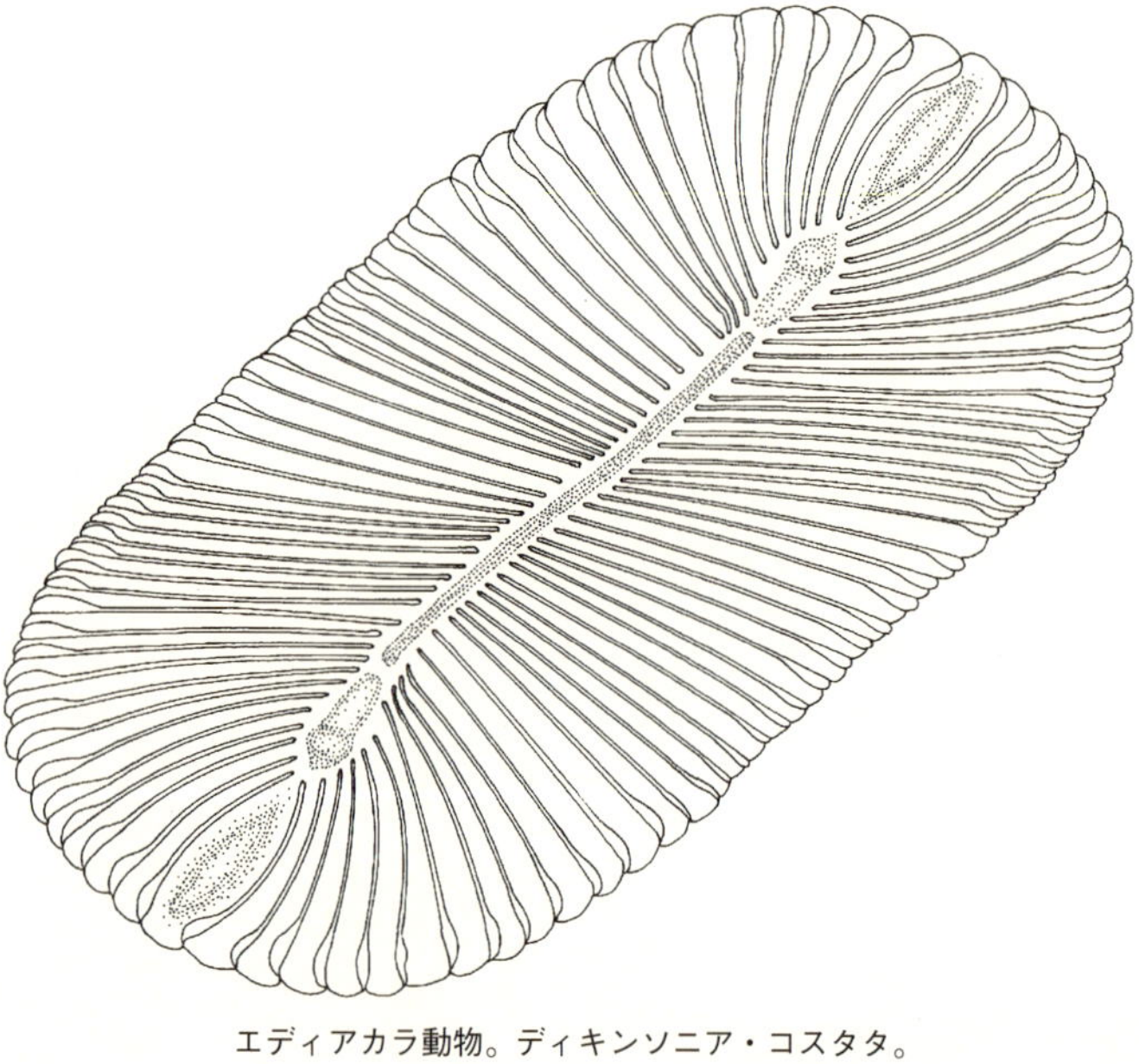

エディアカラ動物。ディキンソニア・コスタタ。

るものはいなかったことを示している。したがって、少なくとも穴居性の生活様式と関係して体節構造をもつ環形動物は、先カンブリア時代の動物リストから消去することができる。つまりディキンソニアは環形動物ではなかったのだ。

最近になって研究者たちは、くねった線や渦巻き模様などの、先カンブリア時代の動物が這った痕跡を、現生する蠕虫その他の軟体性動物がのたくった痕跡と比較することにより、太古の生きものの謎を解明しつつある。

エディアカラ動物群の内部構造の特徴は明らかではないが、これをクラゲやウミエラ（刺胞動物）と関連づける説がまじめにとりあげられるようになっている。実際、五億七〇〇〇万年前の中国の岩石からクラゲ（およびカイメン）の胚らしきものが見つかっているのだ。この推測が正しければ、先カンブリア時代の刺胞動物門には多様な外部形態の動物がいたことになる。さらには、現在、エディアカラ化石の多くはもっと分化した動物門に属していたとも考えられている。もっとも、それらは今日のような特徴的な外部形態をもつにいたる以前の動物門を想定しているのだが、これについては後述する。

エディアカラ動物群が出土する地質年代と、その次に発見される化石動物群の地質年代とのあいだには隔たりがあることから、エディアカラ動物群は多細胞動物が最初に試みた多様化の失敗事例であると、かつては考えられていた。しかし、年代上のギャップはすでに埋められ、現在の認識である。しかも、エディアカラ動物群は、動物進化の次なる大事件が起きるまで生存していたというのが、どうやらもっとも多様性に富んだ時代だったらしい。それがどうして死滅したのかは誰にもわからないが、おそらく、次に地球上を支配した軍団の電撃的出現と大いに関係があるのだろう。さあいよいよ、カンブリア紀の爆発の番になった。

第九部──カンブリア紀の爆発

エディアカラ動物群の出現に続いて起こったカンブリア紀の爆発は、進化史における画期的大事件であり、生命それ自体の誕生に匹敵するほど重要な出来事といってよい。オーストラリアのグレートバリアリーフにしろ、ブラジルの熱帯雨林にしろ、今日見られる多種多様な生物が出現する土台を築いた出来事がこれなのだ。この空前絶後の爆発的進化により、現生するさまざまな動物の外部形態の青写真ができあがった。歯や触手や爪や顎《あご》をそなえた動物が突如として出現したのだ。

とてつもなく重大な出来事であるにもかかわらず、この問題をめぐる議論には生命の起源をめぐる学説ほど長い歴史がない。これは単に、カンブリア紀の爆発がそれほど昔から知られていなかったからである。

そんななかにあって、とくにダーウィンなどは、およそ五億四三〇〇万年前のカンブリア紀初期の地層から硬い殻をもつ動物化石が突如として現われることと、それらの進化上の祖先が見あたらないことに頭を悩ませていた。ダーウィンをはじめとする当時の人々の解釈は、それらの出現はまさに突然だったわけではなく、各動物門の初期の動物は化石として保存されていないだけなのだとか、化石の保存には適していない古い地層に埋め込まれているというものだった。

しかしすでに述べたように、ダーウィンが取り組んでいたのは小進化だけだった。現在では、先カンブリア時代のものについても化石の保存状態のよい堆積岩が多数知られている。したがって、カンブリア紀になって初めて化石の保存条件がよくなったという説明は、もはや通用しない。最近の化石研究が導き出した見解は、蠕虫型の軟体性動物から硬い殻をもつ外部形態が進化したのがカンブリア紀の「ビッグバン」だったというものである。

カンブリア紀は、地球の歴史からみれば短期間にすぎないが、生命史においては突出した時期である。なにしろ、わずか四三〇〇万年間に画期的な大変革が起きたのだ。ダーウィンがその出現のしかたに頭を悩ませていた、初めて硬い殻をもった化石動物は、それまで考えられていた以上に突如として現われたことが明らかとなってきた。バージェス頁岩《けつがん》化石動物群の発見により、その出現時期がカンブリア紀にしぼられたのだ。

五億一五〇〇万年前に存在していたこの多様な化石生物群集は、これまでにもあちこちで活発な科学論争の的となってきたし、そうした扱いを受けて当然の、科学史に残る大発見である。バージェス動物群に関しては、すべての種は現生する動物門の祖先であるとする見方と、カンブリア紀かぎりで絶滅した動物門に属する謎の種を多数擁しているとする見方がある。本書では、バージェス動物群は現生する三八の動物門（実際には今日までに絶滅したものが少数ある）に分類可能だという解釈をとる。

バージェス化石を発掘現場で見る

カナダ南西部に位置するアルバータ州の都市カルガリー。ほかにこれといった特徴のない風景のなか、はるか遠い霞の切れ間から超然とそびえ立つ山々がかすかに見える。ロッキー山脈は地質学上の驚異であり、人々をたちどころに魅了する。その魅力は、カナダ横断ハイウエイを西へ向かうにつれてますます強まる。バンフ国立公園がロッキー山脈最初の玄関口である。壮大な峰々がそこかしこにそびえ、急峻な山の斜面、とがった山頂、変化にとんだ稜線、そして交差するように延びる「縞模様」が、このあたり独特の雰囲気をつくりだす。

「縞模様」があちこちでねじれているせいで、たえず違った方角へと目が引きよせられる。縞模様に見えるのは、じつは堆積した地層の境界線で、何百万年も前に海底に堆積し、新たな海底を形成することによってできたものである。つまり、現在は標高一〇〇〇メートルから二〇〇〇メートルの場所にあるが、ここらの山々を構成している岩石は、もともとは海底で形成されたものなのだ。膨大な年月が経過するなかで、地球のプレートは移動して相互に緩慢な衝突を起こしてきた。そうなれば、必然、どこかが隆起する。現在のロッキー山脈も、そうした力を受けた場所のひとつなのだ。海底から空中に押し上げられたときの錯綜した運動により、現在の山肌に見られるような不規則な「縞模様」が形成されたのである。

カナダ横断ハイウエイをひきつづき西へ向かい、ロッキー山中で一泊したあと、ブリティッシュコロンビア州に入ってヨーホー国立公園に到着する。小さな鉱山町フィールドは、カンブリア紀の三葉虫化石が出土することで有名なスティーヴン山のふもとにある。錆びついた鉄の掘っ建て小屋はしだいにこの町から姿を消し、代わって、針葉樹の背景に溶け込む木造バンガローや小さなモテルが建ちはじめている。国立公園を訪れるハイカーの宿泊施設である。ただしフィールドの町には、ここにしかないものがある。保存状態が最高で完璧なバージェス頁岩化石が、町のインフォメーションセンターに展示されているのだ。展示してある化石を提供したのは、カナダ東部のトロントにあるロイヤル・オンタリオ博物館の古生物学者デズ・コリンズである。デズ・コリンズは、毎夏、助手や学生からなる一団を引き連れ、フィールドにある実用的な木造バンガローに陣を構える。二〇〇〇年七月にそのバンガローを訪ねたぼくは、デズ・コリンズがバージェス頁岩発掘場に設営したばかりのベースキャンプへと向かった。

バージェス生物群は、今から五億一五〇〇万年前、陽光の降りそそぐ水深七〇メートルに満たない礁に生息していた。もっと具体的にいうと、礁の縁、すなわち鋭く切り立った海底崖のてっぺんに生息していたのだ。その海底崖は、おそらく礁の端がくずれ、急斜面を数キロメートルほど滑り落ちたことで形成されたものだろう。急斜面の下、礁から一六〇メートルほど下は海盆だった。カンブリア紀のある日、粒子がとてもこまかい泥が突然流れ込んで一帯を押し流して礁のほとんどを埋め尽くしたが、海底崖の頂部分だけは埋まらずにすんだ。大惨事を免れたバージェス生物群は、礁に炭酸塩が堆積し、それがやがて海盆をも埋め尽くすのを見届けた。けれども泥の流入はなおも続き、ついにバージェス生物群も惨事に巻き込まれた。泥は、泥流となって礁の縁を流れ下り、バージェス生物群を海底崖の斜面づたいに海盆のなかへと送り込んだ。

かくしてバージェス生物群は、火山灰によってポンペイに葬られた人体のごとく、さまざまな方向を向いた状態で埋葬され保存されることになった。バージェス生物群は、炭酸塩層の上に堆積した泥が猛烈な圧力によって変成されて形成された頁岩のなかで、ぺしゃんこになった化石として発見される。それらは、五億一五〇〇万年前のカンブリア紀に存在した生物群集のスナップショットなのである。

バージェス頁岩発掘場として知られるようになった場所は、フィールドの町から五キロメートル北方に位置するフォッシルリッジにある。一〇〇万年以上前、バージェス化石を含む岩石塊は地殻の変動によって一六〇キロメートル移動した。もし、もとの場所にとどまったままだったとしたら、地殻変動がその場所に加えた熱と圧力のせいで、すべてのバージェス化石が破壊されていたことだろう。

一九九九年、ひどく陰鬱な雨降りの朝、ぼくはデズ・コリンズのキャンプに向けて出発した。天気の好転を期待していたのだが、そうはならなかった。けれども霧がいかにも神秘的な雰囲気をかもしだし、このほうがふさわしいようにも思われた。行く手に尋常ならざるものが待ち受けていることは知りつつも、その実体についてはまだわかっていなかった。

ウィスキージャック滝のふもとからは急峻な登り坂だが、登りきると、エメラルドグリーンの小さな湖が眼下に見える。氷河の移動によってできた氷河湖の水は、鉱物を含んでいるせいで神秘的な色を呈している。そこから先、バージェス発掘場までの道は勾配がゆるやかになるが、それでも三時間半ほどずっと登りが続く。けれど、いちばん気がかりなのは坂道でも、霧でもない。雪だった。しかも、深い雪が道を隠しているからではなく、雪の上に真新しいクマの足跡や爪跡が、残されているからだ。オジロジカの雄に遭遇して肝を冷やしたばかりだったぼくは、登山中に動物の痕跡を見かけることに神経質になっていたのだ。

次に眼下に現われた湖は、まるでアーサー王物語の一場面のようだった。緑色の湖面にたちこめる霧が、周囲の松の木々のほとんどを覆いつくし、どこが空かもさだかでない。空気はぴたりと動きを止め、静寂があたりを包んでいた。そこから先は、登山道の周囲の地形や登場する生きものが一変する。「バージェス登山道」は、フォッシルリッジが位置する岩だらけの山の斜面を横切るように延びており、マーモットが跳ねまわる姿が見える。道端に生える小さな植物のなかに、とても興味をひくものがあった。葉をアコーディオンのような波形構造にすることで、平たければつぶれてしまうような組織に強度を与えているのだ。この葉については、また後ほどとりあげよう。

氷河を二つ越えると、雪のなかにキャンプの青いテントがようやく見えてきた。ロッキー山脈のなかでも大きな（もちろんあざやかなエメラルドグリーン色の）湖を背に設営されている。キャンプの周囲には、クマを寄せつけないための、急場しのぎの電気フェンスが張られており、雪のなかには点々と赤い染みが見える。この赤い染みはクマとは何の関係もない。雪のなかで生息できる単細胞生物の赤い眼点の集まりなのだ。いや、「眼」などという言葉は使わないほうがいい。日光の方向を感じるだけで、視覚はないのだから。つまり「見る」ことはできない。眼と眼点の違いについては後ほど詳述する。

さあ、バージェス登山道からフォッシルリッジを二〇〇メートル這いあがれば、もうそこがバージェス発掘場である。発掘場が三カ所見えるが、最初に発掘された場所で、しかもいちばんたくさんの化石が見つかっているのはウォルコット発掘場である。ウォルコット採掘場は、現在デズ・コリンズが発掘している場所で、一九八二年以来の一連の発掘で大きな成果をもたらしている。

その発掘場は、傾斜面を垂直に二〜三メートルほど掘って地面を平らにした、幅数メートルほどのテラスである。発掘場の背後の岩肌から雪を取り去ると、さまざまな堆積層の色の帯が現われる。どの層もかつてはカンブリア紀の海底だった。発掘場の背面がどんどん山側に掘り進まれている。まず真上から鉄製のバールを打ち込み、そのバールを梃子《てこ》にして岩石をくずすのだ。お目当ての岩石は頁岩なので、屋根を葺《ふ》くスレートタイルのように薄く割れる。注意深く薄く剥《は》がしてゆくと化石が見つかる。化石の部分は頁岩の地肌よりも光沢がある。五億一五〇〇万年ぶりに空気中に姿を現わしたばかりの化石を調べてみた。威嚇用や捕獲用の肢をそなえ、眼が飛び出した、手のひら大のロブスターのような動物もいれば、今まで見たこともないような、硬い殻をもつ小型のやつもいる。野外で肉眼で見ただけでも、バージェス化石には精緻な細部が保存されていることがよくわかる。

バージェス化石を発掘現場で見るというのは生物学者にとって得難い体験であり、それにくらべれば、ロッキー山中での他の驚嘆すべき体験も色褪せてくる。バージェス発掘場では、現在、法律によって無許可の化石採集が禁じられている。バージェス頁岩化石の国際的重要性を考えれば、これは当然の措置といえる。

発掘場から急峻な斜面をバージェス登山道に這い降りると、頁岩が堆積したテーラス（岩錐）がはつきり見える。化石がないせいで捨てられた頁岩の山だが、さらに割れば、テーラスの頁岩からもたくさんの化石が見つかるはずである。それどころか、もとの発掘場がもうじき掘り尽くされそうなので、テーラスが化石の供給源となりつつある。フォッシルリッジのテーラスは、初代の発掘者チャールズ・ドゥーリトル・ウォルコット以来、歴代の発掘者が積み上げてきたものなのである。

バージェス動物研究の一〇〇年

チャールズ・ドゥーリトル・ウォルコットは、米国国立自然史博物館（首都ワシントンにあるスミソニアン研究所の一部）館長にして、カンブリア紀の化石生物に関する世界的権威だった。ウォルコットは、一九〇七年から一九二四年にかけて、カンブリア紀やそれ以前の化石を採集する目的で、よく家族をともなっては、ロッキー山脈のヨーホー国立公園に遠征していた。この地域は、カンブリア紀の三葉虫化石が出土することで知られていたのだ。

ところが、一九〇九年の遠征で予想外のことが起こった。フォッシルリッジで、マルレラ、ワプティア、ナラオイア、ヴァウクシアなど、それまで見たこともない謎めいた種類を多数含む軟体性動物の化石を発見したのだ。ウォルコットは、個々の標本を種類ごとに分けてフィールドノートにスケッチした。多くは、存在するはずのない特徴をそなえていた。ことの重大さをただちに理解したウォルコットは、化石標本をひとつひとつ丹念に梱包し、ラバに乗せてベースキャンプに運んだ。

たいていの動物化石は、巻貝の殻のような、硬い部分だけだ。体の軟らかい部分が細部まで保存されている化石など、めったに見つかるものではない。当然ウォルコットは、家族ともども、フォッシルリッジへの遠征をいくたびも計画し、実施した。主要なバージェス動物化石を初めて発見した日の

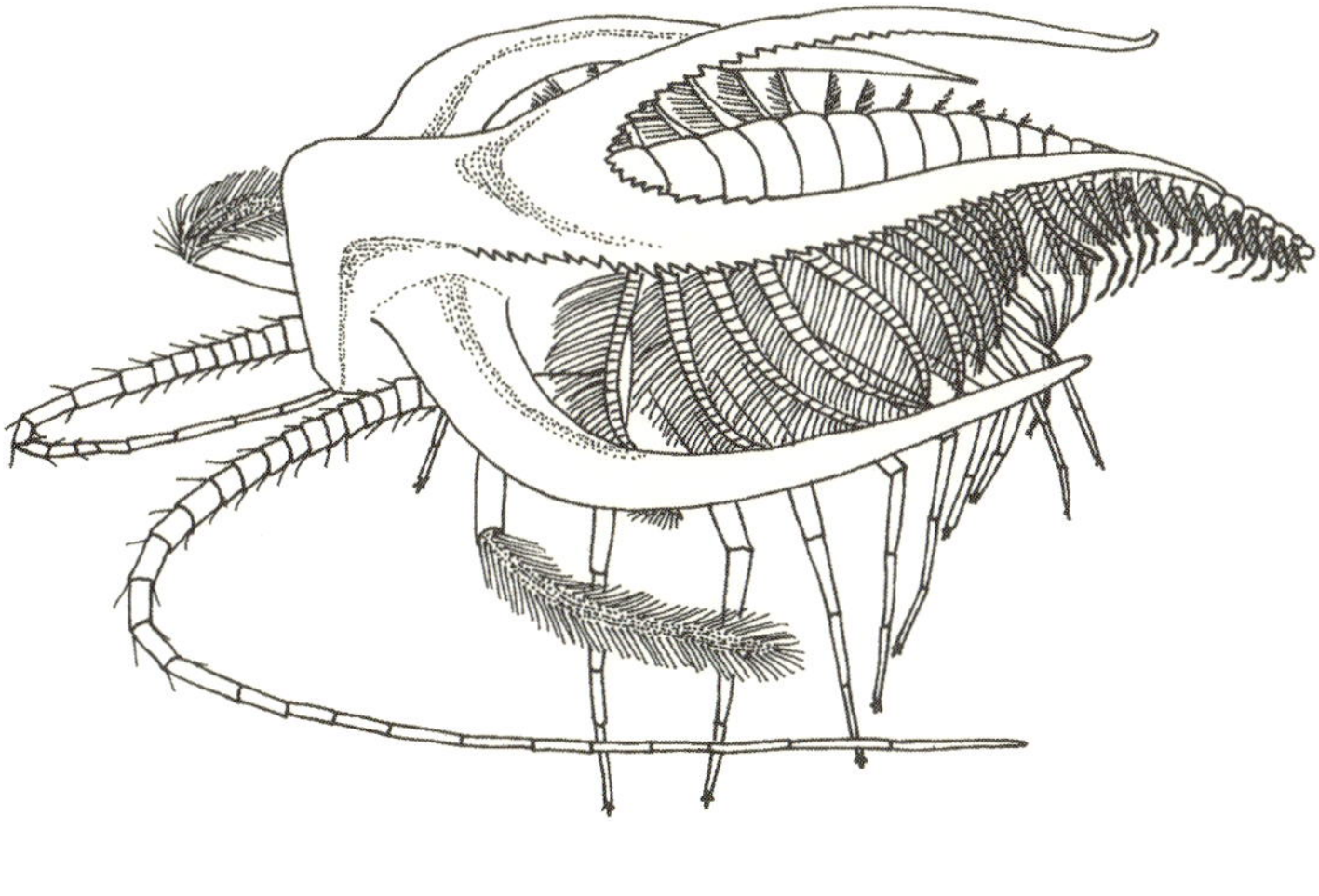

バージェス頁岩のマルレラ化石と三次元復元図

ウォルコットのフィールドノートには、「葉脚目甲殻類の注目すべきグループを見つけた」という控えめな記述がある。一九一〇年にウォルコットは「葉脚類化石層」を発見するのだが、これが現在ウォルコット発掘場と呼ばれている場所である。この発掘場からは、それまで想像もされていなかったほど多種多様な種類のカンブリア紀の動物化石が見つかった。

一九一一年の末までに、硬い部分も軟らかい部分もともに保存されている六万五〇〇〇点以上の化石がウォルコット一家によって発見され、ワシントンに運ばれた。このバージェス頁岩化石にはおよそ一七〇種の生物（主に動物）が含まれていることがわかっている。ウォルコット自らそのうちの一〇〇種以上を記載しているが、それぞれの種を分類して帰属させた動物門が、後に論争を呼び起こすことになった。

ウォルコットは最初、直観にしたがい、バージェス動物群を現生の動物グループに振り分けた。それが直観だったことは、フィールドノートの最初の記述を見れば明らかである。最初の発見時に見つけた種を甲殻類（節足動物門の一グループで、カニ、エビ、ワラジムシなどを擁する）に押し込んでいる。そのほうが無難だったのだ。新たな動物門を創設しても、古生物学者仲間のあいだで物議をかもすだけだっただろう。

一九二四年から一九三〇年にかけて、ハーヴァード大学の古生物学者パーシー・レイモンドは、大学のサマースクールの一環として、カナディアンロッキーに学生をともなった。ウォルコット発掘場を何回か試したうえで、その近くに別の発掘場を設けた。この「レイモンド発掘場」からもカンブリア紀の化石が見つかったものの、化石の保存状態の点では、ウォルコット発掘場に全般的に劣っていた。

ウォルコットやレイモンドの初期の報告は議論の対象にはなったものの、バージェス頁岩化石が注目されることは意外なほど少なかった。注目されるきっかけをつくったのは、一九六〇年にバージェス動物種の一部、とくに節足動物の見直しを始めたイタリアの生物学者アルベルト・シモネッタである。シモネッタの研究を通じて、バージェス化石を見直すことで実り多い発見がもたらされうることと、バージェス動物群は絶滅した動物門に属しているという重大な提案が初めてなされたのだ。これが初期の多細胞動物の進化をめぐる論争に火をつけ、この論争を通じて科学的な関心が高まり、ひいては「ケンブリッジ・プロジェクト」が立ち上げられるにいたった。

「ケンブリッジ・プロジェクト」なるものを開始したのは、一九六〇年代当時、ハーヴァード大学に所属していた三葉虫の世界的権威ハリー・ウィッティントンである。ウィッティントンはまず、バージェス発掘場のどの層からどの化石が出土するのかを正確に調査することにした。それまでの発掘者たちは、そういうこまかい点まで目を向けていなかったのだ。そしてこの計画の実施中に、思いがけず新たな化石群を発見するという幸運にも恵まれた。

ウィッティントンが収集した情報から、バージェス頁岩の生物群がもともと生息していた状況や、どのような環境のもとでどのような生態系を形成していたのかがわかってきた。バージェス頁岩の環境に関する発掘調査は、主にカナダ地質調査所の研究者たちが担当した。ウィッティントンは一九六六年にハーヴァード大学からケンブリッジ大学に移ったため、標本の再分類やバージェス生態系の生態学的側面に関する重要な研究の多くは、ケンブリッジ大学において行なわれることになった。

一九七二年には、デレク・ブリッグスとサイモン・コンウェイ・モリスがケンブリッジのチームに加わった。二人は、最初はウィッティントンの学生として、やがて独り立ちした研究者として、バージェス生態系に生息していた生物群集全体に関する信頼性の高い見取り図を描き出すうえで、重要なはたらきをした。

かくしてバージェス生態系は、その成り立ちが詳細に解明された最古の生態系となった。あるひとつの場所から発掘された大量の化石群の種類について知っていても、必ずしもそれは、当時の環境の生態学的なしくみを理解していることにはならない。バージェス動物群が生息していた環境は、地史的に見ると、カンブリア紀の爆発が起きた時代に近接している。したがって、幅広い分野の科学者の関心を集める大きな可能性を秘めていた。いよいよバージェス研究の第二段階を迎える準備がととのったのだ。それが第一段階の研究に劣らず重要なものであることが、後に明らかになる。

バージェス動物化石をめぐる研究は、たしかに、カンブリア紀を専門とする生物学者たちがカンブリア紀の爆発について理解を深める端緒となった。しかし、得体の知れないバージェス動物群が広範な注目を集め、恐竜と伍するためには、とびきりの想像力と筆力を駆使した読み物が必要だった。それを初めてやってのけたのが、一九八九年に出版されたスティーヴン・ジェイ・グールドの名著『ワンダフル・ライフ』である。

この本のなかでグールドは、われわれが思い描く突拍子もないエイリアンの姿をはるかにしのぐ、奇妙奇天烈《きてれつ》な動物群が生息していた当時の地球をみごとに描いてみせた。『ワンダフル・ライフ』が予想以上の関心を集めた理由の一端は、人類がカンブリア紀の爆発といかにつながっているかを卓越した物語で解き明かしてみせたことにある。グールドが説く物語は、ピカイアへの言及で幕を閉じる。ピカイアはナメクジにも似た遊泳性の小動物で、人類と同じ動物門に属する（『ワンダフル・ライフ』出版時点で知られていたものとしては）最古の動物なのだ。グールド曰《いわ》く、もしピカイアがカンブリア紀を生き延びていなかったとしたら、人類は今ここに存在しなかっただろうというのである。

バージェス動物群は一〇ないし一二の動物門に分類されるというのが、現在の一般的な見解である。すなわち、海綿動物、刺胞動物（ウミエラやイソギンチャクなど）、有櫛動物、腕足動物、軟体動物、ヒオリテス、鰓曳《えらひき》動物、環形動物、有爪《ゆうそう》動物、節足動物、棘皮動物（ウミユリやナマコなど）、そして脊索動物（ヒトはここに入る）である。バージェス頁岩の生物相には藻類やシアノバクテリアもいたほか、いまだ所属がはっきりしていない謎の動物も一、二種いて、どれかひとつの動物門に分類されてしかるべきだが、必ずしもそれが絶滅した動物門である必要はない。

古生物学の至宝

カンブリア紀の進化事変をめぐる議論において、長年にわたって支配的な役割を演じてきたのはバージェス動物群だった。しかし最近になって、バージェス以外にもカンブリア紀の動物群が見つかっている。スウェーデン南部の石灰質頁岩は、「オルステン」と呼ばれる石のなかにカンブリア紀後期の化石を含んでいる。保存状態はまちまちだが、三葉虫や貝虫またはその近縁種など、小さな節足動物がみごとなまでに完全な状態で保存されている場合もある。オルステン化石の保存状態はリン酸塩化と呼ばれるタイプのもので、これと同じものはイギリスのシュロップシア州コムレーにあるカンブリア紀初期の地層からも見つかる。

カナダ人古生物学者ニック・バターフィールドは、カナダ北西部のグレートベア湖に近いマウントキャップでのボーリングによって採取された試料から、カンブリア紀の化石を発見した。そこには、五億二五〇〇万年前の動物が、一〇〇ナノメートル（一ミリメートルの一万分の一で、光の波長より短い）の精度の解像度に完全に耐えるほどの、まれにみる良好な状態で保存されている。

マウントキャップで見つかった動物群のなかにウィワクシアという種がいる。ウィワクシアは、剛毛が防御用のとげや鱗《うろこ》に変化した原始的な多毛類である。体つきはずんぐりむっくりで、全体の感じは鎧《よろい》をつけたネズミのような姿をしている。バージェス頁岩からもウィワクシアの化石が見つかるが、マウントキャップのものとは種を異にしている。多様性に富む生物群集とはいえないが、バージェス化石とごく近縁な種類を含んでいるうえに、バージェスよりも一〇〇〇万年ほど時代が古いのだ。こうした証拠は、カンブリア紀の爆発が起きた時期をより正確に決定するのに役立つ。ウィワクシアは、米国ユタ州にある同年代のスペンス頁岩層からも見つかっている。つまりマウントキャップやバージェス頁岩の化石は、カリフォルニア南部からグリーンランド北部やペンシルヴェニアへと連なる、カンブリア紀前期および中期の広範な地層に属する化石群と連動しているといってよさそうだ。

中国南部の雲南省澄江《チエンジヤン》からも、カンブリア紀の大量の化石が見つかっている。中国人古生物学者、侯先光《ホウ・シアングアン》は、まだ学生だった一九八四年に最初の澄江化石である珍しい三葉虫の化石を見つけた。侯と、彼の先輩にあたる陳均遠《チエン・ジュングアン》は、その後の歳月を澄江化石の研究にささげてきた。すでに、いくつかの動物門に属する保存状態のきわめてよい化石が発掘されているほか、さらに別の門を見つける作業が急ピッチで進められている。

研究対象としての澄江化石の強みは、動物群の種類の豊富さに加え、五億二五〇〇万年前という地質年代にある。つまり、澄江動物群はバージェス動物群よりも時代がさらに一〇〇〇万年さかのぼるうえに、五億一五〇〇万年前のバージェスに存在していたものと同じ生物群集がすでに存在していたことを教えてくれるのだ。

保存状態の点でバージェス頁岩に匹敵するカンブリア紀の化石群がすでに発見されているし、これからもどんどん見つかるにちがいない。けれども、バージェス頁岩化石の発見が、進化学史の節目をなす大事件であったことに変わりはない。とりわけ、ポピュラーサイエンスという大市場で、カンブリア紀に世間の関心をひきつけた功績は大きい。こうしたことは、貴重な化石の研究から得られた純粋に科学的な価値にくらべると些細なことのように思われるかもしれない。しかし、現代の科学界では、政治が学問的知識に劣らぬほど重要なのだ。もしバージェス頁岩がこれほど有名になっていなかったとしたら、カンブリア紀の新たな化石産地発見をもたらした学術調査への補助金が交付されることも、遠征への意欲がかきたてられることもなかったかもしれない。

カンブリア紀の爆発はなぜ起きたのか

カンブリア紀に生息していた動物門の多様性を教えてくれる、驚くほど保存状態のよい化石動物群が見つかっているわけだが、カンブリア紀よりも前の時代に関しては見つかっていない。すでに述べたように、動物門の体内の体制は、それよりも一億二〇〇〇万年ないし五億年以上前に進化していた（どの年代を採るかは誰の説を信じるかしだい）。ということはつまり、現生動物に見られる多種多様な体制は、何千万年以上にもわたってずっと、蠕虫の体内に隠れていたことになる。

それでは、カンブリア紀の爆発とはいったい何なのか。カンブリア紀の爆発とは、五億四三〇〇万年前から五億三八〇〇万年前に、現生するすべての動物門が、体を覆う硬い殻を突如として獲得した出来事なのである（ただし、海綿動物、有櫛動物、刺胞動物は例外）。それと同時に、軟体性の蠕虫という原型から、個々の動物門に特徴的な複雑な形状（「表現型」ともいう）への変化が、地史的なタイムスケールからすると「またたくま」に起こったことなのだ。さあこれで、カンブリア紀の爆発がどういうものだったか、わかっていただけたことだろう。

理由は定かではないが、個々の動物門の初期の構成種は、カンブリア紀になるまで硬い殻を獲得しておらず、したがってそれぞれに特徴的な外部形態も獲得していなかった。そこで謎なのが、カンブリア紀の爆発はなぜ起きたのかである。硬い殻の進化は、決して偶然の出来事ではなかった。相当に長い期間にわたって何事も起こらなかったところに、すべての動物門でいっせいに起きたことなのだ。これほどの同時性が実現するには、その引き金となった外的要因がはたらいたはずである。では、それはいかなる要因だったのだろう。何がカンブリア紀の爆発の引き金となったのか。爆発はなぜ起きたのか。それを解明することが本書の目的である。

個々の動物門に特徴的な外部形態は、遺伝子レベルでの独自性が先カンブリア時代にかたまった時点でなぜ進化しなかったのだろう。

じつは複雑で硬い外部形態を胚《はい》から発生させるには、単なるソーセージ型の袋を形成するよりも多大なエネルギーを必要とする。必要がなければ余分のエネルギーを消費する理由はない。一億二〇〇〇万年あまりにわたって外部形態の進化に踏み切ることがなかったのは、そのせいなのだ。だとすると、大きな一歩を踏み出させ、余分なエネルギーの出費を余儀なくさせた要因は、半端じゃなく重大なものだったにちがいない。その要因の正体を明らかにすることで、カンブリア紀の爆発が起きた理由は解き明かされるはずだ。

これまでの説と、その反証

カンブリア紀の爆発がなぜ起きたのか、これまでいくつもの説明が出されてきた。残念ながら、そのいずれに対しても有力な反証が存在する。科学的な精査に耐える説はひとつもなかった。

いちばん単純な説明は、カンブリア紀は進化にまたとない好適な環境条件が全般的にそろっていた時代だったというものである。つまりこれは、動物が進化しやすい時代と場所だったというだけの理由である。ここでいう環境には、物理的（無機的）な要因と生物的な要因が含まれる。しかし最近になって、骨格をもたないカンブリア紀の動物の胚が発見され、この循環論法めいた説を否定する証拠がもたらされた。

カンブリア紀の二種類の動物、すなわちクラゲと多毛類の卵は、現生する子孫の卵にくらべると大きい。卵のなかにかなり自由に動ける余裕があり、しかも発生後期の胚が成体の形状に類似していることから、カンブリア紀の動物の胚は、一連の未熟な幼生段階を経なくてもすむように、フル装備をととのえた状態で孵化して環境中に出ていっていたらしいことがわかる。この方法は直接発生と呼ばれるもので、現在でも過酷な環境条件や予測しがたい環境条件に生息する種類で広く見られる。直接発生は、子どもが厳しい状況を確実に生き延びるためのものなのである。

たとえば孵化したばかりのカニの幼生は、通常は移動能力に乏しく、水中を漂うだけのプランクトン生活を送る。そんな幼生はさまざまな魚にとっては格好の獲物である。けれども、もし孵化してすぐに海底で生活できるような稚ガニとして誕生し、しかも背景にまぎれる色や形をそなえていれば、捕食者の目を逃れて無事に成体になれるかもしれない。それなのにこれが常態となっていないのは、十分に成長した状態で孵化させるには、親が多大なエネルギーを支出しなければならないからである。カンブリア紀に直接発生の方法が採用されていたことは、その時代の環境は敵意にあふれていたことを示すものなのだ。かくして「好適な環境条件」説は却下される。

カンブリア紀の爆発の原因に関する説のなかには、カンブリア紀の爆発の実体を誤認したことによるものもある。この出来事に関する間違った解釈を真に受けて、原因究明に乗りだした科学者が少なくないのだ。それは、全動物門が突如として進化した出来事こそが、カンブリア紀の爆発だったという解釈である。これでは、カンブリア紀の爆発を適切に要約したことにはならない。ぼくに言わせれば、「間違った解釈」以外の何ものでもない。現在の解釈は、カンブリア紀の爆発とは、あくまでもすべての動物門で突如として硬い殻が進化した出来事であって、すべての動物門の体内の体制はすでにととのっていたというものである。公正を期すためにいえば、過去の科学者がカンブリア紀の爆発に間違った解釈をしていたのは、決して彼らの落ち度ではない。体内の体制がどうだったかを教えてくれる遺伝的証拠が得られたのは、つい最近のことだからである。

最新の証拠から見て、体内の体制の進化という先カンブリア時代に起きた「出来事」は、爆発的な事件だったわけではなく、何千万年、何億年もかけて徐々に進行したものらしい。そう考えたほうがよさそうな理由は、先カンブリア時代の「出来事」は、ひとつの種類から別の種類が進化していう具合に順ぐりに起こったものであり、カンブリア紀の爆発とは状況を異にするものだったからである。先カンブリア時代の「出来事」については、爆発というよりも、進化の「うねり」という表現こそがふさわしい。カンブリア紀の爆発は一瞬のうちに起きることが可能だが、先カンブリア時代の「出来事」はそうではなかった。要するに、「カンブリア紀の爆発」に関する従来の解釈は、じつはカンブリア紀の爆発と先カンブリア時代の「うねり」とを足し合わせたものだったのだ。そういう「うねり」は大規模な遺伝的出来事であり、爆発のほうは、どちらかといえば何らかの外的要因によってひきおこされたものだった。

カンブリア紀の爆発がなぜ起きたのかを説明する次なる説は、先カンブリア時代の末に物理的環境条件が変化したからというものだ。爆発を誘発した原因が、すべて（物理的要因と生物的要因）をひっくるめた環境全体の変化ではなかったことはすでに確認したが、こちらは環境の一部分だけに焦点を当てた説明だ。たとえば、大気中の酸素濃度が「爆発」を起こすまでのレベルに達したという説もあれば、大気中の二酸化炭素濃度の減少に原因を求める説もある。

酸素と二酸化炭素は、動物の呼吸系と循環系に影響を及ぼす要因である。しかしたいていの動物門では、呼吸系や循環系はあくまでも内部体制の一部をなすものであって、外部形態にはあまり影響しないのがふつうである。したがって、酸素や二酸化炭素の濃度は、内部体制の進化に関与した可能性はあるものの、カンブリア紀の爆発に一役買ったとは考えにくい。しかも、酸素濃度がピークに達した時期はカンブリア紀を迎える前にも何度かあったことを示す地質学上の証拠がある。そのなかには、宇宙から落下してくる隕石がもたらした証拠もある。隕石は酸素と反応する化学物質を含んでおり、その反応具合で、落下した当時の地球大気中に含まれていた酸素濃度が推定できるのだ。そうした証拠から、カンブリア紀だけでなくその前後の時代にも、酸素濃度がピークに達した時代があったことがわかっている。

化学的要因の話を続けると、カンブリア紀のあいだに変化した可能性のある物理的環境要因に、利用可能なリン量の上昇があげられる。リンは、リン酸カルシウムでできた骨格の発達をうながすので、リン濃度の上昇が硬い外部骨格の発達を加速した可能性があるのだ。しかし、動物の外部形態を形成しているのはリン酸カルシウムだけではない。ほかの化学物質だって関与している。リン濃度上昇説は、そうした要因を考慮していない。それに酸素の場合と同様、カンブリア紀のあいだだけでなくその前にも、リン濃度がピークに達したことを示す証拠が存在している。

もうひとつ、カンブリア紀の爆発が起こった原因を物理的環境に求めるものに、カンブリア紀のはじめに大陸棚（浅海の生息環境）の面積が増大したという説がある。世界のあちこちで海水が陸塊を浸食することで、そうした状況が生起した可能性はある。しかし、大陸棚の面積が増えたとはいっても、大陸棚はカンブリア紀の爆発が起こるずっと前からある程度は存在していた。したがってそのような出来事は、従来あったものが増えるだけで、新しい何かを加えるものではない。

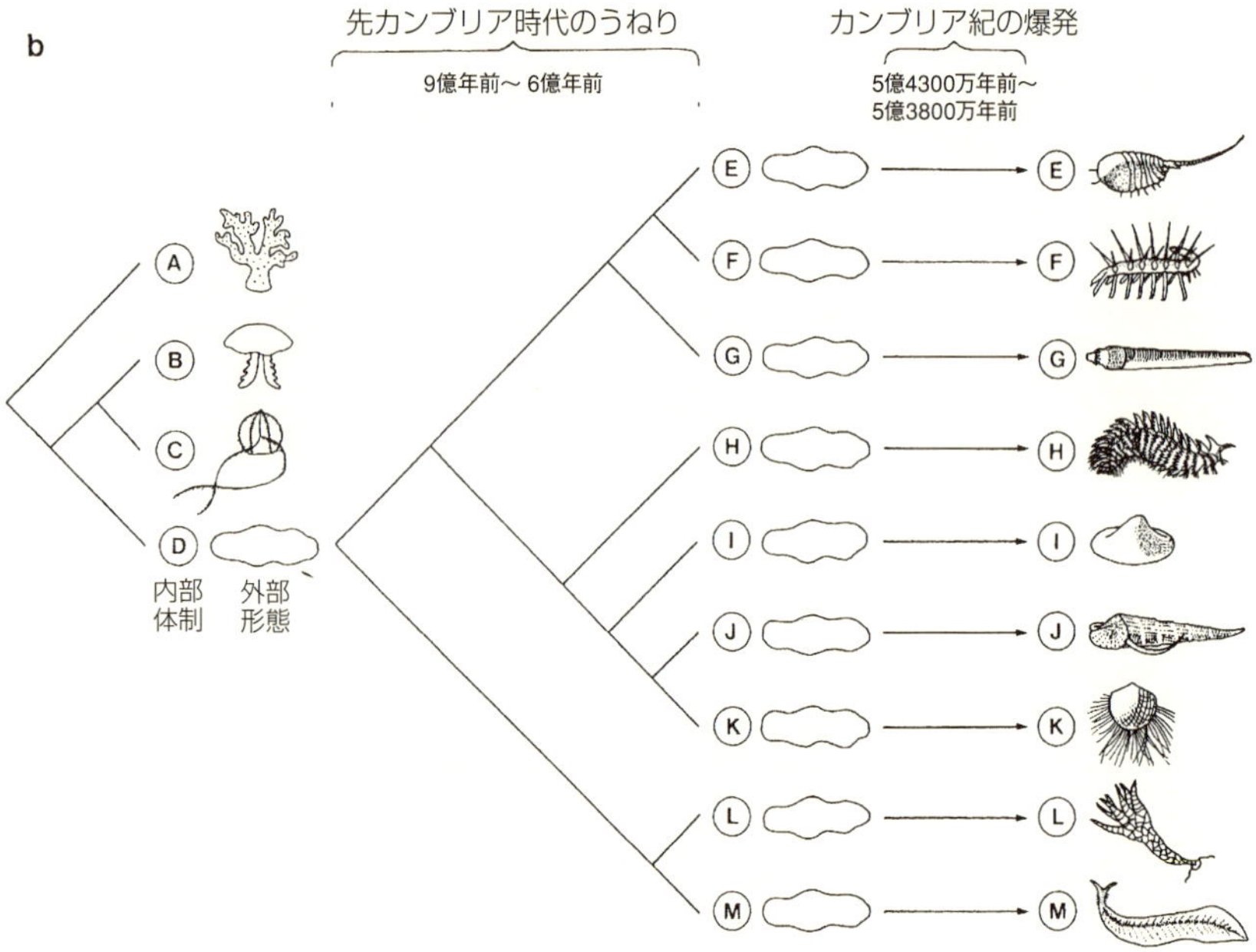

ここでは、およそ34の門のうちの９つだけを示す

a

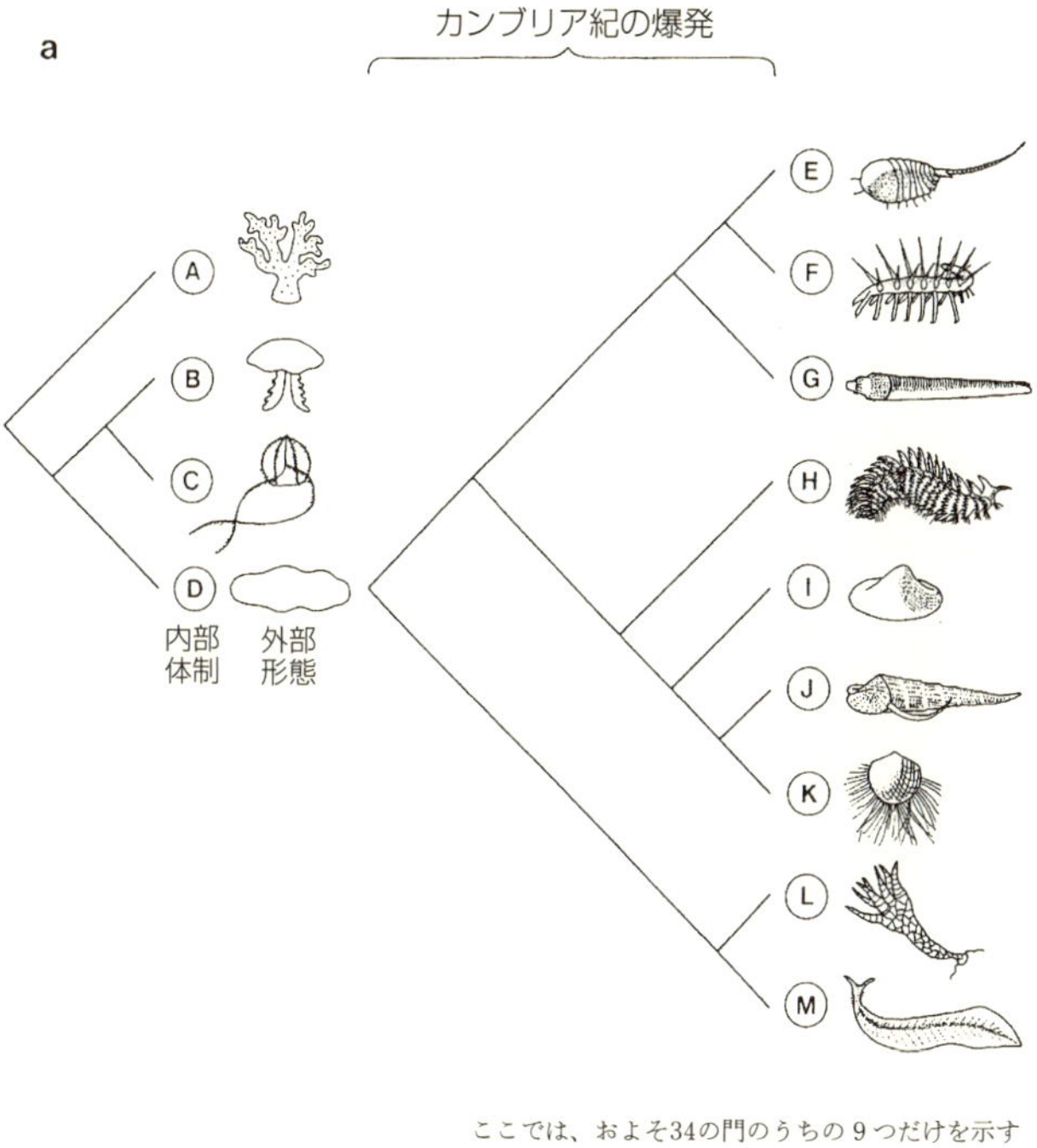

動物門の系統進化を示す2通りのモデル。最初の軟体性動物の部分は、どちらのモデルも進化の分岐は等しい。a は、この分岐を通じて内部体制と外部形態の両方が多様化していったことを示す。カンブリア紀の爆発の原因を説明するほとんどの説がこのモデルにもとづいている。b が正しいモデルで、カンブリア紀の爆発を正確に表わしている。つまり、すべての門の外部形態がいっせいに進化したことを示す。

カンブリア紀の爆発が起きた原因を物理的環境で説明しようする最新の試みは、「スノーボールアース」説と関連づける考え方である。つまりこうだ。カンブリア紀に入る前、地球はしばらく巨大な雪玉のような様相を呈していた時期があった。先カンブリア時代のある時期の太陽光は、現在よりもおそらく六パーセントほど弱かったと思われる。その結果として気温と大気中の二酸化炭素濃度がともに低下し、極地の氷冠が拡大した。氷は日光を反射するので、地球の表面を温める太陽の赤外線もはね返してしまう。そのため、氷に覆われた範囲が拡大するほど地球は冷えてゆき、さらに氷の形成に拍車がかかる。もっとも極端なスノーボールアース説は、最盛期には地球の全海域が水深一キロメートルほどまで氷結したとの立場をとっている。穏健な説では、極地の氷冠は広範囲に拡大したが、赤道付近の海だけは氷結することなく循環していたと見る。そのいずれだったにせよ、火山活動によって大気中の二酸化炭素濃度が上昇し、温室効果すなわち地球温暖化が始まって氷がとけたことで、地球は常態に復した。

このようなスノーボールアース現象は、一〇億年ほど前には定期的に起きていた可能性があり、八億五〇〇〇万年前から五億九〇〇〇万年前までの先カンブリア時代末期には少なくとも二回起きている。そういうわけで当然のごとく、カンブリア紀近くで起きた出来事として、スノーボールアース現象がカンブリア紀の爆発をひきおこした原因として候補にあげられている。

そこでひとつ問題なのは、極端派と穏健派いずれのスノーボールアース説もカンブリア紀の爆発を説明することができないことだ。穏健派の説は、大陸棚が急に拡大したという説と同じ理由で、スノーボールアース状態だったあいだも、進化の場となる「正常」な水生環境は確保されていたことになる。しかし極端派の説にしても、カンブリア紀の爆発はこれでは説明できないとの批判は免れない。

まず第一に、この説の根底には目的論的な考え方がひそんでいる。進化の道筋は前もって決定されていたとの前提に立っているからだ。つまりこうだ。先カンブリア時代のすべての動物門の動物は蠕虫型のまま、カンブリア紀の形態に変わりたくてうずうずしていたが、氷のせいで足止めをくっていた。そして、氷がとけたとたん、待ってましたとばかりに進化が再開された。これは客観的な見方ではない。すでに述べたように、とくに不都合のない蠕虫型の体形をわざわざ変えねばならない理由があったのだろうか。進化の道筋があらかじめ決められていたのなら、氷の下の水中で続行されていてもよかったはずである。

この苦心の説には、もうひとつ大きな問題がある。計算が合わないのだ。カンブリア紀の爆発が起きたのは、五億四三〇〇万年前から五億三八〇〇万年前までのあいだである。最後のスノーボールアース現象は、遅くとも五億七五〇〇万年前には終わっている。つまりこの二つの出来事のあいだには、少なくとも三二〇〇万年の開きがある。これは厳然たる事実である。したがって、先カンブリア時代のスノーボールアース現象がその時代の「うねり」に一役買っていた可能性はあるものの、この現象でカンブリア紀の爆発を説明することはできない。

今ここで説明しようとしているのは、多様性の爆発的増大という大進化の出来事である。外部形態ということでいえば、物理的環境条件が変化したとしても、小進化が漸進的に起こるだけである。爆発的進化の原因を説明するには、何か生死にかかわる要因を探す必要がある。そのような要因は、生物的環境の一部、すなわち動物そのものに起きた変化にあるにちがいない。そんなわけで、カンブリア紀の爆発が起きた原因を生物的環境で説明しようとする試みもなされてきた。

ひとつは、カンブリア紀に動物のあいだにコラーゲンが広く行き渡ったという説である。しかし残念ながら、この説明では、カンブリア紀の爆発に関する誤謬《ごびゅう》を広めることにしかならない。コラーゲンを進化させることのできたひとつの動物門から、カンブリア紀に他のすべての動物門がすみやかに登場した、ということにしかならないからである。実際にはご承知のとおり、爆発はそんなふうに起きたわけではない。もしコラーゲン説が正しいとすれば、コラーゲンの進化が、すべての動物門で同時に、それぞれ独自に起きたと考えなければならない。しかし、そのようなことが起こる確率はきわめて小さい。しかもリンの場合と同様、動物の硬い殻を形成するのに用いられる物質はコラーゲンだけではない。

カリフォルニア大学バークレー校の古生物学者ジェイムズ・ヴァレンタインの説によれば、生物種の大々的な多様化が起こるのは、占有されていない空白の生態的地位《ニッチ》（いうなれば「生活様式」）に進出してゆく場合に限られる。ならば、カンブリア紀の爆発は、カンブリア紀に突然、新しいニッチが出現したことで起きたのだろうか。残念ながらこの説明も、同じ誤謬を前提としている。われわれが探し求めているのは、四つの動物門が突如として三八の動物門に進化した理由ではない。あくまでも、異なる内部体制をそなえた三八の動物門が、突如として、異なる内部体制に加えて異なる外部形態までそなえた三八の動物門になった理由を見つけたいのだ。

一億二〇〇〇万年あまりのあいだ、そのような変化は起こらなかったが、その間も、進出可能な新しいニッチは存在していたはずである。たとえば、考えられるニッチのひとつに、補食者という生活様式がある。この一億二〇〇〇万年のあいだ、蠕虫型の動物は動きのにぶいタンパク質のかたまり然としていた。にもかかわらず、その捕食者のニッチを満たす動物は現われなかった。捕食者となるには、獲物に咬みつくがんじょうな顎と、獲物をつかむ強力な付属肢が必要だったろう。ほかにも、進出可能なニッチはカンブリア紀の爆発が起こる前から多数存在していた。しかし、何らかの理由で、カンブリア紀のはじめまで、そうしたニッチが埋められることはなかった。つまり、進出可能なニッチとしてそのまま残されていたのだ。

ニッチについて考えることはたしかに重要だが、それはわれわれが求めているような根本的な説明ではない。知りたいのは、地質年代の一時点において、すべての動物門を、進出可能なあらゆるニッチを埋めるべく駆り立てた要因なのだ。カンブリア紀のはじめに起きたことは、きわめて尋常ならざる何かにちがいない。

カンブリア紀には水中を浮遊する植物プランクトンが増加した可能性がある。海洋の湧昇流（深海から海面へと上昇する水流）に大異変が生じて、そういうことが起きたとも考えられる（その原因そのものについてもいくつかの説明が提案されている）。植物プランクトンの増加は、プランクトンの捕獲を可能にする遊泳用の付属肢をもつ動物の進化をうながし、さらにはそれを食べるために特殊化した口器の進化もうながした。いうなれば唇ばかり大きくて歯のないずんぐりむっくりした蠕虫では、逃げ足の速いカンブリア紀の植物プランクトンに咬みつくことはおろか、追いつくことさえできなかっただろう。しかしこれは、新しいニッチがひとつ増えたことだけに注目した説明であり、バージェス動物群が占有していたすべてのニッチを説明するものではない。バージェス動物群には、遊泳タイプの動物だけでなく、多様な生活様式をそなえたものがいる。したがってこれだけでは、カンブリア紀の爆発が起こった原因を説明したことにはならないのだ。とはいえ、これはかなりいい線かもしれない。

カンブリア紀の爆発が起こった原因に関してこれまでに出された有力な説のひとつに、最近、修正がほどこされた。修正案を提出したのは、マサチューセッツ州サウスハドレーにあるマウント・ホリオーク・カレッジのマーク・マクメナミンとダイアナ・シュルテ・マクメナミンである。その修正案では、補食を含むあらゆる摂食様式が、ひとつの重要な要因とみなされている。まずマクメナミンらは、動物が硬い殻を発達させたのは捕食者に対する防御用としてだったという百年来の考え方を復活させるにあたって、生態学の最新の手法を採用した。そしてそれと同時に、すべての種が食う食われるという食物網のなかに組み込まれていたとの立場から、カンブリア紀の生物群集全体を見直した。しかし、これも、まだ単純化しすぎ、擬人化しすぎであるとの批判を受けている。

このようにありとあらゆる説明が試みられたにもかかわらず、あるいはそれゆえにこそ、生物学者や古生物学者はみな、生命史においてもっとも劇的とされる事件の真の原因に関して、納得のゆく答を得られたとは確信できずにいる。本書においてぼくは、カンブリア紀の爆発の原因をめぐる不明確さや憶測に終止符を打つつもりである。

バラヴォワン、アドット、ノールらは、それぞれ個別に、多細胞動物の生態や行動様式が突如変化したことに答の鍵があるという見解を示しているが、これには賛成である。しかしぼくは、もっと具体的な解答を提出するつもりだ。

この本のあらまし

科学では、学説の誤りを見つけることは、学説の正しさを確認することに匹敵するくらい有益である場合が多い。カンブリア紀の爆発の実体とその原因に関する間違った解答のおかげで、いずれの問いに対しても、正しい答を求めるべき先がしだいに見えてきた。

カンブリア紀の爆発の実体に関しては、本章で正解を述べた。この先は、カンブリア紀の爆発の原因に関するぼくの新説、「光スイッチ」説を紹介する。カンブリア紀の爆発が起きた真の原因を解明するには、パズルのピースをひとつ残らずつなぎ合わせる必要がある。第2章から第8章では、重要な部分のピースを埋めてゆく。これらの章を通して、現代の生命はどのようなしくみで生きているのか、進化の過程で地球上では何が起こったのか、その結果として生命は過去のさまざまな時代にどんなふうに生きていたのか、といったことについて、多次元的な構図を完成させてゆくつもりである。

第2章では、これまでに化石からどんな情報が得られたか、実例をあげながら、くわしく考察する。ただし、カンブリア紀の爆発を説明するには、古生物学の証拠だけでは不十分であり、生物学的な証拠も必要だ。現生種が織りなす生態系を研究することにより、カンブリア紀の動物化石そのものを研究して得られるのと同じくらいたくさんの手がかりが得られる。本書が提示する解答は、科学のあらゆる分野の知見を参考にして導き出したものである。

第3章では、現生種の世界に時を移し、ぼくの専門分野に立ち返って、現生する動物の体色変化や隠蔽色のしくみと、複雑で精巧な発色システムをくわしく説明する。現在、動物が生息する圧倒的多数の環境は光にさらされている。そのような環境に生息する動物の行動にとって、光こそがもっとも重要な刺激要因であることに注意を喚起するつもりである。

動物の行動にとって光こそが最大の刺激要因であるという見解は、第4章において、逆の世界、すなわち洞窟や深海の暗闇に生息する生物について検討することで説得力が増すはずである。ここで、動物の行動だけでなく進化にとっても光が重要な役割を演じることが、ますます明らかになる。

第5章では、異なる環境にすみついた貝虫《かいむし》類の進化速度を二グループ間で比較する。外洋に生息する貝虫類と、海の洞窟に生息する貝虫類の比較である。暗闇に生息するグループは原始的な祖先からほとんど変化していないのに対し、外洋のグループをよく観察すると、光が進化を促進してきたことが明らかとなる。結果的に、外洋に生息する貝虫類は暗黒の洞窟に生息する貝虫類よりもかなり多様性に富んでいるのだ。また光が進化において果たしうる役割を、甲殻類の一目である海生等脚類（ワラジムシも等脚類の一種）を例に具体的に説明する。カニやハエについても考察しよう。

第6章では、太古の絶滅動物がどんな体色をしていたかを探ることで、気分を少し明るくしよう。化石として保存されやすい骨などの硬い部分は物理的構造物である。現生種の体色のなかには、微視的な物理的構造から生じる色もある。そうした微細構造が化石にも保存されている可能性がありはしないか。五〇〇〇万年前の甲虫や一億八〇〇〇万年前のアンモナイトで、その可能性をあさってみよう。それは、歴史書のページをさらに太古の昔へとさかのぼらせるかもしれない。古代エジプトの像の制作当時の色を知るだけで、その内部にかつて死者の書が納められていたことがわかったりする。ならば、化石の色が判明することで、どんなに多くの情報が浮上しうるか想像してみてほしい。

第7章では、さまざまな眼について紹介する。すべての動物は、体色ばかりでなく体形や行動においても、それを見る眼の存在に対する適応手段を講じる必要があることがわかってくる。網膜に映る姿に影響するあらゆる要素が問題となるのだ。その網膜が捕食者の網膜である場合、そこにどんな像が結ばれるかが、被食者となりうる動物にとっての生死にかかわる問題となる。

第8章では、捕食の歴史について論じる。化石記録を調べなおすことで、眼も、捕食者も、そしておそらく両者の関連も遠い昔から存在していたことが明らかになる。では、具体的にどれくらい前からなのか。これが枢要なポイントになる。

終章のひとつ前の第9章に入る時点で、読者のみなさんはもう、カンブリア紀の爆発の原因とおぼしきものを見つけるために必要な手がかりをすべて手にしている。さまざまな観点から見て、それが至極当然な解釈のように思われるが、そこにたどりつくには、こうした迂遠《うえん》な道をたどるしかない。その道すがら、自然界の生態系がどれほど複雑で、しかもいかにみごとな調和のもとに存在しているかを示す珍奇にして魅惑的な実例をたくさん目にすることになるだろう。

しかし、まずはむきだしの骨に戻り、ほこりをかぶったヴィクトリア時代の展示ケースに鎮座させられていた無機的な岩石を現代の視点から眺めなおすことにしよう。さあ、干からびた過去をよみがえらせるのだ。

第2章 化石に生命を吹き込む

なにごとも体験されて初めて現実となる。
——ジョン・キーツ

化石——過去への入口

第1章では、まさに生命の始まりから説き起こし、地球上で展開されてきた生命史を要約した。本章では、岩石をくわしく調べることで、そうした物語を組み立てるために用いられた証拠に検討を加える。現在から時間を逆回しし、めぼしいトピックスを紹介しながら、はるかカンブリア紀へとさかのぼるのだ。古風な化石たちが、格好の導き役となってくれるはずである。

進化の研究は遺伝学的な研究にどんどん侵食されつつあるが、遺伝学からの推論はつねに、今後とも、理論的なものにとどまりつづけるだろう。多数の現生種でさまざまな遺伝子が明かされてきているが、ぼくたちが目にしている動物で、祖先と子孫というダイレクトな関係にあるものはいない。中間段階があったはずであり、たとえば、すでに絶滅した種がそれにあたる。したがって、進化の道筋を明らかにするためには、現生種だけでなく、絶滅種の遺伝的特質も知る必要がある。しかし当然のことながら、絶滅種の遺伝子については、わずかな例外を除けば理論的に推察するしかない。

それに対して、化石は厳然たる事実である。文字どおり堅固な事実であり、無視しがたい実体である。一〇年ほど前のこと、分子の塩基配列からいって、カンブリア紀の爆発は先カンブリア時代に起きたものでなければならないとの指摘がなされた。つまりは、この大事件で出現した化石に貼られたカンブリア紀初期というラベルとは矛盾した結果であり、それらの化石は進化に取り残されたものということになった。

しかし古生物学者たちは断固たる態度を貫き、化石は目の錯覚などではないことを改めて主張した。三億五〇〇〇万年前の岩石を割って、そこに硬骨魚の精細な化石が現われたならば、三億五〇〇〇万年前の海には、たしかに硬骨魚が泳いでいたことになる。よく似た条件下で形成された類似の岩石でも、五億五〇〇〇万年前の岩石からは硬骨魚がいっさい見つからないとしたら、その時代に硬骨魚は存在していなかったと結論するしかない。しかしながら、遺伝学からの証拠を無視するのも同様にばかげた話であり、化石と遺伝子の証拠を折り合わせることで、カンブリア紀の爆発に関する正しい構図が描かれてきたというのが実情である。

いずれにせよ、進化の研究にとって化石が貴重な存在であることに変わりはない。その意味から、本書において化石の話に一章を充てるのは、まさに当を得ている。もっとも、それ以外の章でも、化石とはおよそ関係なさそうな議論の最中で化石が顔を出すこともある。

前章で進化の道筋を明らかにするにあたっては、化石がずいぶん活躍した。本章では、そうした情報を引き出す秘訣を披露するとともに、化石はさらに多くの事実を語ってくれることを示そうと思う。「生命全史」なる歴史書は二次元のページ上で語られる物語である。次なる作業としては、ぺしゃんこになった化石の血管に血液を送り込んでページから飛び出させ、太古の動物を生き生きとした姿でよみがえらせることである。工学、物理学、化学、生物学の知見を適用すれば、太古の骨の山をバーチャルな立体像としてよみがえらせることは不可能ではない。何千万年、何億年前の世界でも、動物たちは走ったり、飛んだり、穴を掘ったり、食べたり、敵から逃げたりしていたはずなのだ。

化石は過去について、驚くほどこまかいことまで教えてくれる。したがって本書で解明しようとしているカンブリア紀の謎に対しても、かなり信頼性の高い証拠を提供してくれるはずである。本章で紹介する個々の事例は、二一世紀における古生物学の進むべき方向と、進化学で使える道具を提供してくれる。シャーロック・ホームズの謎解きや最新の科学的捜査手法は、恐竜を復元する専門家や宗教画家の手並みと通じるところがある。葉の化石は古気象学の研究に有効だし、自動車デザインの技術は、四億年前の蠕虫《ぜんちゅう》や節足動物をコンピューター画面上によみがえらせる。また、現生生物の生物学やスキューバダイビングの原理は、「アンモナイトの謎」を解明するうえで役立つ。しかしまずは、「化石とはそもそも何物なのか」という問いから出発しよう。その答はあまり明確ではない。とくに、絶滅種の遺骸が文字どおり生き返りそうなくらい「新鮮」な場合は微妙になる。

マンモスが残したもの

ぼくの書棚には、かつて地球上に生息した動物を網羅したいかめしい大著がある。『ナイト版動物図説博物館』と題するこの本は、七代前からわが家に伝わるものだ。分厚くてまがまがしい黒表紙を開くと、何千種もの動物について、簡潔な説明と学術的なデータに添えて木版の図版が載っている。図版のなかにはひどく稚拙なものもあり、不自然なポーズをしたサルなどはとくに、博物館の剝製《はくせい》を見て描いたことが見え見えだったりする。カンガルーの図版などはオーストラリアに初めて足を踏み入れた西欧人の手によるものらしく、アメリカバイソンの図版もそうだろう。なじみのない動物は、入念な観察なしに描かれると、想像にまかせて、よく知っている動物の姿につくり直されてしまうも

バターワースの1920年代の挿絵。ディプロドクスがクロコダイルのような歩き方をしている。

のらしく、バイソンは牛に、カンガルーがどことなくウサギに似ていたりするのだ。

ここに、化石を復元する際に心すべき教訓がある。つまり、既知のものからの類推に頼りすぎると、合理性を逸脱した、とんでもない間違いをしでかしかねないのだ。たしかに、現生動物のなかで、ある種の恐竜にもっとも近縁なのはワニである。そこから恐竜の皮膚もワニのような鱗《うろこ》状だったと類推する程度ならばまあ許せる。発見されはじめている皮膚の化石で確認可能だからだ。しかし、腹を地面にこすりながら四つ足で這《は》うように歩くのは、おそらくワニだけの特徴である。ところが初めて恐竜の復元画を制作した人たちは、腹を地面にこすっているディプロドクスを描いてしまった。それも一概に悪いわけではない。教訓を得るために、間違いも必要だからだ（科学に間違いはつきものである）。ただし類推ということでいえば、絶滅動物の体色を現生種の体色から類推するほど危険なことはない（これについては後ほど例証する）。

『ナイト版動物図説博物館』には化石動物も記載されている。現生種と化石種の中間的な位置を占めているのがモーリシャスに生息していたドードーである。ドードーに関する逸話は、ほとんどすべて、原産地モーリシャス島におもむいた一七世紀の探検家が書き残したものに頼っているわけだが、それらにしても、モーリシャスの住民のあいだに伝わる伝説を鵜呑みにしたものである。

ドードーは、『ナイト版動物図説博物館』が出版された時代にはすでに絶滅していた、オオウミガラスやフクロオオカミについては行動に関するもっとくわしい説明があり、しかもなんと、どちらも現生動物の項目に記載されている。しかしオオウミガラスもフクロオオカミも、すでに絶滅して久しい。

ドードーの足や嘴《くちばし》の皮は、ロンドンの大英自然史博物館とオクスフォード大学自然史博物館に保存されている。大英自然史博物館には、ペンギンそっくりの直立姿勢に仕立てられたオオウミガラスの剝製が展示されているし、二〇世紀まで生きていたフクロオオカミについては、完全な標本がいくつも保存されている。このような例は、ほかにもまだたくさんあげられる。たくさんの動物がこれまでにない規模で絶滅に瀕している現在、自然史博物館の収蔵標本の価値はますます高まっている。

ナナフシの体色に興味をもち、シドニーにあるオーストラリア博物館の昆虫収蔵棚をあさっていたぼくは、太平洋のロードハウ島産の巨大な標本に大いに興味をひかれた。そこでその標本の貸し出しを願い出たのだが、それは一〇〇年以上前に採集された最後の貴重な標本個体だからという理由で、残念ながら断られてしまった。

ところで、すでに絶滅した種のものだとはいえ、体の有機物がまだ残っている標本を化石として分類してよいものだろうか。そういう場合には、標本が（地史的に見て）かなり新しいせいで、化石に分類することには強い抵抗がありそうである。なにしろそれほど遠くない親戚の誰かが採集していたとしても不思議ではないからだ。

標本がもっと遠い時代のものになると、何をもって化石と定義するのかという問題はますます微妙になってくる。マンモスが最初に出現したのは一五万年前のことで、最終氷河時代のひとつ前の氷河時代まで生き延びた。マンモスは北アジア、北アメリカ、およびヨーロッパ一帯に生息し、地上生の巨大なナマケモノ、剣歯虎（サーベルタイガー）、オオツノバイソンなどと環境を共有していた。ちょうど二万三八〇年前、体重八トン、体高三・三メートルの雄マンモスが、シベリアの大地の凍原で、四七歳の生涯を閉じた。マンモスとしては、平均寿命まで一三年を残しての早死にだった。古代の動物もこんなふうに考えると、すでに絶滅している動物というよりは、かつて生きていた動物というイメージのほうが強くなる。絶滅した動物をできるだけ生前に近い形で復元するのが古生物学の目標だが、マンモスの場合には、そのための証拠がふつう以上によくそろっている。

古代の人類が住んでいた洞窟跡から見つかる遺物により、マンモスの生活様式についてはさまざまなことが知られている。石槍といっしょにマンモスの骨や牙《きば》が山ほど見つかることから、人類はマンモス狩りをしていたことがわかる。おそらくマンモスのハンターとして無視できない存在だったにちがいない。氷河時代の洞窟の多くからは壁画の痕跡が見つかるが、大がかりなマンモス狩りの場面を描いたものもある。こうした絵の発見により、マンモスは人類が死滅に追い込んだ最初の種であるという説がささやかれてきた。もしかしてもっと昔のマンモスの標本が保存されていれば、石槍を用いた狩りがマンモス個体群に及ぼした影響のほどを、証拠をあげて立証することができるかもしれない。いや、じつは有力な証拠がひとつだけある。

一九九七年のある日、シベリアに住むジャルコフ家の九歳になる少年が、凍土の大地にトナカイ狩りに出かけた。それはいつもとさして変わらない行動だったのだが、地平線上の青い空に白っぽい奇妙な物体が見えたことで事態は一変した。少年が近づくと、その対をなす物体が何であるかはすぐにわかった。永久凍土から突き出ていたのはマンモスの牙だったのだ。

後に判明した事実によれば、それは二万三八〇年前に死んだマンモスの牙だった。ただしそんな光景は、ジャルコフ家のほかの人たちにとっては珍しくもなんともなかった。シベリアでは、マンモスの牙が見つかったくらいではもうニュースにならなくなっていたのだ。ところが、この牙には少しばかり特殊な点があった。牙といっしょに肉片らしきものや厚い毛の束が氷塊についていたのだ。ジャルコフ一家が報告したこの発見に、科学者たちは色めきたった。まっさきにマンモス発掘のための資金を確保したのはフランスだった。

二年後の一九九九年、フランスの極地研究者たちによる異例の発掘作業が開始された。ロシアのヘリコプターが雇われ、大きな牙が突き出た巨大な氷塊が、まるごと引き上げられた。するとそのブロックのなかには、なんと、マンモス一頭がそっくりそのまま、ほぼ完璧に近い状態で冷凍保存されていた。それを、三二〇〇キロメートル離れたハタンガの町まで空輸する作業もすごかったが、それ以上に見物だったのは、その後六週間にわたって研究者たちがマンモスをとりかこみ、おのおのヘアドライヤーを手に、標本の解凍作業に取り組む光景だった。しかしその作業も、博物館に展示できる水準の標本と、完全なＤＮＡを手に入れられたことで報われた。ヘアドライヤーは、氷をとかすだけでなく、皮膚や筋肉を乾燥させ、保存効果を高めることでも役立った。

目下、フランスの研究チームは、二万三八〇〇年前のマンモスの死体の検死解剖にいそしんでおり、いずれその死因も判明するはずである。その結果、マンモスを絶滅に追い込んだのは人間だという説が裏づけられる可能性もあるし、劇的な気候変動のせいで栄養失調に陥ったとする別の説が実証されるかもしれない。死因を実証する槍の傷跡が凍った肉に残されることはあっても、骨にまで残されていることはまれである。ましてや、栄養失調の痕跡が骨格に残されていることはほとんどないだろう。したがって、骨の化石だけから過去を読み解くことには限界がある。ただし、これから紹介するように、古生物学にはまだまだ奥の手がある。

もとの有機物が保存されているこのマンモスの遺体を化石とみなしてよいかどうか、その答はそれほど重要ではない。従来の厳密な意味での化石とは、生物の遺骸が微生物によって分解されてしまう前に、何らかの物質のなかに埋葬されたものをいう。こうした現象は堆積作用を通して起こる。つまり、海水中を沈降する鉱物粒子が、海底に堆積する過程で生物の遺骸をすっぽりと覆う。すると、遺骸の有機物が鉱物成分と置き換えられる。この「置換」された鉱物成分は、基質をなす成分とは性質がわずかながら変化している。そのため、化石は周囲の岩質から容易に見分けがつく。しかしときには、死んですぐの遺骸の一部だけが化石となり、有機物が変化せずにそのまま保存される場合もある。

このバランスはどちらにもころびうるものなので、たとえば一パーセントの有機物が鉱物に置換されていて九九パーセントはそのままの標本は「化石」と呼ぶが、有機物が一〇〇パーセント保存されている標本は「化石」とは呼ばないといった約束ごとは、学問上のことにすぎない。いずれにせよ、死んだ動物はその痕跡を残し、古生物学者に見つけられるのを待っている。

おまけに、化石化のプロセスそのものも、単純な場合から複雑な場合までまちまちである。骨の輪郭だけが化石として保存されることもあるし、ときには、皮膚、内臓、さらには骨の内部までも化石として残されることもある。細部まできちんと保存されていれば、石化した文字どおりの化石からでも有機物の遺骸からでも、同じように物理的情報が得られる。

マンモスの牙は、申し分のない強度を出せるような構造をしていたことが知られている。波形の薄い素材を互い違いに何層にも重ねた構造は、厚い素材を交互に重ねたものや、断面が平坦な薄い素材を何層も重ねたものよりも、強度・靭性《じんせい》ともにすぐれているのだ。合板や波板鉄板が強いのも、それと同じ理屈による。このような情報は、石化した化石からでも、有機物として保存されている標本からでも得られる。

それに対して、保存状態の悪い化石は牙の輪郭しかとどめておらず、大きさや形状に関する情報しかもたらさない。しかし、どんなに保存状態のよい化石でも、有機物の遺骸にかなわない重要な違いがひとつある。研究に大いなる可能性をもたらしてくれる核酸すなわちＤＮＡが保存されているかどうかの違いである。

有機物の遺骸でも七〇〇〇万年前くらいのものになると、石化した化石との境界が曖昧になりはじめる。これくらい古い遺骸は、立派な化石といってもよいかもしれない。七〇〇〇万年前に生きていた昆虫が、往時の精彩を失うことなく、琥珀《こはく》のなかに保存されていることがある。今でもときおり、樹の幹に舞い降りた虫が、樹皮から滲み出ている黄色っぽい樹液にくっついていることがある。そういう虫は、もがけばもがくほど、泥沼にはまるように、ますます樹液のなかに沈み込んでしまう。七〇〇〇万年前の虫も、同じような目にあったにちがいない。やがて樹液はかたまり、虫は永遠に封じ込められる。樹液がかたまったものが琥珀で、微生物や化学物質の侵入を防ぐバリアの機能を果たすため、虫の遺骸の有機物はそのまま変化せずに保存される。これほどの年月にわたって保存されている標本に対しては、いささかの困惑を込めて、「半化石」という呼称が授けられている。琥珀のなかに封入されている虫、とくに吸血性の蚊については、保存されていたＤＮＡの真偽をめぐって話題騒然となった。

七〇〇〇万年前には、まだ恐竜も生きていて、蚊にチクリとやられたものもいたことだろう。そこで、太古の蚊の体内に保存されている恐竜の血液から恐竜を生き返らせることができるかもしれないと考えられた。しかしこのアイデアは、今や遠い昔の夢である。大昔の恐竜のＤＮＡと思われたものは、じつは、抽出を行なった実験室で混入した、現生生物のＤＮＡであることが判明し、期待は粉々に打ち砕かれたのだ。ＤＮＡが何百万年以上も破壊されずにいることはない。これが、現在の統一見解である。もっとも、ゲノムに命を吹き込む方法、ティラノサウルス・レックスをよみがえらせる方法がないわけではない。

南極大陸の一万年前の微生物を蘇生させることなら、微生物学者にはおやすいご用である。微生物の胞子が風で吹き飛ばされ、不運にも南極大陸の氷上に舞い落ちることがある。すると胞子はたちまち休眠状態に入り、縮んで小さくなってすべての代謝活動が停止する。

ロシアのヴォストーク基地は南極大陸の中心に位置し、南極でもきわめつき過酷な場所である。ヴォストーク基地の氷に穴をあけてコア（氷芯）を採取すると、コアの底からは、もっとも古いもので五〇万年前の氷が採取できる。一九八八年のこと、アメリカの微生物学者が、二〇万年前の氷を含むコアに封入されていた胞子を発見した。胞子を温めたところ、あら不思議、生きたバクテリアが現われ、二〇万年も経っているとは思えないほどの勢いで増殖を開始したではないか。この一件は、他のDNAもこの程度の年代までなら蘇生できそうだという希望をもたらすもので、マンモス研究チームは無条件のゴーサインと受け取った。

二万三八〇〇年前のマンモスを手に入れたフランスの研究者たちは、凍結した細胞からDNAを抽出して、マンモスのクローンを誕生させるという希望をふくらませている。マンモスをよみがえらせ、どのように歩き、どのように行動していたかという、万人の関心事を目の当たりにしたいというのだ。このアイデアがすっかり気に入った日本の研究チームも、自分たち用の冷凍マンモスを探している。

オーストラリア博物館でも、やはりクローンづくりが目的で、保存状態のよいフクロオオカミの幼獣の標本からDNAの抽出が試みられている。この場合のクローンづくりは、もっとも近縁な現生種を代理母に用いる方法を目下検討中である。

そのような古いDNAを用いたクローンづくりには、いくつか落とし穴もある。まず、別の動物である代理母に胚を移植すると、異種の染色体との適合性が問題になる。さらに、クローンづくりに成功したとしても、不妊個体では困りものである。たとえばラバは、ロバの親からは三一本、ウマの親からは三二本の染色体を受け継いでいる。体細胞の染色体数は六三本、生殖細胞ではランダムに三一本か三二本になる。そのため、ラバ同士を交配しても、配偶子の染色体数がめったに一致せず、染色体のペアが形成されないため、ほぼ例外なく子どもをつくれない（妊性がない）。もしフクロオオカミで新しいクローン作成法が開発されれば、それは新しい科学の幕開けとなる。いずれにせよ、大昔のDNAの塩基配列がわかれば、絶滅した生きものを扱う場合には推測に頼るしかなかった進化の研究にとって、願ってもない有益な情報が提供されることだろう。

太古のＤＮＡは、病気の伝搬経路の再現にも利用されている。一九世紀のアイルランドで大発生して大飢饉《ききん》をもたらしたジャガイモ疫病菌の同定も、博物館や植物標本館に保存されていた感染ジャガイモやトマトのＤＮＡ解析によってなされたものである。かつては、ジャガイモ疫病菌の祖先系統はメキシコで発生し、一九世紀になって世界に広がったと考えられていた。しかし最近になって、ジャガイモ疫病をひきおこした系統は、それとは別の南米起源のものであることが判明した。ジャガイモ疫病は現在も猛威をふるっており、過去の伝搬経路が正確にわかれば、今後の広がり方が予測できるかもしれない。

これは、自然史博物館のコレクションが、遺伝的多様性を保存するＤＮＡバンクとして有用であることのさらなる証拠でもある。しかし現時点では、太古の絶滅動物をバーチャルに蘇生させるにあたって遺伝子は役に立たないとしたら、やはり化石や半化石の研究に頼らざるをえないことになる。岩石の年代が一億年ともなると、半化石は見つからない。しかし例外がないわけではなく、本書ではきわめて重要な証拠を披露する。けれどもまずは信頼できる本物の化石に話を戻し、そこから何がわかるのかを検討しよう。

古い骨と新しい科学

古生物学は、ゆうに一世紀以上にわたって凛々《りり》しくそびえてきた。化石そのものが堅固な礎石を提供し、その上に立てられた古生物学の殿堂に、整合性のとれた理論のブロックが次々と積み上げられることで、強固な壁が築かれてきたからだ。その間、化石はつねに信頼に足る礎石だったが、建築ブロックにあたるその解釈のほうには、ときおりひび割れが生じる。古生物学の原理に根を張る誤解は、最終的には正されねばならない。哺乳類の進化に関する壁の根元付近にも、そうした欠陥ブロックが見つかりそうである。

ヒトを含めたほとんどの哺乳類は、子宮内で胎児を育む有胎盤類である。有胎盤類は、一億年以上前に北半球で起源したものと考えられていた。そして北半球から世界中に広がり、その過程で、哺乳類の残る二つのグループ、すなわち卵を産む単孔類と出産後に袋のなかで子を育てる有袋類を押し退《の》けた。単孔類（カモノハシなど）や有袋類（カンガルーなど）はオーストラリアに押し込められ、現在はほとんどそこにしか生息していない。そしてオーストラリアに陸生有胎盤類が初めて渡ってきたのは、わずか五〇〇〇万年前のことだと信じられてきた。この筋書きは、進化学の古典ともいうべき例となり、動物学の教科書に必ず載っている。ところが最近になって、とんだ横槍が入った。一九九七年、オーストラリアのメルボルンの海岸で発掘作業にあたっていた英国人ボランティアが、一億一五〇〇万年前の顎骨を見つけたのだ。

その顎骨は長さわずか一六ミリと小さな代物だったのだが、そこに生えていた八個の歯が、前代未聞の大論争を巻き起こした。その歯のうちの三本は大臼歯で、五本は小臼歯だったのだが、これが問題だった。なぜならこの構成比は有胎盤類の特徴であって、有袋類の特徴ではない。有袋類では、大臼歯が四本で小臼歯が三本という構成比がふつうだからである。それに、歯の形状も問題だった。それらは、食物を切ったり嚙《か》み砕いたりするのに適した形状であり、単孔類には見られない特徴だったのだ。しかも、小臼歯のうちの一本は、標準型である三角形状ではなく、複雑な形状をした大臼歯の特徴に近い形状をしていた。これも、有袋類の特徴に合致するものではなく、有胎盤類の特徴といえるものだった。

論争を呼びつつも研究は進み、やがて、問題の顎《あご》をもつ有胎盤類は、食虫類（トガリネズミの仲間）の一種としてコンピューター画面上で復元され、発見者にちなんでアウスクトリボスフェノス・ニクトスと命名された。しかしこの解釈は、古生物学の堅固な壁にひび割れを生じさせるものではないのか。一億一五〇〇万年前のオーストラリアで有胎盤哺乳類が走りまわっていたとなれば、哺乳類の進化についての従来の見解は覆されること確実である。

しかしこの話はまだ、大団円を迎えてはいない。カリフォルニア大学バークレー校の研究者が、別の新説を提出しているからだ。アウスクトリボスフェノス・ニクトスは単孔類でも有袋類でも、ましてや有胎盤類でもなく、まったく別のグループに属する動物で、そのグループは、ほかの哺乳類グループに収斂《しゅうれん》進化したか、ほかの哺乳類と並行進化したあげく、絶滅したという説である。この新説を裏づける証拠は、歯の精密な分析にもとづいている。たまたま大臼歯の裏側に見られるくぼみの形状が、有胎盤類にはない特徴だというのだ。

哺乳類の進化の壁にアウスクトリボスフェノス・ニクトスのブロックをはめ込むことにより、はたして壁は強化されるのだろうか、それとも崩壊するのだろうか。その答をだすためには、ひとまずセメントをつけるための鏝《こて》を置いて、哺乳類の足跡を見つけ出す必要がある。すでに発見されているものでも、もう一度吟味すれば新たな発見につながらないともかぎらないではないか。

なにしろ、古生物学の研究に使用される最新の分析法はますます精確で緻密になってきており、ほんの小さな骨のかけらからでも、驚くほど豊富な情報が得られるようになっている。絶滅種を復元する技術のめざましい進歩を語ることは、本章のテーマのひとつでもある。絶滅種の復元により、それまではしっかりと立っていた柱が倒れることもあるし、逆にますます高くそびえ立つこともある。しかしひとまずは、大昔の動物は大陸間を移動したという説にもとづき、現在の大陸は広大な海に取り巻かれているのになぜそんなことが可能だったのかについて考えてみよう。

活動している地球

大陸を形成している陸塊は、固定されたものではない。それらは岩石からなるプレートで、地殻内部でたえず移動している。そうした動きは、水平方向に限られたものではなく垂直方向にも起こる。しかも、海面上の土地にも海面下の海底にも影響を及ぼしている。断層がもっとも顕著なのは深海底の、二つのプレートが反対方向に移動しているせいで海底が引き裂かれている場所である。そのような場所では、できた裂け目から溶岩が水中に漏れ出していたりする。前章で紹介した熱水噴出口すなわちブラックスモーカーが出現しているのはそのような場所である。

この種の活動が猛烈な規模で起こったことで、ハワイ諸島は形成された。そのような裂け目が陸上で生じると、火山の噴火が起こったりする。地球上の一カ所に裂け目が生じるということは、別の場所ではプレートどうしの衝突が起こっているということである。ヒマラヤ山脈は、インドプレートが、かつては海で隔てられていたアジア大陸に衝突して形成されたものである。衝突の際にインドプレートが下に潜りこんだため、それまではアジア大陸の海岸だった部分が上方に押し上げられたのだ。

砂漠は、はるか昔からずっと茫漠たる土地だったわけではない。サンゴ礁は、ずっと昔から今の場所にあったわけではない。地史的に見ると、砂漠とサンゴ礁は地理的に重なっている可能性がある。地理的には同じだったりするのだ。たとえばグレートベースンは、ネヴァダ州、ユタ州、カリフォルニア州にまたがる米国最大級の砂漠地帯である。ところが海抜の高い地域の岩石からは、五億一〇〇〇万年ほど前の、よりによって海洋の生態系にすんでいた生物の化石が発見される。サンゴ、コケムシ、海生節足動物など多くの動物門の化石がたくさん見つかるのだ。それらは、浅瀬の死骸の上に泥が押し寄せて堆積し、死骸を永久に封印した結果である。やがて泥は岩石となり、生物の遺骸を永遠に固定したわけだが、地理的な位置関係については時の経過とともに変化することになった。化石の墓場は、地球のプレート運動にともなって移動したのである。まず最初に海面上にもちあげられたあと、さらに高く隆起し、やがて今日のように山腹に露出するにいたったのだ。じつはバージェス頁岩《けつがん》の化石相も同じような旅を経てきた。地球のプレート運動は今もなお続いており、あと一億年もすれば化石は一巡りしてまた元の海底に戻るかもしれない。

太古の環境を推測する

地殻が移動するという考え方は、プレートテクトニクスと呼ばれている。この理論は、化石動物が生きていた当時の環境を再現するにあたってきわめて重要なものとなる。地殻上の一地点は移動によって経度も緯度も変化しうるが、おそらく緯度の変化のほうが重要だろう。緯度の変化のほうが、大きな気候変化をもたらしうるからだ。暑い砂漠で発見された化石だからといって、必ずしも暑い砂漠にすんでいた生物だとはかぎらない。

化石動物がかつて生息していた環境を正確に知るうえでもっとも有力な手がかりとなるのは、その周囲から見つかる他の化石、それもとくに植物化石である。水生植物と陸生植物とは容易に区別がつく。しかしカンブリア紀の生物はことごとく海生だったので、カンブリア紀の生物環境をくわしく知るには、水生・陸生環境の区別だけでなく、もっとこまかい情報を見つけなくてはならない。化石生物群集全体を綿密に観察すれば、もっと具体的なことまでわかる。化石群集のなかに光合成をする藻類が存在していたならば、その生物群集は相応の強さの日光のもとで生息していたことがわかる。光合成が可能な、水深九〇メートルくらい以内の水域に生息していた群集であると判定できるのだ。

同様に、陸生生物の化石からも生息環境を復元することができる。たとえばわれわれは、現生する甲虫の外骨格に見られるこまかな変異と生息環境との関係をつきとめつつある。

甲虫の外骨格は、体表面に薄い層を平行に重ねた多層構造となっている。個々の層が厚くて波形をしていると、高温にも耐えられる。また、外骨格にこまかい孔がたくさんあれば、乾燥防止用のワックスを分泌できる。この二つの特徴をあわせもっている外骨格は、砂漠への適応である。それに対して、温帯に生息する甲虫の外骨格の層は平らで凹凸を欠く傾向がある。しかも、いちばん外側の層が体を物理的に保護するためにとても厚くなっているのを除けば、ほかの層はみな薄くなっている。寒冷地に適応した水生甲虫の外骨格でも、他とは異なる特徴が見られる。つまり、甲虫の外骨格の構造が、温度その他、生息環境の指標となるのだ。この理論は化石にも適用できる。オーストラリアのリヴァースレイでは、外骨格も無傷のまま保存された甲虫の化石が見つかっている。三〇〇〇万年前から二五〇〇万年前のものとされるその甲虫化石を調べれば、当時のリヴァースレイがどういう環境だったか、くわしい情報が得られるかもしれない。

化石の形態的特徴から当時の生息環境を推測する研究は、植物の葉の化石を用いた研究によって促進されてきた。植物は、光合成をするために二酸化炭素を必要とする。二酸化炭素は、葉の表皮にあって、開閉を調節できる気孔を通して吸収される。過去二〇〇年間、工業用に化石燃料が使われたせいで、大気中の二酸化炭素濃度が上昇すると、植物はそれに対応して、葉の気孔数を減らす。大気中の二酸化炭素濃度と葉の気孔密度とは、はっきりと反比例しているのだ。現在、三億年前にまでさかのぼるイチョウとその仲間の葉の化石を用いて、この関係を利用した研究がなされている。オレゴン大学の化石収蔵室でほこりにまみれていた太古の葉の化石が取り出され、葉の表皮の気孔密度が測定されたのだ。

その気孔密度に関するデータから、過去三億年にわたる二酸化炭素濃度が推定され、さらにそこから気温の推移まで推定された。まったくみごとな研究である。博物館の収蔵庫のなかで忘れ去られていたコレクションを覚醒させるとすごい情報が得られることが、またしても証明されたのだ。

海洋地球化学のデータからは、過去一万年あまりの気温が正確に推定できる。そしてそれは、気孔密度に関するデータからの推定値とみごとに一致する。さらに古い年代に関する推定値を検証するには、海底の堆積物や海生生物化石の酸素同位体を調べればよい。酸素同位体から得られるデータでは、過去三億年間の気温の変動しかわからないが、そのピークや谷は、気孔密度から得られたデータとよく一致する。

この二つのデータから、二酸化炭素濃度が低かった時期は、二億九六〇〇万年前から二億七五〇〇万年前まで、三〇〇〇万年前から二〇〇〇万年前まで、そして過去八〇〇万年間だったと推定されている。高緯度地域の氷河堆積物から得られるデータでも、同じような傾向が見られる。どうやら二酸化炭素濃度が低かった時期は、地球の気候が「氷室《ひむろ》」モードだった寒冷期と一致するようである。しかし、なんといってもいちばん当てになるのは、解像度がもっともよい気孔密度から得られるデータである。いつ起きたかが正確にわかっている化石動物群の絶滅の原因を検討する場合には、このデータがとても重宝なものとなるだろう。地球の温暖化や寒冷化により、動物体内の生化学反応が致死的なレベルにまで押しやられた可能性もある。

オランダのユトレヒト大学から提出された見解も、過去五億年間の気温や気候を左右した主要要因は二酸化炭素濃度であるという点で意見が一致している。しかし、それ以外にも多くの要素が、時代によって異なる規模でさまざまな影響を気候に及ぼしたはずだと指摘している。大陸の配置、山脈の起伏などといった地形、海流の循環などに生じた変化は、どれもみな気候に少なからぬ影響を及ぼしうる。また、地球の公転軌道や地軸の傾きの変化といった天体運動の影響や、太陽の明るさの変化なども考慮する必要がある。いずれの要因も、気温の変化に影響を及ぼした可能性があるし、過去五億年間に起きた進化上の重大事件において間接的な役割を果たした可能性も否定できない。

気温以外にも、大進化を誘発した疑いのある要因は存在するが、本書が焦点をしぼる謎は、その五億年間以前の事件なので、その問題はここでは扱わない。それでもここで紹介した話は、化石からどうして過去の気候がわかるのか、化石がなぜ太古の生息環境の復元に役立つのかを示す格好の例だった。

さあ、ひきつづき古生物学の小道をたどりながら、太古の環境に生息していた動物や、それらが残した痕跡について検討を加えるとしよう。

古生物学——最初の法医学

「化石」を意味する英語のフォッシル（fossil）という単語は、掘り出されたものを意味するラテン語に由来している。一八世紀までは、地中から掘り出された珍奇なものはみなフォッシルと呼ばれていた。中世ヨーロッパでは、アメシストのような水晶や古代人がつくった矢じりも、すべてフォッシルと呼ばれていた。北米の先住民は、恐竜の骨はかつて地球にたくさんいた巨人の骨であると考えていた。

現在のわれわれは、世界中の津々浦々を旅することができるし、世界中の情報に通じている。たとえ野生のトラやゾウ、エミュー、サメ、ワニに出合ったことがない人にも、それらがどんな動物かはよく知られている。しかし、古代ギリシャの冒険家たちは、初めてエジプトに足を踏み入れてワニを目撃したとき、いったい何を思ったのだろうか。古代ギリシャ人にとって、そういう生きものは、現在のわれわれにとってのドラゴンと同じくらい異質な存在だったのではないか。もしかすると、紀元前五世紀の時点では、ギリシャ神話はそれほど荒唐無稽ではなかったかもしれない。

アモンは古代エジプトの神で、人間の体に雄羊の頭をもつ姿で描かれている場合が多い。アンモナイト類はずっと昔に絶滅した軟体動物の一グループで、タコやイカの仲間である。たいていはらせん状に巻いた殻をもっており、その殻はあちこちから化石として発見される。じつはこのアンモナイトという名前は、古代エジプトの神アモンに由来している。化石化したアンモナイトの殻は、アモン神の頭の角と考えられていたのだ。

たしかに、ある種のアンモナイトの殻は雄羊の角にそっくりだが、現生生物にもこれとよく似た殻をもつものがいる。やはりイカの仲間にあたる、オウムガイである。ならば、オウムガイから、アンモナイトの生きていた当時の姿を復元することができるのではないか。これは重要な問題なので、結論を急ぐ前に、そうした離れ業をやってのけるために使える手法を検討してみるのもむだではない。たとえば、人の顔を復元するのに使われる法医学の手法もそのひとつである。

この手法は、いちばんの有名人であるイエスの顔の復元にも用いられている。研究者たちは、歴史上実在したとされるイエスにおそらくもっとも近いといえそうな顔を復元した。ところがそれは、何世紀にもわたって伝えられてきた肖像とは似ても似つかぬものだった。

二世紀以前の時代にあっては、ユダヤの伝統によって、神を絵に描くことは禁じられていた。そのせいで、イエスを描く場合には、魚や子羊の姿に託して象徴的に描くことしかできなかった。ヨハネによる福音書には「私は良き羊飼いなり」という言葉があることから、イエスを描いた最古の肖像は良き羊飼いとして描かれている。その後、キリスト教がローマ帝国を席巻するると、イエスはなんと天上の王として描かれるようになり、典型的なローマ貴族の姿をとるようになった。つまり、いかにも偉そうな老人で、しかも髭は生やしていない姿である。ところが、東方正教会はずっと一貫して髭のあるイエスを好んだため、髭を生やした肖像が広く浸透していった。かくして、容易には覆せない権威が確立された。とりわけジョットとラファエロが髭のあるイエス像を描きつづけたせいで、そのイメージが世間に広まった。

二〇〇〇年のこと、エルサレムの道路建設現場から、一群の人骨が掘り出された。イスラエルの考古学者たちは墓の配置や埋葬品を調べ、そこが一世紀のユダヤ人墓地であるとの結論を下した。出土した頭骨はいずれも、別の年代のものや別の地域の部族のものとは明らかに異なる特徴をそなえていた。この人骨群の特徴をいちばんよく表わしている頭骨がひとつ選ばれ、紀元一世紀のエルサレムに住んでいた人々の典型とされた。

まゆ、鼻、顎の輪郭といった顔の形は、頭骨で決まる。エルサレムで見つかった頭骨から生前の顔を復元するために、マンチェスター大学の法医学の大家に頭骨が委ねられた。作業としては、人体解剖の所見から判明している比率にしたがって、頭骨の石膏《せっこう》模型に粘土で肉づけしてゆくというものだ。ちなみに一九八七年にロンドンの地下鉄キングスクロス駅で起こった火災の犠牲となった人々の遺体の身元確認で活躍したのが、この手法である。この方式による復元作業は、おおむね七〇パーセントの身元確認率を誇っている。

キリストが生きていた時代のエルサレムの地層から出土した植物化石からは、当時の気候を知る情報が集められた。気候が正確に復元されたことで、キリストのモデルの肌は、当時の気候にふさわしい濃いオリーブ色にすることに決まった。これは、従来描かれてきた青白くてひ弱そうな顔色とはまるで異なる。ただしこれでは、キリストの髪と髭の状態については依然として不明のままである。それを復元するには、当時のファッションを知る必要がある。唯一保存されている色素は、残念ながら二〇〇〇年前の毛髪ではなく、一世紀ないし三世紀のイラク北部のシナゴーグに描かれたフレスコ画の顔料のみだった。ともかくも、そこに描かれていた肖像は、縮れ毛の短髪で、短いあご髭を生やしたイエス像だった。新しい復元にはこのスタイルが採用されるはずである。髪の毛はダークブラウンだったことにするほかない。

これはキリストのほんとうの顔ではないが、おそらく、これまでに描かれたものとしてはもっとも真実に近い顔だろう。このケースでは、考古学、古生物学、解剖学が手を組んで、芸術家の専売特許を奪ったわけだ。では、学際的な科学の力を借りれば、化石の生きていた当時の姿を復元できるのだろうか。つまり、現生するオウムガイをもとに、絶滅したその近縁種であるアンモナイトの化石に生命を吹き込むことができるだろうか。それができれば、アンモナイト化石のほとんどが海と陸の境界付近から見つかるのはなぜかという謎も解明できるかもしれない。

軟体動物のなかでもタコ、イカ、オウムガイ、アンモナイトなどの頭足類は、およそ五億年にわたって隆盛をきわめてきた海生動物のひとつだった。しかし現在、巨大な捕食者であるマッコウクジラの全個体数を維持できるほど多数生息しているのはイカだけである。一般にイカは体内に甲（殻）をもっている。それに対してオウムガイは、体の外側に、ほぼ等角らせん状に巻いた殻をもつ。そして、カタツムリに似たその殻の開口部から、イカに似た触腕、眼、噴流を出す漏斗《ろうと》を突き出している。オウムガイとアンモナイトの殻はよく似ており、どちらの内部も隔壁で仕切られたいくつかの気室に分かれている。アンモナイトの化石はたくさん残っており、隔壁もよく保存されているものが多い。殻の気室にはどんな機能があるのだろうか。

アンモナイトの殻がいくつかの室（小部屋）に分かれている理由としてまず思いつくのは、隔壁で殻に強度を与えているのではないかというものだろう。プリマスにある英国海洋生物学協会のサー・エリック・デントンは、現生するオウムガイの生活様式についてすばらしい研究を数多くこなし、この強度説を否定する証拠を提出した。たしかに、周囲の水圧が高まってもオウムガイの殻はびくともしない。しかしそれは、臨界圧力に達するまでのことだった。臨界値に達するなり、亀裂が入るなどの前触れもいっさいなしに、殻は一気につぶれてしまった。この特徴をオウムガイが生息する自然環境と結びつけて考えてみよう。

オウムガイの生息範囲は、浅海から、危険にさらされる直前、すなわち臨界圧力すれすれの深海にまでおよぶ。安心安全ぎりぎりの所でくらしているのだ。殻の破片の強度を調べたところ、臨界圧力でつぶれるのは殻の構造的特徴のせいであって、隔壁があってもなくても全体的な強度には関係ないことがわかった。このようにして、現生する近縁種の研究から、アンモナイトの殻の小部屋は強度を目的としたものではないことが明らかになった。

オウムガイの軟体部は、開口部に面した、いちばん手前のもっとも広い部屋（住房）に入っている。それに続く個々の小部屋にはもうひとつの特徴がある。細い管（連室細管）が各小部屋のまんなかを突き抜け、隔壁を貫いて終端の気房にまで達しており、殻と同じようにらせん状に巻いているのだ。アンモナイトにも同じような管が見つかる。オウムガイの場合には、この管に生体組織が含まれている。体積からすれば、細管組織はオウムガイのわずかな部分にすぎない。しかし、オウムガイが行動するうえで、この器官は重要な役割を担っている。細管組織には、気体で満たされている気房から海水を出し入れすることで、浮力の調整をする役割がある。つまりこれにより、オウムガイは水中における垂直移動をやすやすとこなせるのだ。

アンモナイトの連室細管の研究から、こちらの細管にもオウムガイのそれと同じような特性があることが明らかになった。殻全体を貫いている細管の隙間から気房に海水が浸透していたらしいのだ。このことから、絶滅してしまっているアンモナイトの生活様式が復元できる。前後方向の移動は苦手だが、垂直方向の移動にはとてもよく適応していたはずだ。さらに、化石だけからではわからない生態も明らかになった。アンモナイトが上下方向に急いで移動していたのは、その食物と関連があったのだ。

イカなど、アンモナイトの現生する仲間がもっている特徴的な顎については多くのことがわかっている。最近のことだが、オーストラリア沖に敷設されている太さ数センチの海底ケーブルに障害が生じ、ケーブルが完全に切断されていることがわかった。ケーブルの切断箇所の鑑定を依頼された海洋生物学者たちは、犯人をただちに特定した。厚さ五ミリの黒いプラスチック製被覆材に残る傷は、魚の噛み跡でも、イルカのそれでも、顎をもつ蠕虫類のそれでもなく、まごうかたなきイカの噛み跡だったのだ。イカの仲間は、オウムの嘴に似た硬い嘴（顎板）をもち、独特の「歯形」を残す。博物館が収蔵するイカの嘴標

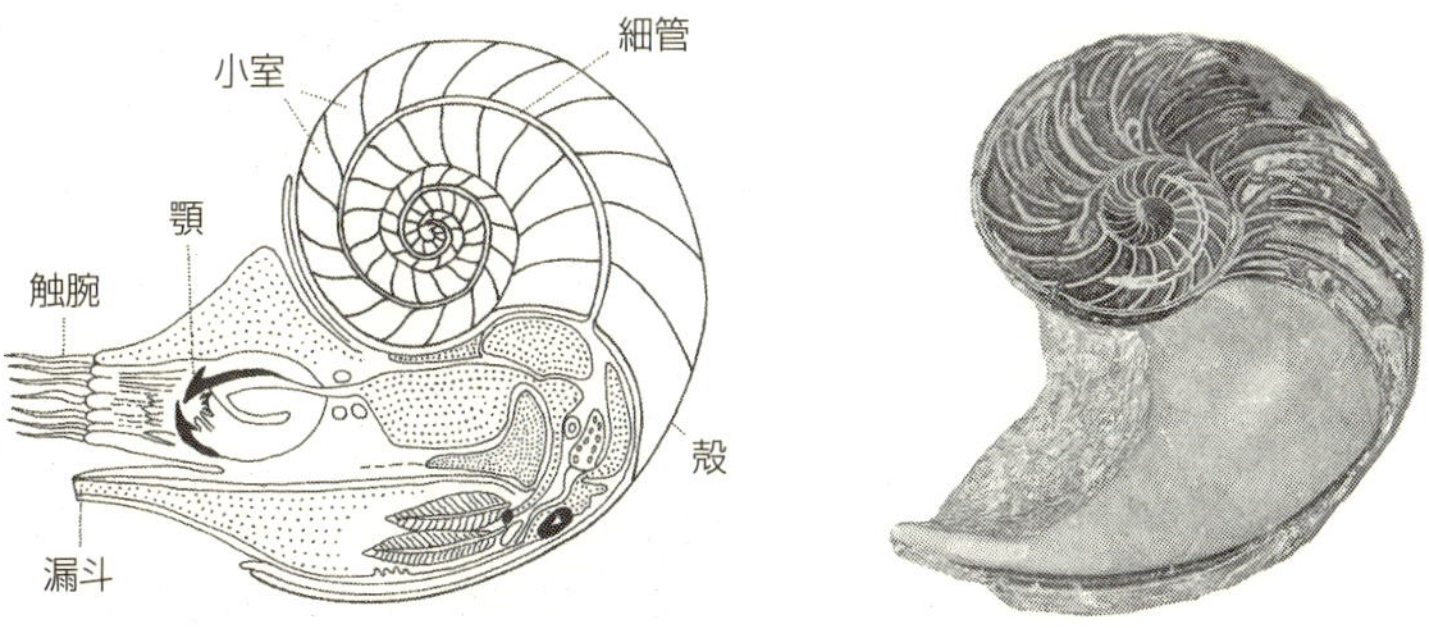

現生するオウムガイの断面の概略図（眼は省略してある）、およびアンモナイトの化石の写真（細管の一部が殻の中央付近に保存されている）。

本のなかから、ケーブルに残る噛み跡とぴったり合う嘴が見つかった。犯人が特定されたのである。

よく知られているように、ある種の嘴のデザインは、特定の食物に適合したデザインになっている。猛禽《もうきん》類の鋭い嘴も、ダーウィンにひらめきを与えたことで有名な「フィンチの嘴」もそうだ。ときおりアンモナイトの顎の化石が見つかるのだが、その形状からすると、どうやらアンモナイトは小さな餌、おそらくプランクトンを食べていたようだ。だとすれば、プランクトンを追いかけて垂直移動する必要があったはずである。今でも（おそらく昔も）プランクトンは、定期的に垂直移動をしているからである。

しかしほとんどのアンモナイトの化石は、海岸から見つかっている。つまりアンモナイトの生息環境はさほど深くはない海域だったとも解釈できる。この解釈は正しいのだろうか。それとも状況証拠に頼りすぎだろうか。アンモナイトの生息環境を具体的に知るためのさらなる手がかりは、殻の内部の細管に見つかった。

アンモナイトの連室細管の特性は、複雑な形状をしている場合が多い外殻や隔壁にくらべ、殻の強度を教えてくれる単純な指標として使えることがわかった。つまり、細管が耐えられるぎりぎりの水圧を測定すれば、どのくらいの水深まで生息していたかを教えてくれるのである。現生するオウムガイを用いたエリック・デントンの研究が、この推定方法の正しさを証明している。そこでアンモナイトについて得られた結論は、多くの種は少なくとも水深六〇〇メートルまで潜っていたというものだった。しかしこれでは、アンモナイトの化石が太古の海岸から見つかるのはなぜかという疑問が深まるばかりだ。この謎に対する最終的な解答は、アンモナイトの死が握っていた。

死んだ軟体部が抜け落ちて殻だけになったオウムガイは、殻が水で満たされるせいで海底に沈んでしまう、これが死んだオウムガイの末路であると、従来は考えられていた。ところが実際は違っていた。

軟体部の死骸が殻に入ったままの状態だと、その腐敗作用で発生したガスがたちまち住房の海水を追い出し、腐りかけた軟体部をふくれあがらせる。すると、数時間もしないうちに、オウムガイの死骸は水面に浮かびあがってくる。この時点ではまだ、住房以外の小部屋（気房）の海水と気体の量は変化していない。しかし二日ほどたつと、腐敗の進んだ軟体部と殻は袂《たもと》を分かち、別々の道をゆくことになる。殻はどうなるかというと、気房内に残っていた海水が連室細管を通して漏れ出し、ヤシの実のように海面を浮遊して、やがて海岸にたどりつく。そこでそのまま落ち着けば、やがてはそこで化石化することもあるだろう。これが、アンモナイトの化石が太古の海岸から見つかる謎に対する解答であり、また、一カ所から大量のアンモナイト化石が見つかる理由でもある。

もし、死後も、気房内の気体の量はもとのままで沈んでゆくとしたら、臨界深度に達したところで破裂してしまっていただろう。そうだったとすれば、これほどたくさんのアンモナイト化石が残ることはなかったと思われる。オウムガイの生態については三〇年ほど前に結審していたのだが、最近になってまた再審理が行なわれたというわけである。新しい観点からの研究がなされた結果、意外な事実が判明し、アンモナイトのきわめて重要な適応形態が浮かびあがってきたのだ。

以上の話は、太古の動物を復元する前にはまず、当時の生息環境を十分に理解することがいかに重要かを教えている。過去の気候や大気の状態を教えるさまざまな化石の証拠が、にわかに重要性を帯びてきている。しかし、化石を復元する際にこれと同じくらい重要な意味をもちうる異質な化石の証拠にも、目を向けてみる価値がある。アンモナイト類は、海中で浮遊した状態のまま一生を過ごした。しかし、古生物学者にとっては幸いなことに、多くの動物は地面の上を移動し、移動の痕跡を残している。

生痕化石

シャーロック・ホームズ、というよりはその生みの親であるアーサー・コナン・ドイルは、足跡に対して鋭い観察眼をもっていた。ホームズは、犯人割出しの道具として足跡の大きさやタイプをよく利用している。足跡の向きを見て、犯人がどこから入ってどこから出ていったかを推理したり、足跡の間隔から、犯人がどのくらい急いでいたかを判断したりしているのだ。どうやら古生物学者も、これと同じ方法を使いはじめているようだ。

恐竜が泥につけた足跡が、堅焼きパンのようになって保存されていたりする。そうした足跡は、生《せい》痕《こん》化石と呼ばれている。生痕化石とは、太古の動物の体の一部分ではなく、移動の痕跡である。足跡を調べることにより、太古の動物の移動方法や摂食様式、さらには群れの行動等の生活様式など、さまざまな秘密が明かされる。もっともそれらはすでに旧聞に属する話である。現在、恐竜の足跡の研究はさらに一段階上を行っている。そのきっかけとなったのは、立体構造が保存されている二億年前の足跡が最近になってグリーンランドで発見されたことだった。

一九九八年、米国の調査団が、グリーンランド東部に広がる荒涼とした土地の探検を開始した。調査団の当初の目当ては、トリアス紀（二億年以上前）の岩石の露頭で、そこから初期の哺乳類が見つかることを期待していた。ところが、不明瞭な足形からなる奇妙な足跡化石に調査団の目が釘づけになった時点で、雑多な古代脊椎動物の骨や歯はしばし捨て置かれることになった。

足跡研究者たちのあいだには常識とされている原則がある。足跡化石は単に足の形態を教えてくれる記録ではないというのだ。それは、ある特定のパターンの運動をしている足がある特定のタイプの地面に接地したときにどのような動きをしたかを教えてくれる記録なのである。地面の状態が変われば、足跡の特徴にもかなりの違いが出る。同じ人間の足跡でも、固い地面につけたものと、ぬかるんだ泥につけたものとではまるで異なることを思い出してほしい。

グリーンランドで発見された足跡は、くっきりした足形から、なんだかよくわからない痕跡のようなものまでさまざまだったが、どれもみな、肉食恐竜である獣脚類の同じ種が異なるタイプの地面につけた足跡だったのだ。地面の状態は、固いものからぬかるみ状態までさまざまだった。ちょうど、浜辺を波打ち際に向かって歩くときに出合う状態だと思えばいい。固い地面につけられた足跡は、先史時代の地球のいたるところに残されている、ごくふつうの平面的なものだった。そこからは、足跡の主と足の正確な形状について、いつもと変わらぬ有用な情報が得られた。思わぬ突破口をもたらしたのは、ぬかるんだ泥に残された足跡のほうだった。

ぬかるんだ泥には、足跡が立体的に保存されていた。足の踏み込み跡と踏み出し跡が、いうなれば「傷跡」として残されていたのだ。しかも、生きている動物のそれとくらべることで、足が深く沈めば沈むほど、通常は地面よりも上で起きている動きが地中で起こることまで明らかになった。これは重大な発見だった。立体構造が保存されている足跡は、表面的にはさして重要そうではなくても、恐竜の足の空中での動きを教えてくれる可能性を秘めていることがわかったのだ。しかし、そうした情報を引き出すには、足跡の断面を綿密に調べなければならない。

米国の研究チームは、足跡を石膏で写しとった鋳型の断面図を何枚も作成した。そしてその断面図から、コンピューターで足跡の立体画像を復元した。しかし、この段階での立体図は、表面的な見かけ同様、解釈不能な代物だった。そこで研究チームは、生きている動物に目を向け、ホロホロチョウとシチメンチョウを調べることにした。鳥に泥のなかを歩かせてみたところ、ぬかるみが増した段階で、とてもよく似た立体的な足跡が残ることがわかった。しかし、関心の的は、あくまでも足跡がつけられる過程であり、恐竜が空中や地面でどのように足を動かしていたかを説明する仮説だった。

ホロホロチョウや七面鳥は、足の指を開いた状態で泥に足を突っ込んだ。ところが、泥から足を引き抜くときは、指をくっつけた状態にしていた。固い地面を歩く場合は、同じ一連の動作を空中で実行していた。おそらく、恐竜も同じだったと思われる。つまり、足を地面につけるときは足の指を開き、足をもちあげるときは指を閉じていたはずなのだ。それまで、恐竜は足裏を地面につけて歩くと考えられていた。ところが、ぬかるんだ泥に残された足跡から、獣脚竜については、かかとをほんの少しだけ、現在の鳥類よりもやや低めに上げていたことがわかった。このことからさらに、鳥類と比較して、獣脚竜は、大腿骨によって勢いをつけて踏み出し、すねや足に力をかけることで蹴り出していたという証拠が得られた。

獣脚竜の足が泥のなかで行なっていた立体的動作の一部始終がコンピューター上で再現された。典型的な獣脚竜の足に、現生する鳥類と同じ歩き方をさせてみたのである。この再現画像と、その結果として泥の表面に残される足形が、すべてを物語っていた（カラー口絵1参照）。獣脚竜が鳥類とよく似た歩き方をしていたことが実証されたのは、すばらしい収穫だった。なぜなら、平面的な足跡と骨の構造から得られていた証拠からは、両者の足の骨格は大きく異なるとしか考えられなかったからである。そして当然のことながらこの発見は、恐竜はじつは「鳥」だったという説をめぐる論争をさらに煽りたてた。現在では、移動様式と脚の機能は、その他多くの特徴がそうであるように、獣脚竜から鳥類へと徐々に進化していったらしいことが実証されている。

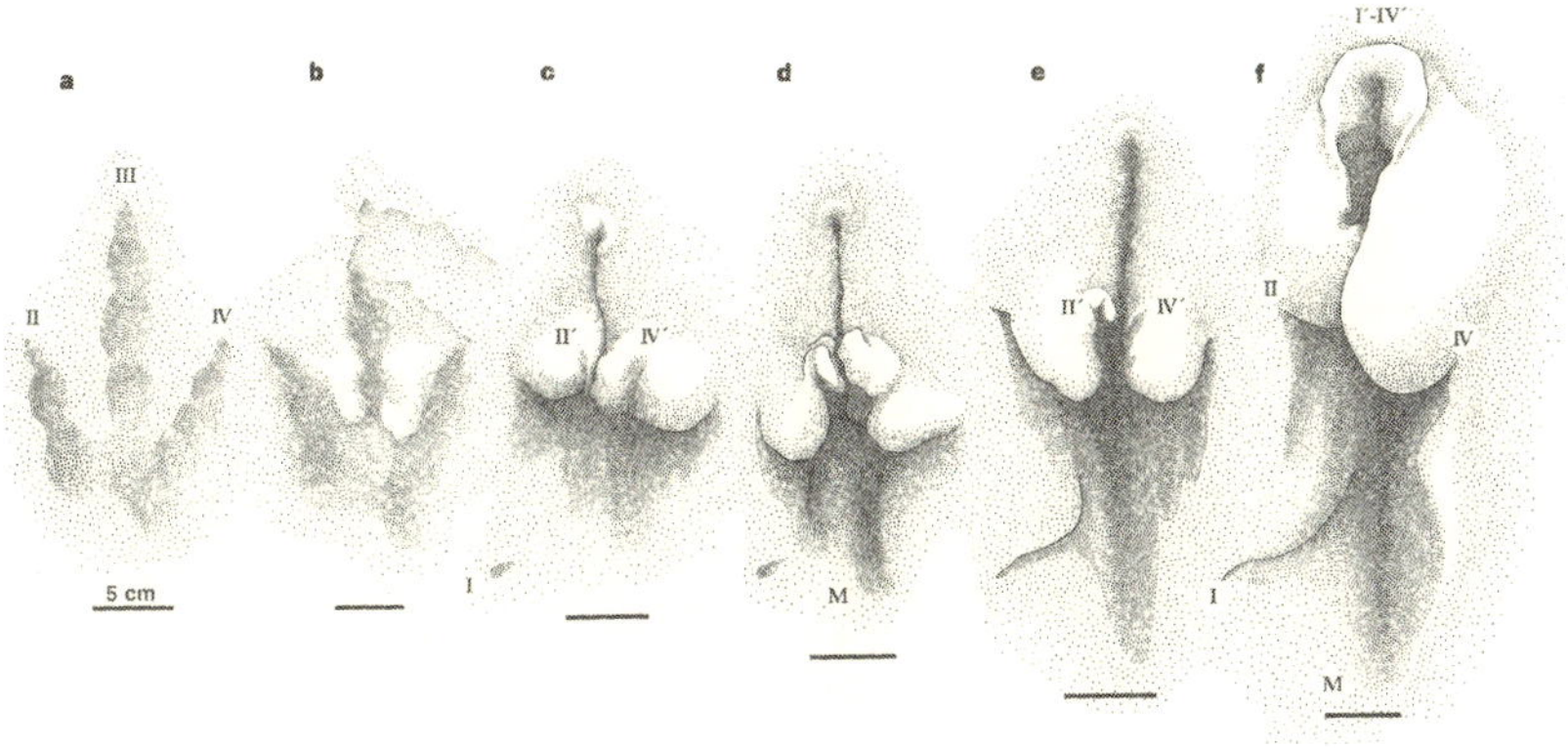

グリーンランドで発見された足跡。固い地面につけられた跡とぬかるんだ泥につけられた跡の両方を示す。(©*Nature*)

骨に肉づけする

正確なところ恐竜と鳥がどういう関係にあるのかについては、いまだに決着がついていない。最近になって中国で発見された恐竜の化石には原始的な羽毛らしきものがついていたが、それを羽毛とは認めていない研究者も多い。化石表面に見えるふわふわしたものは、爬虫類の表皮が損傷を受けたときに皮膚がすり切れて生じる繊維のようなものにすぎないというのが、彼らの言い分である。皮肉なことに、問題の標本である一億二〇〇〇万年前の獣脚竜シノサウロプテリクスを復元した結果は、それを発掘した「恐竜は鳥」陣営の研究者にショックを与えるものだった。

太古の湖底に堆積したこまかいシルトにはシノサウロプテリクスの軟組織が保存されていたのだが、そこには肺の明瞭な輪郭も含まれていた。その「肺」を一目見た、オレゴン州立大学の呼吸器官の権威ジョン・ルーベンは、それが何であるかただちに了解した。以前にも同じ構造をした肺を見たことがあったのだ。ワニの肺である。そこでさっそく彼は、鳥ではなくワニと同じ位置に肺や肝臓や腸をもつ恐竜として、シノサウロプテリクスを復元した。この復元恐竜には、恒温動物が必要とする効率的なガス交換は不可能だった。ということは、それはワニと同じ冷血動物だったことになる。また、その鞴《ふいご》のような肺が、現生鳥類のもつ高性能の肺に進化したとも考えにくかった。しかしこれだけではまだ、鳥は恐竜の子孫ではないという決定的な証拠としては不十分である。今後とも新しい化石が発掘されるたびに、現生動物との比較をふまえた復元がなされ、恐竜の実像が少しずつ明かされていくのだ。

声帯やその周囲の骨を調べることによって、恐竜がかつてどんな声を発していたかもわかってきた。

どうやらティラノサウルス・レックスは高音のライオンの雄叫びのごとく響きわたる声だったらしい、ディプロドクスの吠え声は排水管サイズのピストンから空気を押し出すような音だったようだ。T・レックスの鼻孔は、以前の復元よりも頭部の前方に移動させられ、口のすぐ上ということになった。現在では、T・レックスの鼻腔は相当大きなもので、かなり鋭敏な嗅覚をそなえていたとされる。そうなると、獲物になっていた動物たちは相当な危険にさらされていたことになるが、古生物学の進展により、食べられる側の動物たちの適応能力も明かされるわけで、もしかしたら体臭を抑える方法に磨きをかけていたかもしれない。

恐竜が何を食べていたかは、顎に生えていた歯の種類とその構成や、獲物の骨に致命傷として残っている歯形、あるいは恐竜の糞《ふん》などを調べることでわかる。それだけではなく恐竜の糞からは、当時の糞虫の生活様式や進化に関する情報まで得られている。白亜紀の恐竜の糞のなかに、今日のゾウの糞にコガネムシが潜ってつくるのとまったく同じ、放射状の巣穴が見つかっているのだ。これまでは、草食獣の糞を食べるコガネムシは、もっと時代が下ってから草食性の哺乳類の出現とともに進化してきたと考えられていた。しかし恐竜の糞に残る巣穴は、糞虫は草食恐竜とともに進化してきたことを明かしている。ここでまた生痕化石の話になったわけだが、はるか先カンブリア時代の絶滅動物についても、生痕化石が大いなる生命を吹き込んでくれる。

今や、コンピューター画面上では恐竜たちが走り、呼吸し、臭いをかぎ、吠え、糞をしている。有名なT・レックスは、かつては地面に尾を引きずったまま直立するゴジラのような格好で骨格が復元されていたが、今は、二本脚を支点として前半身と後半身でみごとにバランスをとった水平姿勢で復元されている。同様にディプロドクスも、もう腹を地面につけてはいない。あのような初期の恐竜像を復元させた人々が、生痕化石に目を向けてシャーロック・ホームズなみの推理をはたらかせていたとしたら、明瞭な足跡は見つかっても、尾や腹を引きずった跡は見当たらないことに気づいたはずである。ともかくも、恐竜の研究は古生物学をコンピューター時代に突入させた。これは当然ではあるが、重要な進展である。

見えない化石の立体画像

化石に関して三次元の立体図を作成しようというアイデアが実行されるようになったのは、つい最近のことである。今から四億年あまり前、恐竜が現われる前の地球の浅海に生息していたある種の海洋生物化石も、保存状態がとてもよい。現在のニューヨーク州で発見される藻類もそのひとつで、黄鉄鉱で置換されていたり、琥珀に封じ込められた昆虫のように、化学変化をきたさずにもとの有機物をそのまま含んでいたりする。しかし当時の地層からは、もっと謎めいた生きものも見つかっている。その無脊椎動物は、並みはずれた保存状態のおかげで、立体構造という、化石としては稀有な特質を残している。

そのような化石を発見して研究に乗りだしたのは、英国のデイヴィッド・シーヴェター、デリク・シーヴェター、デリク・ブリッグスの三人である。化石の発見そのものは、どうやら、よく話に聞くような冒険活劇とは無縁の出来事だったらしい。当初ぼくは、一九二〇年代の複葉機でグランドキャニオンを飛びながら化石探しをするさまを空想していた。しかし、デイヴィッド・シーヴェターから化石の発見場所を聞いたとたん、そんな幻想は砕け散ってしまった。彼は、雨曇りの日でも研究室の窓から見える小高い丘を指さしただけだったのだ。だが、このプロジェクトのすごいところは、その独創的な研究手法にあった。

化石を前に集まった研究チームは、まちまちな形状を見せる化石を綿密に調べた結果、その化石の分類には問題が多いとの結論に達した。典型的な露出面だけを観察していたのでは、いかに高倍率にしたところで、いったいそれがどういう形の化石なのかさっぱりわからない。立体構造のほとんどが岩石に埋め込まれているせいで、化石の一部しか露出していないからである。砂のバンカーに埋まって、ディンプルひとつしか見えていないゴルフボールを想像してほしい。それらの化石は、目に触れている部分以外に、もっとたくさんの部分を隠しているはずなのだ。異例の保存状態を保っている化石から最大限の情報を引き出すには、月並みな手法ではだめだ。そこで、新手法を開拓しようということになった。危険もともなう方法である。調査の過程で、貴重な化石が完全に破壊されかねない。しかし、危険をおかしたかいはあった。

自動車設計の分野では、自動車のデザインを立体的に作図したり表示したりするために計算機援用設計ＣＡＤを用いている。紙とペンの作業と違い、ＣＡＤを利用すれば、コンピューター画面上において任意の軸を中心に物体を回転させ、その物体をあらゆる角度から立体的に眺めることができる。そこで研究チームは、問題の化石研究にＣＡＤを導入する案を検討し、コンピューター・プログラミングに長《た》けたマーク・サットンをポスドク（博士研究者）としてメンバーに加えた。

しかし、前途は多難だった。ＣＡＤを使うにはまず、幅わずか数ミリメートル程度と小さい化石を岩石から分離しなければならない。しかし、岩に埋め込まれている微小な化石を分離するなど、そもそも不可能なことだった。ではどうすれば、化石のあらゆる面の構造を測定できるだろうか。それができなければ、ＣＡＤ形式のプログラムへの入力は不可能である。一か八か、薄紙を一枚ずつはがすように化石を削《そ》ぎ取っていくしかない。

一回削るたびに、新しく露出した面の写真が撮影された。これまで古生物学者が化石の表面にしか関心をもたなかったのは、内部が保存されている化石がなかったからにすぎない。削った部分を反故《ほご》にしながらも一枚ずつ撮影された断面の写真は、順次コンピューターに取り込まれ、コンピューターが処理すべきデータとなった。データ処理の結果は驚くほどすばらしいものだった。四億年以上前に生きていた動物の完全な姿が、キーの一押しで一瞬にしてコンピューター画面上に出現したのだ。イモムシが鎧《よろい》をつけたような姿をした初期の軟体動物や体節をもつ蠕虫の最古の種類が、太古の節足動物とともによみがえり、礁を歩きまわっていたときとおそらくまったく同じ姿でモニター上に登場したのである。断片などではなく、まったく完全な動物体だった。そのうえ、立体画像をコンピューター画面上で回転させると、真上や真下、前方や後方など、望みどおりのあらゆる角度から見ることができた。すごい！　このCAD方式が古生物学に明るい未来をもたらしてくれることを願っている。

道具を手にしてカンブリア紀へ

古生物学ツアーが二一世紀に入ったので、これで安心してカンブリア紀に戻ることができる。第1章で、カンブリア紀のバージェス頁岩化石群が抜群の保存状態にあることを述べた。正確な分類が可能になったのは、微細な部分までが保存されていたおかげである。バージェス頁岩には動物の付属肢や生痕化石が保存されているので、それらをもとに、生きていた当時の化石の姿を復元することができる。それどころか、カンブリア紀の生物群集の全体像をみごとに描き出した生態学的モデルの構築を可能にしたのが、バージェス頁岩化石をはじめとするカンブリア紀の化石生物群だった。

カナダのアルバータ州にあるロイヤル・ティレル博物館に新設されたバージェス生物群に関する展示では、見学者がカンブリア紀の礁のなかを歩くという趣向になっている。歩きながら、上下左右に展示されたバージェス動物の拡大模型を見ることで、当時の生態系の様子が眺めわたせるのだ。そこでは、カンブリア紀の生態系を復元するにあたって、本章で述べた古生物学の研究手法が最大限に活用されている。

バージェス生物群が科学界のトップニュースとなり、さらにはティレル博物館の展示を華々しく飾ることになったのも、すべて化石の保存状態がよかったからにほかならない。化学的状態も炭素含有量も最適という理想的なこまかい粘土質の土壌がバージェス生物群を生きたまま飲み込み、少なくともその一部を、今日見られるようなすばらしい状態で保存したのだ。バージェス生物群の生存当時の有機物が保存されている化石も、少なくとも何個か見つかっている。ケンブリッジ大学のニック・バターフィールドは、カンブリア紀の岩石から有機物の部分を巧みに分離することで、この事実を証明した。酸を用いて母岩を溶かしたところ、保存されていた化石が無傷のまま溶液中に漂い出てきたのだ。そうやって分離された部分については後ほどくわしく述べよう。

ティレル博物館の復元模型が示すとおり、カンブリア紀の動物群の詳細が明らかになるにつれて、カンブリア紀の風景がますます真に迫る姿で復元されつつある。カンブリア紀の礁の風景を描いたパイオニア的な画家の筆になる水彩画が、これまで何十年間にもわたって世界中の博物館の廊下を飾ってきた。しかし今やそれらは、古生物イラストレーターの手になる正確な復元画に道をゆずろうとしている。

新しい復元画では、生きものたちが自然の広々とした立体的環境のなかで、科学的原理にのっとった活動をしている。カンブリア紀の動物の骨格をX線写真によって調べると、どこに筋肉が付着していたかが明らかになる。紀元一世紀のユダヤ人頭骨の外側に筋肉をつけて生前の顔立ちを復元したように、エビのような外骨格をもったカンブリア紀の節足動物の付属肢に、内側から筋肉をつけてゆく。

正しい比率で骨格に筋肉が復元された化石動物は、コンピューター画面上で自然な動きをするようになる。

三葉虫の触角は、胴体の下側に折りたためる柔軟な構造であることがわかってきた。三葉虫は、危険がせまると、体を覆う背板を重ね合わせ、ダンゴムシのように体を丸めていた。そのとき、触角もたくしこまれていたらしい。安全になって体を伸ばすと、鰓板《えら》がアーチ状の外骨格からぱらりと垂れ下がり、呼吸しやすいようにはためいたようだ。生物群集の全メンバーについてこのような蘇生術をほどこせば、種間の相互作用だけでなく食物網の全容まで明らかになることだろう。そして、カンブリア紀の化石研究とその復元作業が加速されるというわけである。

スティーヴン・ジェイ・グールドが『ワンダフル・ライフ』を著してからの十数年で、カンブリア紀の生物学的研究は長足の進歩をとげた。かつて「分類不明の珍妙な動物」とされていたものが、現在では、現生種との溝を埋める中間種の新たな発見により、現生種との類縁関係を緊密に探ることができるようになっている。かつては謎の生物とされていた、細長い体にひょろ長い脚をもつハルキゲニアやミクロディクティオンも、現在は有爪《ゆうそう》動物門に収められている。現生する有爪動物（カギムシ）は、太いイモムシのような胴体にイボのような脚がついている。バージェス頁岩から新たに出土した有爪動物からは、鉤爪《かぎづめ》など、現生種ともハルキゲニアやミクロディクティオンとも共通する重要な特徴が見つかった。これによって、進化の溝は埋められた。

カンブリア紀初期の岩石からは、さまざまな生痕化石が見つかっている。そのなかには、枝分かれした巣穴やらせん状の巣穴、さらにはU字型の巣穴や、堆積物のなかを複雑に移動した跡などもある。かつての海底の表面には、その上を歩いたり滑ったりした動物の移動跡や休息跡が保存されている。それらは体の構造や行動が複雑な動物たちの足跡であり、そのなかには地球上に初めて、「小さな一歩だが歴史的には重要な大きな一歩」を記した足跡も含まれている。

　バージェス頁岩に埋め込まれた生きものたちを見てみると、そこはかつて熱帯の礁だったことがわかる。しかし現在のバージェス頁岩は、カナダの雪深い地方の山腹という、まさに熱帯の礁とはほど遠い場所に位置している。かつては礁だった場所が現在は山中にあるのは、地球のプレートが移動した結果である。じつは今や、バージェス生物群が生きていたカンブリア紀の海を航行できるほどの、正確な世界地図をつくることも可能である。

　バージェス動物群は、地球の赤道付近、つまり熱帯の環境に生息していた。すでにわれわれは、彼らの私生活まですべて知りつくしているかのような感があるが、一〇年後には、過去一〇年間に劣らずさらにさまざまなことが解明されているにちがいない。頁岩のなかでぺたんこになっている生きものの不明瞭で理解しがたい痕跡からでさえ、われわれはすでにさまざまな情報を収集し、生態系内において独自の役割を果たしていた生きものとしてバージェス化

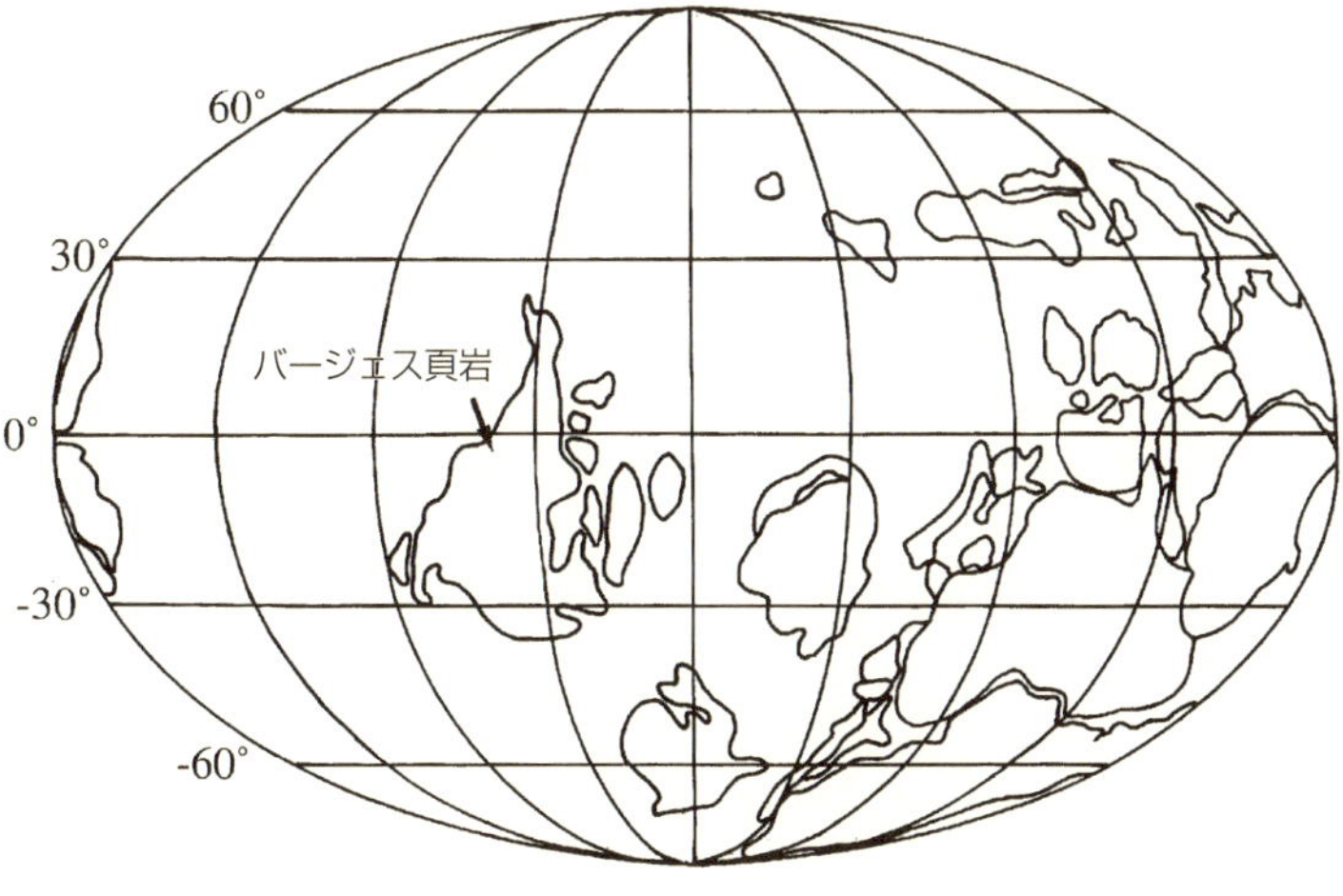

バージェス王朝時代の世界の古地図。当時のバージェスの礁の位置を示す。

石を見られるほどになっている。しかし本書を読み進めていけば、そうした種間の相互作用を知ることが重要な意味をもつことがわかってくるはずである。

本章では、生命の変遷を地質年代順に復元する方法について説明してきた。少しずつ時間をさかのぼりながら途中の溝を埋めてゆけば、カンブリア紀のように太古の時代の生態系を復元することも夢ではない。

カンブリア紀の化石からはもう十分なほどの情報が得られたといってもよいが、五億四三〇〇万年前という華やかな境界線を越えたとたん、世界中どこからも情報がいっさい入らなくなってしまう。カンブリア紀以前に形成された岩石を割っても、何も見つからないのだ。ダーウィンといっしょになって、先カンブリア時代の岩石にも硬い殻をもつ多細胞生物の化石は存在するはずであり、単にまだ見つかっていないだけだなどと悠長にかまえていることは、もはやできない。ダーウィンの時代以降、見つかった化石の量は一〇〇倍以上にも達している。それなのになお、現生動物で特徴的に見られるような外部形態の痕跡は、先カンブリア時代からは発見されていないのである。

化石記録が地質年代によってどのような移り変わりを示すか、信頼できる分析手法を用いて、過去五億四〇〇〇万年間について調査されている。それによれば、古い岩石に保存されている情報は新しい岩石よりも概して少ないものの、カンブリア紀の爆発以降の化石記録には、過去の生命に関する記録が一様によく保存されていることがわかっている。この傾向が、先カンブリア時代にまで拡張できない理由は、別段見あたらない。ということはやはり、海綿動物、有櫛《ゆうしつ》動物（クシクラゲ類）、刺胞動物以外には、現生する門に見られるような多様性が先カンブリア時代の化石には存在していないことになる。どうやら、動物の進化、さらにはカンブリア紀の爆発に関する現在の見解は正しいようだ。

また、いくたびもの大量絶滅とそこからの回復があったにもかかわらず、カンブリア紀以降に新しい動物門が進化することはなかった。新しい化石が発見されるたびに、これらの結論はますます説得力を増している。

本章では第1章の内容に対する裏づけを提供したが、同時に、ジョン・メイナード・スミスがその著書『進化理論』のなかで述べている、「化石を研究することで、すでに絶滅してしまっている動物の生活様式を解明することができる」という言葉が裏書きできたとすれば幸いである。太古の動物たちがどのように走り、泳ぎ、飛び、穴を掘っていたのかをつきとめることができた。食習性や、日々の活動の推測もした。しかし、たとえこれほど詳細な情報を化石記録から引き出し、生活様式や当時の気候、生態系などを復元したとしても、過去に対する解釈に欠けているものがある。それは色彩である。これは重大な欠落ではないだろうか。さあついに、現生する生物の体色について検討すべきときがきた。

第3章　光明

何か特定の目的を果たすために体色が変化している場合には必ず、直接的ないし間接的な防御か、雌雄間での誘因のためであると、考えられる。

――チャールズ・ダーウィン
『種の起源』（初版、一八五九年）

光る昆虫標本

ヴィクトリア朝風の装飾がほどこされたオクスフォード大学自然史博物館の玄関をくぐり、階段、廊下と進んでゆくと、ゴシック様式の建物の奥の、地味な入口へと続く階段に行き着く。それが、ハクスリーの間《ま》の入口である。その扉を開けると、そこには歴史の証人が控えている。その部屋の天井の梁《はり》は、進化論が公衆の前で初めて論じられた、一八六〇年の大論争を見下ろしていたのだ。トマス・ハクスリーがウィルバーフォース主教を相手に、「科学と宗教」をめぐる論争を繰り広げた場所が、まさにここなのだ。ハクスリーは、七カ月前に出版されたダーウィンの『種の起源』を擁護し、「感情が知性に干渉」するのを阻止しようとした。その場にダーウィン当人は不在だったが、ハクスリーはおのが使命をみごと成就し、進化論は市民権を得て社会に浸透していった。ハクスリーの間の前では、足をとめる価値がある。

大論争のあと、ハクスリーの間は昆虫標本収蔵庫となり、昆虫標本で埋め尽くされることになった。ヴィクトリア朝におけるオクスフォード大学自然史博物館昆虫部最後のキュレーター、サー・エドワード・バグノール・ポールトンは、そこに収められた魅惑的な甲虫たちと宿命的な出会いを果たすことになった。

ある朝、ハクスリーの間の扉を開けたポールトンは、いつものように、部屋の造りをじっくりと鑑賞した。薄暗い室内に陽光が射し込み、ゆるやかに勾配をなす天井面や装飾された多数の梁を照らしていた。ポールトンは、木製の昆虫標本収蔵棚にはさまれた通路を進んでいった。いつもの見回りは、たまたま引き出されたままになっていた陳列棚の引出しによって行く手を阻まれた。鉛枠のついた丸窓のレンズを通った光線が、ちょうどその引出しに焦点を合わせていた。ガラスの蓋の塵を払ったポールトンは、薄暗い室内で輝く一粒の宝石に目を奪われた。親指の爪ほどのシデムシが、陽の光を浴びてメタリックブルーに輝いていたのだ。標本を固定している虫ピンには、「ヒラタシデムシ属、スマトラ、ウォレス、一八六六」と記したラベルがつけられていた。なんと、進化のメカニズムである自然淘汰説の同時発見者であるアルフレッド・ラッセル・ウォレスの採集した標本が、進化理論が初めて公然と論じられた部屋できらめいていたのである。その部屋には、ダーウィンが採集した標本もあった。しかしポールトンが心底興味をそそられたのは、そのウォレス標本が放つ色彩だった。さっそくポールトンは、昆虫標本棚の引出しすべてを、太陽光線の当たるところに置いてみた。陽光は、ハクスリーの間の梁に虹色の色彩を照らしだした。

後にポールトンは、動物の体色に関する分類法を発表し、「大英帝国における昆虫学の重鎮」となった。一世紀前に動物の体色研究に道を開いたポールトンは、ある意味において、本章で語られる、カンブリア紀の謎を解き明かす手がかりの先鞭をつけてくれた人物ともいえる。

光のとらえ方――ヴィクトリア朝以前

今から数千年前、古代エジプトには「太陽神」の言い伝えがあり、当時のエジプト人は、太陽と同じ形をした糞玉を砂漠でころがすフンコロガシを、神聖な動物として崇めていた。その甲虫スカラベを、太陽神ケペリの象徴と考えていたのである。エジプト語の「ケパー」には、スカラベという意味と創成という意味がある。古代ローマ人も古代エジプト人同様、日光に関心を示したが、その関心は宗教の領域にとどまらなかった。ヘリオグラフ（日光反射信号機）は、太陽光線を金属の盾に反射させて利用する、古代ローマの信号術である。ヘリオグラフは、日光を瞬間的に敵の眼に当てて敵の目をくらますことにも用いられた。しかしあいにくにも古代ローマ人は、自ら開発した技術を逆手にとられる羽目になった。後にアルキメデスは、金属の盾を利用して、襲来するローマの軍船の帆に金属の盾で集めた太陽光線を浴びせ、炎上させてしまったのである。

自然界にもやはり、相手に強烈な光を浴びせる戦法が存在する。日光を一点に集束させれば、物が燃えあがるほどの威力を発揮する。したがってそれを網膜に向けたなら、どんなことになるか想像してほしい。網膜が進化の産物であるように、網膜を破壊する行為も進化の産物となる。エンゼルフィッシュは、なわばりをかけた闘いでは、天使の魚ならぬ悪魔の魚と化す。

そのエンゼルフィッシュは、アマゾン川の澄んだ水面近くに生息している。体形は扁平で、皮膚は鏡のような銀色に光っている。他のエンゼルフィッシュがなわばりに侵入すると、なわばりの主はヨシの隠れ家から出撃する。二匹の魚は、敵の眼に日光の砲火を浴びせあうべく、斜めの姿勢をとる。古代ローマ人の盾のように、強烈なアマゾンの日光を細い光線に集束させると、正確な狙いをしぼることができる。一騎討ちに挑む両者は、水中で体の傾きを調節することによって照射方向を微調整する。閃光が水中を走るさまは、映画『スター・ウォーズ』で展開される戦闘さながらである。閃光がじかに眼を射れば、網膜血管が破裂して、心拍数や呼吸数が高まる。やられた魚は、しばらく目がくらむ程度ですめばよいほうで、最悪の場合には死にいたる。いずれにせよ、闘いはそこで終決する。これは、日差しが強烈な水域に生息する魚の行動であり、適応進化した行動なのだ。強い淘汰圧のもと、精巧な反射鏡を進化させたのである。

では、光とは、厳密にいうと何なのだろう。この重大な疑問が解き明かされてきた歴史を振り返ることにしよう。この疑問は、実際にはもっと小さな疑問へと分けられる。それぞれへの答は、歴史をたどりながら明かしてゆこう。

本章では、特定の動物を観察して、「その体色はどのような原因によるものか」「その体色の目的は何か」という二点について考える。動物の種類が違えば、この二つの問いに対する答も異なることがわかるだろう。個々の事例ごとにたくさんの可能性が浮かびあがるが、昔の科学者、芸術家、軍事専門家の手柄や苦労が、可能性をしぼりこむうえで役立つはずである。

先人たちのあとを受けて、一五世紀にはレオナルド・ダ・ヴィンチも光の正体を解明することに心血をそそいだ。しかし、彼の見方は先人たちとはちょっと違っていた。当時の哲学者たちは、光とは、眼から放たれて、見ようとする物体にぶつかって跳ね返ってくる何かだと考えていたのだが、レオナルドはそうした考え方に疑問を抱くようになった。光は、性質が音とよく似ており、音と同じように空気中や水中を「振動」として伝わるのではないかと考えたのだ。空気中や水中の障害物を介して次々と広がってゆく信号のようなものだと考え、それを「波動」として記述したのである。二個の石を川に同時に投げ込むと、それぞれの石の落下点から広がる同心円状の波がぶつかって互いを打ち消しあう。それを見たレオナルドは、光にも同じような作用があるのではないかと考えた。

やがてレオナルドは、関心の対象を光から宇宙の万物へと広げていった。そして、「万物は波動として伝わる」と主張した。彼の念頭には、つねに光のことがあったにちがいない。ともかくも、光は太陽の属性であるとの結論に到達しているからだ。それ以来、哲学者たちは、きわめて単純化した話ではあるが、光を波動とみなすことができるようになった。

光の波動説をさらに押し進めたのがクリスティアン・ホイヘンスとルネ・デカルトで、通常はこの二人が波動説の提唱者とされている。一六六四年にデカルトは、雨滴を通過するときに光が起こす現象をくわしく観察した。そして、雨滴が虹色に光るのは、内部で光が反射するためであると考えた。しかし、当時の知識ではまだ、光には白一色しかないと考えられていた。そうだとすれば、当然ながら、虹も白一色になるはずだった。デカルトは、光は瞬時に伝わるとも考えた。そのどちらの考えも誤りであったことが、やがて明らかとなる。

一七世紀の半ばすぎ、自然はつねに最短経路をとり、光は有限の速度で伝わるという旧来のレオナルドの考えに、フランスの数学者ピエール・ド・フェルマーが新たな生命を吹き込んだ。フェルマーは、光の伝搬速度は水中と空気中とで異なると唱えたのだ。

ちょうどそのころ、二二歳だったアイザック・ニュートンは、ロンドンからケンブリッジへと押し寄せていたペストの大流行を逃れるために、人文学士の学位取得を中断して大学を離れ、故郷に避難した。それからの二年間は、天才個人がその創造性をいかんなく発揮した、科学史上まれにみる時期だといえる。ウールスソープの実家に戻ったニュートンは、数学の分野では二項定理や微積分法を定式化し、天体力学の統合を行ない、天文学では重力理論をうちたてたほか、光学の分野では色に関する理論を提唱した。後に「決定的な実験」と呼ばれるようになった実験において、ニュートンはプリズムを用いて光を色のスペクトルに分解した。さらに、それぞれの「色」を二つ目のプリズムに通すことで、スペクトルをそれ以上分解することはできないことを実証した。日光はあらゆる色のスペクトルが混合されたものであることを、ニュートンは証明したのである。これでようやく、デカルトの虹も色彩を帯びるようになった。

　ニュートンは、光の本質に関する強い信念はもっていなかった。具体的には、光は粒子であり、異なる色の粒子は速度か質量のいずれかが異なるという考え方に賛成していた。しかし、得意とする厳密な数学を用いてこの説を検証する時間的余裕がなかった。最終的に勝ったのは、ホイヘンスが提唱していた光の波動説だった（しかし現在の解釈では、すべての粒子は波動のようにふるまい、波動は粒子としての性質ももっているとされている）。

　一六九〇年、ニュートンの同時代人であるクリスティアン・ホイヘンスは、波の面の各点は、振動数が等しい新しい波を生むと主張した。レオナ

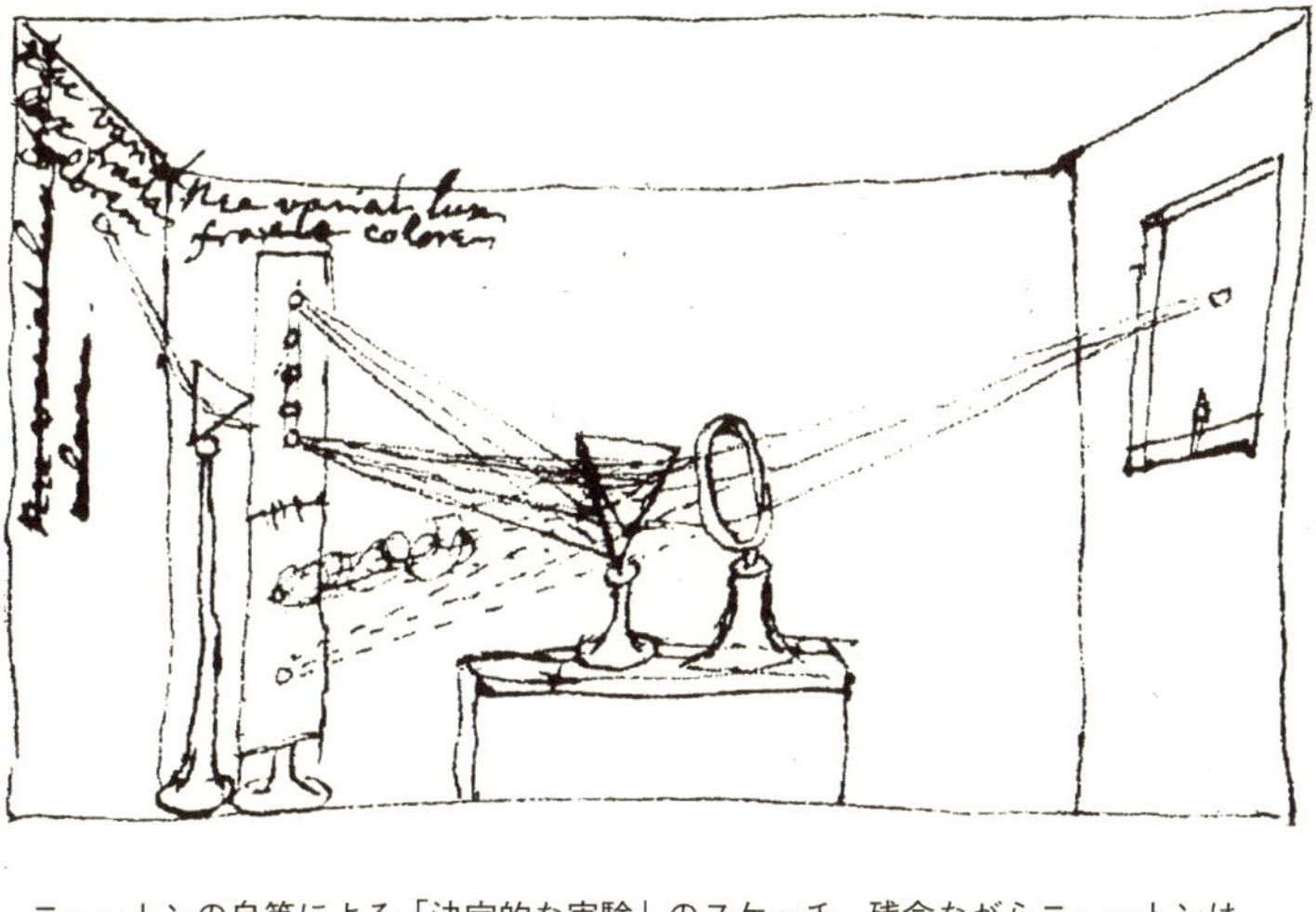

ニュートンの自筆による「決定的な実験」のスケッチ。残念ながらニュートンは、レオナルドのような芸術的才能には恵まれていなかった。

ルドが投じた二個の小石から逆方向に広がるさざ波と同様、光の波も、進行方向の異なる別の波に打ち消されるのである。しかし、障害物がなければ、光の波はまっすぐに進む。

ヴィクトリア時代の新たな好奇心

一九世紀ヴィクトリア朝には、そうした知識がすべてそのまま受け渡された。太陽光にはさまざまな波長の光が含まれることもわかっていたし、眼のはたらきにより、個々の波長が異なる色に変換されることもわかっていた（色は環境中に存在するわけではなく、脳のなかで初めて色として知覚される。それについては第6章で説明する）。しかしヴィクトリア朝には、自在に使える精密な測定装置があった。そのおかげで、光の特性に関しては、レオナルドが先鞭をつけたことすべてに決着をつけることができた。つまり、本書のお膳立てがすっかりととのったのである（プランクやアインシュタインの出番はない）。

ヴィクトリア朝初期の英国の物理学者トマス・ヤングは、青・緑・赤の三色だけでどんな色でもつくれることを発見した。これは、科学やテレビ技術にとって有用な概念だった。さらにヤングは、偏光についても研究した。ギターの弦を伝わる波は横方向に振動する。この「波」の進路に細いスリットを置くと、振動方向がスリットと平行な場合にのみ、波は振動しつづける。平行でない場合には、波は跳ね返って戻ってくる。光でも同じ現象が起こる。つまり、光は横波なのである。偏光サングラスは、光をさえぎるスリットのようなはたらきをする。光線にさまざまな振動方向の波が含まれていても、偏光板の「スリット」を通過するのは、スリットと平行な波に限られる。偏光板を通過した光を、直線偏光という。

その一方で、当時の科学者たちは別の難題にも取り組んでいた。光速度の測定である。当時すでに、地球の公転運動によって生じる天空の星のわずかな変位を利用して、驚くほど正確に光速度が測定されていた。しかし一九世紀に入ると、フランスやポーランドの科学者たちが、創意に富むしかけや高度な技術を必要とする光速度の直接測定に挑んだ。

まず回転鏡に照明を当てて、光のパルスを発生させる。遠く離れた位置に、もう一枚の鏡を固定する。光のパルスはこの鏡に反射して、回転鏡の方向に戻ってくる。回転速度を変化させてゆくと、反射光が回転鏡に当たる角度がわずかずつ変化してゆくが、光が反射してランプの方向に戻る角度はただひとつしかない。そのときの鏡の回転速度と距離および角度から、きわめて正確に、光速度は秒速二九万九八五三キロメートルと算出された。太陽から放出された光が地球に届くまでに八分ほどかかる計算になる。この光速度の測定値は、マクスウェルの研究結果とも一致した。

ジェイムズ・クラーク・マクスウェルといえば、電磁場理論で有名なスコットランドの物理学者である。早い話マクスウェルは、空気などの媒質中に存在する荷電粒子は、電場の作用によって正常な状態から変位することを発見したのである。

マクスウェルは、電荷が媒質内で波動型に変位していることを実験で確認した。また、そうした波動の伝搬速度を算出したところ、なんと、その算定値は光速度の測定値とぴたり一致した！　やった！　マクスウェルは、光は電磁波にほかならないことを発見したのだった。電磁波は電気の性質と磁気の性質を合わせもっており、進行方向に対して垂直に変位する波動なのである。その後一八八〇年代になって、ドイツの物理学者ハインリッヒ・ヘルツが、独創的な実験によってマクスウェルの理論を実証した。

ところで、今まで述べてきたような話は、ヴィクトリア朝随一の科学書『種の起源』といったいどんな関係があるのだろうか。じつは、進化もやはり、光学の原則から逃れられないのである。

色素

ある晩ぼくは、シドニー港のフェリーに乗って帰宅する途中で、ヤングの三原色の理論の正しさを目の当たりにした。港を取り巻く大小さまざまな高層ビルが、こぞってネオンをきらめかせていた。その光が水面に反射するさまは、まるで鏡に映したようだった。ところが、ぼくはおやっと思った。反射光には、ネオンサインにはない色が現われているではないか。ネオンサインを灯したさまざまなビルの反射像が、水面のさざ波によってかき混ぜられていた。赤色と青色のネオンサインが水平線上で重なると、ぼくの眼には紫色の反射光しか見えなかった。

異なる色の絵具をパレット上で混ぜてしまわずに、点描する技法は、一九世紀末のフランス印象派の画家たちが好んで用いた手法である。カミーユ・ピサロの「農家」には、農園の門を通る農夫の姿が、田舎の家並みを背景に鮮明に描かれている。ところが近寄って眺めると、何が何だかわからない絵になってしまう。あの家並みはどこへやら、赤、青、緑、黄色の点の集合にしか見えない。再び離れたところから眺めると、赤と青が混じり合い、紫色の煙突が浮かびあがる。離れた距離からでは、眼は赤と青の点を別々には知覚できず、隣り合う赤と青の点がひとつの画素《ピクセル》となって眼に映るのだ。これと同じような現象は、自然界にも存在する。

ヨナクニサンは、ディナー皿ほどにもなる大きなガである。その巨大な翅《はね》には黄土色と灰色の模様がある。そうした色は、鱗粉の色素に由来している。絵具や服などの色素は、白色光のなかの特定の波長の光だけを吸収する分子である。いったん吸収された波長が眼に届くことはない。太陽光スペクトルに含まれているそれ以外の波長の光は、色素から反射されたり、色素を透過したりする。われわれが眼にするのは、そうした波長の光なのだ。ちなみに動植物のもっとも一般的な色は色素によるものである。それらは色素を含んでいるのだ。

黄土色と灰色の模様があるからといって、ヨナクニサンの翅の鱗粉が黄土色や灰色の色素をもっているわけではない。翅を顕微鏡で見てみると、灰色の部分には黒と白の鱗粉が混在しており、黄土色の部分には茶色と黄色の鱗粉が混在しているのがわかる。ガの色素についてもう少しこまかく見てみると、黄土色を構成する色は、飽和色と不飽和色の二種類に分けられる。黄色は飽和色である。つまり、黄色の波長だけしか含まない。ニュートンのプリズムで分解したスペクトルの進路にスリットを置き、黄色のスペクトルだけが通過するようにすると、飽和した黄色が得られる。それに対し、茶色は不飽和の赤色である。スリットの位置をずらして赤色のスペクトルだけを通過させ、そこにほんの少し白色光を加えて赤色を薄めると茶色になる。茶色には広範囲の波長が含まれているため、不飽和色と呼ばれる。

グレートバリアリーフを彩る色のほとんどは、色素によるものである。本章や次章以降で明らかにしてゆくように、色を生ずるしくみには、色素のほかにもさまざまなものがあり、それぞれに特有の光学的効果をもっている。色素が生みだす色で動物の体全体や一部が彩られていることがあるが、それはまぶしく輝くような色ではない。それに、色素による色は、見る方向が変わっても、その動物が動いても、変化することなく一定である。色素はどの方向にも均等に、光を散乱または反射させているからである。したがって、色素色を呈している半球体は、どの方向から見ても同じ色に見えるはずである。

ちなみに人間の眼は小さいため、その半球体上から反射される光の円錐のごく一部しか見ることができず、太陽光に含まれる波長のほんの一部分しか受け取れない。もしわれわれの眼がフットボール大だったとすれば、色素色は、近寄って見る場合にはとくに、今よりもずっと明るく見える。われわれが見ている光は、それを照らしている太陽光よりもずっと暗いのだ。さらに、見ている動物から遠ざかると、眼に入る光の円錐はますます小さくなり、光はますます弱まってゆき、ついには、知覚の限界を超えて見えなくなる。遠くにかすむ風景を思い浮かべてほしい。

本書の冒頭でとりあげたグレートバリアリーフの話に戻るが、コウイカが水中に放った墨には、色素が含まれている。コウイカを追いかける途中で見かけたサンゴは、種類の多様さもさることながら、じつに多彩な色をしていた。飽和色の赤、黄、橙《だいだい》は、どの方向から見ても同じ色に見えるので、すべてが色素によるものであることがわかる。海綿の体色はすべての色をそろえており、イソギンチャク、ロブスター、ヒトデなどの赤色同様、そのどれもが色素の飽和色である。ウニの紫色や茶色は、飽和度の低い色である。コウイカを追いかけながらウニのまわりを一周しても、色は変化しなかった。つまりそれらの色もやはり色素なのである。そのとき、前にも述べたとおり、そいつの体色に異変が生じた。ふだんは茶色と白色のコウイカが赤色に変わり、さらに緑色へと変わったのである。

カラーテレビの画面を間近から見てみよう。スイッチを入れると、青・緑・赤の「点」の集合が見える。そうした個々の点がたえず、別々に、明るさを変化させることによって、画面の映像が移り変わってゆく。ここに、ヤングの三原色の原理がはたらいている。新聞の白黒写真は、白地に黒い点を等間隔に配してできている。ちょうど、ヨナクニサンの翅が、黒と白の鱗粉によって灰色に見えるのと同じ原理である。個々の点の大きさしだいで、その部分の灰色の濃淡が決まってくる。カラーテレビ画面の映像も、多数の点で構成されている。青・緑・赤の三種類の点が、大きさではなく明るさを変えることによって、全体の色調をいかようにも変化させられるのだ。たとえば、黄色のテニスボールが芝生のコートを横切ってゆく場面では、テレビ画面上で明るく輝く点の組み合わせがどんどん変化している。ボールが通過する部分では、緑と赤の点が輝き青の点は消えることで、その部分が黄色を呈する。ボールが通過したあとは、赤の点も消えて、緑だけが残る。緑色のコウイカの体を走る黄色の波も、同じようなしくみで生じる。しかし、なぜそんなことが可能なのだろう。色素はつねに同じ色を生じているため、急に変化したりはできないはずだ。ヒョウがその斑紋を変えることなど考えられない。昔から多くの人がこの謎に取り組んでいたが、解明されたのはやはりヴィクトリア時代のことだった。

一八〇二年、製陶業者ジョサイア・ウェッジウッドの息子で、チャールズ・ダーウィンの伯父にあたるトム・ウェッジウッドが、原始的な写真を撮影した。皮や紙に感光性のある硝酸銀を染みこませ、その上に葉を乗せて、三〇分間ほど日光に当てたのだ。すると、露光した部分の硝酸銀が光の作用で金属銀に還元され、葉のシルエットがうっすらと現われた。かくしてネガ画像が得られたのだが、いかんせんモノクロだった。当然ながら、カラー写真がヴィクトリア時代における次なる大目標となった。そしてついにそれを実現したのが、ジェイムズ・クラーク・マクスウェルだった。

マクスウェルが成功をとげる以前の話になるが、一九世紀の科学者オットー・ウィーナーは、光の波長の違いに反応する塩化銀化合物が見つかれば、カラー写真発明の突破口が開かれると信じていた。光に反応して生成される新たな化合物は、作用した光と同じ波長の色を呈するだろうというのだ。さらにウィーナーは、動物の体色を生みだしているような有機物質にも同じような性質があるのではないかと考えた。そこから適応カムフラージュ説が生まれた。アオムシが環境の変化に合わせて体色を変えられるのは、皮膚が「組織内の感光性化合物を用いて、その環境を撮影する」からだと、ウィーナーは主張したのだ。なかなかおもしろい発想だが、まったくの空想にすぎなかった。

一九世紀の著名なフランス人博物学者アンリ・ミルヌ＝エドワールが、一八四八年にこの誤りを正した。アリストテレスをはじめとする自然哲学者、科学者、詩人たち同様、ミルヌ＝エドワールもカメレオンに興味をそそられた。カメレオンの体色変化は劇的である。いったい「どうやって」変化させているのだろう。ミルヌ＝エドワールは、皮膚における化学変化ではなく、色素の分布構造にその答があることに気づいた。そしてそれが突破口となった。

カメレオンやコウイカの皮膚には、色素胞と呼ばれる色素細胞が並んでいる。それらは、ただ色素が詰まっているだけの細胞である。個々の色素細胞には、ひとつの色を生じる一種類の色素しか含まれていない。しかし、色素細胞には弾力があるため、形状が自由に変わる。神経の作用で、体表面に平行に薄べったくなったり、逆にずんぐりした形になったりするのだ。いずれの場合でも、色素は細胞全体に均等に分布している。色素細胞がずんぐりした形をしているときは、色素が見える表面積が小さいため、ほとんど目立たない。ところが、色素細胞が平べったくなると、細胞の表面積が広がり、色素が肉眼でも見えるようになる。

カメレオンやコウイカの皮膚には、さまざまな色合いの色素細胞が並んでいる。個々の色素細胞は、ちょうどテレビ画面の色の点に相当するもので、それが集まってできている斑点は、他の部分とは独立にどんな色にでもなれる。つまり、点をオンやオフ、あるいは中間段階にすることによって、その部分の色や明るさを自由に変えられるのである。これはなかなかうまいしかけではないか。しかしいざつくろうとすれば、進化上の困難や、装置がうまく作動するための物理的なしかけなど、難問山積である。そう考えると、進化や動物の行動に対して光が及ぼす重要度はたいへんなものであることがわかってくる。その重要性は、どれほど強調してもしすぎることはない。

進化の幕間に

生息環境内の光に適応しなければ、動物は生き延びられない。現在の地球では、ほとんどの環境において、光ほど影響力の強い刺激はないかもしれない。本章ではひきつづき、この世界がいかに光に適応しているかを示す具体例をあげながら、光の影響力の大きさを証明してゆこう。かといって、触覚、音、化学物質といったそのほかの刺激の重要性を軽んずるつもりはない。それらもまた、とても重要な刺激だからだ。しかし、光はつねに降りそそいでいるという点で、例外的な存在である。この世に光が存在していなかったとしたら、地球上の生命は、今とはまるで異なる存在となっていたことだろう。

むろん、光以外にも、生活に必須の手段として利用されている刺激がある。コウモリの多くはレーダーを使って狩りをする。超音波のパルスを発し、物体からの反射をキャッチしているのだ。ちょうど、航空機を探知するレーダー装置と同じと考えればいい。夜間、コウモリのレーダー装置が空中の小型物体を探知したならば、それはおそらく、食虫性のコウモリにとってはごちそうのガである。しかし、太陽のもとでくらす動物が光に適応しているように、夜行性のガも、超音波レーダーに適応している。ガの体は、超音波を吸収する柔らかい毛のようなもので覆われており、コウモリが探知する超音波の反射を弱められるようになっているのだ。レーダー源が至近距離にいる場合、ガは、急転回することで、直進してくるコウモリから巧みに身をかわしてしまう。それと同じ追いかけっこは、水中でも繰り広げられている。たとえばイルカは、音波探知機《ソナー》を使って魚を捕まえている。

水中には、別種の刺激を発する魚もいる。シビレエイやデンキウナギのような発電魚はかつて、反進化論者にとって格好の反証材料だった。あんなに強烈で複雑で特殊な形質が、唐突にいったいどうやって、どこから進化したというのか。しかし、微弱な電気パルスを発する電気魚（弱発電魚）が発見されたことで「欠けた環《ミッシング・リンク》」が埋まり、進化論攻撃は跳ね返された。弱発電魚は、触れただけで獲物を殺せるほどの高電圧を発するわけではない。ソナーと同じような機能をもつ微弱な電場を発生させ、反射してくる電気信号にもとづいて獲物を物色しているのだ。シビレエイなどの強発電魚は、そのような弱発電魚から進化したものと思われる。

しかしながら、レーダーもソナーも電場も、日光とは違い、地球上ではまれな存在である。光と同じく、何らかの措置を講じないかぎり、相手はその刺激を避けられないという点で効果的ではあるが、それ以前に、動物が自らその刺激を発生させる必要がある。刺激をつくりだすというのは、これまた大仕事である。したがって、現にそれが自然界に存在していること自体、それが十分な効果を発揮していることの証しでもある。とはいっても、そうした刺激はごく限られた環境でしか伝わらない。また、ソナーや電場の標的となるのは、特定の大きさの動物、つまり、獲物となる動物のサイズに限られている。それに対して光の場合には、日光のもとで生活しているすべての動物が発する視覚信号に関心を示す動物が、実際問題としてたくさんいる。

したがって、動物は自分を照らす日光を受容するしかない。つまり、日光に適応するしかないのだ。その際の選択肢は二つ。自分の存在を隠蔽《いんぺい》するか、逆に自己主張して存在を目立たせるか。どちらの進化の道を選ぶかは、五分五分である。複雑系の偶然によって決まる場合もあれば、進化するにあたって利用できる素材にも影響される。たとえば色素を進化させるにあたっても、どういう原子が使えるかによって、選択肢は狭められる。しかし、第5章で論じるように、いったんどちらの道を進むかが決まれば、あとは全速力の進化をするだけで、引き返すことはない。本章冒頭の引用のなかでダーウィンが述べているのは、この、隠蔽（「間接的な防御」）か自己主張（「直接的な防御ないし雌雄間での誘因」）かという岐路のことである。

彩色の目的――カムフラージュと自己顕示

オーストラリア大陸の入植者たちは、一九三〇年代にパプアニューギニア高地へと分け入り、そこでまだ石器時代のくらしを続けている人々に出会って驚愕した。そこにいた部族は、平和と戦争状態とを交互に繰り返しながらくらくらしていたのだ。

ニューギニアでは、一九八〇年代末にいたるまで、戦いに槍、矢、楯が使われていた。楯は樹木の幹を削ってつくられ、通常、それをもつ人間の背丈ほどの高さがあった。そして楯には、地元で採れる顔料を使って幾何学模様が描かれていた。人類学者たちはさっそく、その模様の意味を解釈しようとしたが、それはまるで見当違いの試みだった。もともと模様には意味などなく、ただ敵を威嚇するために描かれたものだったからだ。戦士たちは自分の体にも彩色をほどこして、「恐ろしげな輝き」を与えていた。楯をたずさえた戦士の派手ないでたちは、祖先の霊に守護されていることを敵に知らしめるものであり、長い槍が恐ろしさを増強させていた。彩色は、戦士の恐ろしさを誇示するための警告色だったのだ。その一端を担う武器も、装飾だった。戦士の彩色には、戦いをまじえずして敵を降伏または退散させる効果もあったのかもしれない。

鎧《よろい》が廃《すた》れてからも、一九世紀に入るまで、ヨーロッパの軍隊は警告色を採用していた。赤と白の派手な軍服と背の高い軍帽には、敵に対する警告メッセージが込められていた。従来の鎧と同様に、大きな軍帽には、体を実際以上に大きく見せる効果があった。大きければ大きいほど、敵に与える脅威も増す。また、非の打ちどころのない軍服姿は、完璧に統制のとれた軍隊を象徴するものだった。当然ながら、果敢な機動作戦に出てくるにちがいないと、敵は警戒する。それこそが、使命を自覚した軍隊の姿であり、ともかくも敵の目にはそう映る必要があった。

一九世紀に入ると、戦闘服の色に対する考え方に変化が生じた。ねらいが正確で射程も長い銃器が戦闘に導入されたことで、兵士にとって有利な姿が一変したのだ。

それまでずっと、戦闘に臨む兵士の基本は自分の姿を誇示することにあったが、指揮官はつねにそれとは異なる策にもひかれていた。カムフラージュ（迷彩）効果である。兵士が周囲の景色に溶け込むような姿をしていれば、敵の目をすり抜けたり、敵の意表をついたりできる。しかしそうなると、兵装には兵装としての意味しかなくなり、脅しの効果は期待できなくなる。装飾過多は時代遅れのものとなりつつあった。自然界の場合と同じく、軍部内でもつねに、誇示とカムフラージュどちらの道を進むべきか、選択を迫られていた。そして軍隊の選択は、最終的にカムフラージュ方式へと傾いたのである。

自然界において意味のある色彩の背後では必ず、カムフラージュか自己顕示かいずれかの採択がなされている。その色が目立つ色か否かを見れば、どちらの採択がなされた結果かがわかる。それが、進化が進行した方向を教えている。負の淘汰圧が作用した結果か、正の淘汰圧が作用した結果かで、その方向性は大きく異なっている。

「雌雄間の誘因」のための体色は、自然界ではありふれたわかりやすい現象である。派手な例ならいくらでもあげられる。羽色が地味なフウチョウ（極楽鳥）の雌と、極彩色をした雄を思い起こしてほしい。また、サイチョウの雄は、尾腺から分泌される黄色い脂を嘴《くちばし》で羽に塗り、その黄色で雌のサイチョウをひきつける。しかし、ダーウィンも述べているように、自然界における色彩の役割は、それ以外にもたくさんある。

自分の姿を誇示することで「直接的な防御」を行なうために、色素を利用している動物もいる。太平洋の暖かい海に生息するテングハギは、頭部に角状の突起が一本出ていることから、ユニコーンフィッシュとも呼ばれている。しかしこの魚には、もうひとつ目立った特徴がある。尾ひれのつけねの両側に鋭いとげがあるのだ。このとげには敵から身を護る機能がある。尾を一振りするだけで、襲ってくる魚を切り裂くこともできるからだ。しかも、そのとげはきれいな青色をしている。仲間のミヤコテングハギのとげはあざやかな黄色で、さらに目立つ。ちょっかいを出さないほうが身のためだぞという警告を発しているのである。その警告が功を奏し、彼らに近寄るものはいない。この場合にもやはり、武装に脅しの要素が含まれている。

カムフラージュによって「間接的な防御」を行なうために色素を利用している動物もいる。その例としてまっさきに思い浮かぶのがオオシモフリエダシャクである。この有名なガは、本来は灰白色で、銀白色の樹皮にとまっていると隠蔽効果が発揮されるため、捕食者である鳥の眼を逃れることができる。ところが一八世紀になり、産業革命の進展とともに工場の煙突から排出される煤煙のせいで、工場付近の樹木は黒ずんでしまった。灰白色のガのカムフラージュ効果が、突如として奪われてしまったのだ。この淘汰圧の変化にともない、黒い色素をもつ突然変異個体が生存上有利となり、その結果、工業地帯に生息するオオシモフリエダシャクの翅《はね》は黒くなった。保護色を取り戻したのである。このガは、新たに出現した光環境への適応に成功し、そこで生き長らえたのである。

しかし、いつもそんなふうにうまくゆくとはかぎらず、カムフラージュに破綻をきたすガも少なくない。しかし、そういう場合には別の手がある。カムフラージュが見破られたなら、最後の手段として、あえて姿を誇示するのだ。そういうガでは、上の翅、つまりじっととまっているときに見える翅だけが隠蔽色をしている。そして危険が迫ると、下の翅をさっと広げ、その派手な警告色を敵に見せる。すると敵は予想外の派手な色彩にとまどい、そのすきにガは逃げおおせるという寸法である。隠蔽色をもつ動物の多くが、「フラッシュ（閃光）」色を利用している場合が多いところをみると、きっと効果があるのだろう。ただし、敵の接近に気づかなければ効果はない。

ちょっと変わったカムフラージュの方法に分断色がある。トラの縞模様やキリンの網目模様には、自然環境を背景にしたときに、体の輪郭が途切れて見えるという効果がある。場合によっては、隠蔽色としてはこちらのほうが効果的なのかもしれない。茂みなど一様ではない背景に溶け込むには、均一な色彩よりも反復模様のほうが目立ちにくいことがある。

シドニー大学の前に、スイレンが密生している大きな池がある。ある日、水面を埋めつくすスイレンの葉に見とれていたぼくは、しばらくたってからようやく、黒と白に染め分けられた大きな鳥が視野のなかにいたことに気づいた。でも、どうして目に入らなかったのだろう。緑の葉に覆い尽くされた水面にいたのだから、黒と白二色の鳥は目立っていてもよかったはずなのだ。

たしかにスイレンの葉は緑色だが、丸みをおびていて光沢があるため、日光を反射して、ぼくの眼には白く映っていた。スイレンの葉の上に立っていた白黒斑《まだら》の鳥の白い部分は、日光を反射している葉の色と同じだった。そのせいで、鳥の白い部分は、ぜんぜん目立たなかったのだろう。問題は鳥の黒い部分だ。理屈からすると、背景の葉が緑色なのだから目立ってもいいはずである。しかし黒い部分は、もはや鳥の形ではなかった。それどころか、ぼくの眼には、形ある物体としては映っていなかった。その鳥がぼくの注意をひいていなかったのは、そういうわけだったのだ。ぼくはこの経験から、斑《まだら》模様は、たとえ背景と一致する色が一色しかなくても、隠蔽効果を生みだすということを学んだ。さらにもうひとつ、自然界における色彩の効果は、自然環境のなかに置いてこそ初めて正しく理解できるという教訓も得た。緑色の葉は、室内では一様な緑色に見えるから、白黒まだらの鳥がそれを背景にして立てば、とてもよく目立つだろう。ところが、明るい陽光が降りそそぐ自然環境のもとでは、そうではなかったのである。

印象派の画家モネは、自然環境を型にはまった固定的なイメージでとらえてはならないと戒《いまし》めていた。モネは、同じ風景を、同じ日に時間を変えて何枚も描いた。しかしそのなかに、同じ絵は一枚たりともなかった。そうした、時々刻々と移り変わる光を描きとめようとした作品の典型が、「積みわら」を描いた一八九一年の二枚の絵である。真昼に描かれた積みわらは干し草色に黄色く輝いているが、夕日に照らされた積みわらは赤く燃えている。全スペクトルを反射する物体は、黄色い光で照らすと黄色く見えるし、赤い光で照らせば赤く見えるのだ。

本書のページをさまざまな色の光で照らしてみれば、そのことは如実に実感できるはずだ。紙は全色のスペクトルを反射するが、曇りのときは青っぽい白に見えるし、電球のもとでは黄色っぽい白に見える。ほんの二例を示しただけだが、隠蔽色には、そうした光線状態の違いに対応することが求められる。つまり、作用する淘汰圧が、一日のどの時間帯に活動するかで異なるため、動物に課せられる制約も異なってくるというわけである。

先ほどヨナクニサンについて検討した折には、白色光で照らした場合のことしか考えなかった。しかしこのガは、照らす光を変えると、また違った姿を見せる。夕陽のような赤味がかった光のもとでは、翅に縞模様が現われて、分断色を呈する。緑色の光では、白色光のときと同じ模様が現われて、通常の隠蔽色になる。真昼と夕方とで、ヨナクニサンの発するメッセージはやや異なってくるのだ。しかしいずれの場合にも、捕食者の注意をそらすという目的に変わりはない。

この話にはまだ続きがある。太陽光線には、紫色のすぐ外側に色がもうひとつある。人間の眼には見えないために、ダ・ヴィンチやニュートン、ヴィクトリア朝人には想像もできなかった光線、紫外線である。

甲虫や鳥は、紫外線で書かれた秘密のメッセージを発信している。カメラのレンズがガラス製だと、人間の眼のレンズと同じく、紫外線光を吸収してしまう。しかし、石英レンズに変えると、紫外線光も紫色や青色の光と同じように、レンズを透過してフィルムを感光させる。そのフィルムを現像すれば、たとえばセキセイインコの紫外線領域の羽色を見ることができる。むろん、紫外線光が肉眼では見えないとしたら、その生物学的意味を検討する理由などありはしない。ところがじつは、人間以外の動物、とくに鳥や昆虫には紫外線光が見えるのだ。

じつに多くの花が、花粉媒介昆虫をひきつけるために、紫外線領域の色調をそなえている。鳥には紫外線が見えるとして、おまけにヨナクニサンを食べるとしたら、ヨナクニサンは紫外線のもとではどのように見えるか、知りたいところである。紫外線のもとでもやはり、隠蔽色や分断色の効果を発揮しているのだろうか。答はノーである。紫外線光に照らされたヨナクニサンは、驚くべき変身をとげる。眼、口、頭、胴体をそなえた二匹のヘビの姿がくっきりと浮かびあがるのだ。それにどんな目的があるのかは、後ほどヘンリー・ベイツの研究を紹介するなかで種明かしをしよう。

魔術めいた話のように思われるかもしれないが、紫外線光に神秘的な点などありはしない。虹の色を構成する一色にすぎないのだ。ただし、紫外線の量は時間帯によって変化する。夜明けや夕暮れどきの日光にはほとんど含まれない。紫外線は、大気中をもっとも伝わりにくい色であり、林床まで届くことはまずない。光がパチンコ玉のようにあちこち跳ね返されているうちに、葉に吸収されてしまうからだ。ではそろそろ、動物のニッチ（生態的地位）、すなわち「生活の場」を創出する光のはたらきについて考えてみよう。

西インド諸島のアノールトカゲ類は森林地帯に生息している。種によって体色が異なるのは、葉が茂っていて見通しの悪い環境のなかで、同種の相手を引き寄せるためである。森林のなかには、さまざまな植物がつくりだす多様な微小生息環境が存在している。アノールトカゲ類はそのなかで生息しているとはいえ、森林全域に出没しているわけではない。どの種も同じ森林に生息しているのだが、植物体の高さや部位を、紫外線も含めた光の状態にもとづいて微環境に細分し、すみ分けているのである。

その結果、個々の微環境には、その場所の光線状態にぴたり適応した体色の種が生息している。個々の微環境ごとに、そこにもっとも適応した体色があり、そこではいちばんの成功をおさめられるのだ。適応した環境にいれば、配偶者を獲得し、なわばりを防衛するうえで、いちばん有利となる。ここで、刺激としてもっとも重要なのが光なのである。アノールトカゲ類にとっては光への適応が最重要課題であり、その他の淘汰圧は二の次にすぎない。光に適応することが、生存の必須条件なのである。同じようなことは、鳥類や魚類をはじめとする多くの動物についてもいえる。

光に適応するために、体内の化学反応によって色素を生成するのではなく、環境中から直接取り込むという、珍しい方法をとっている動物もいる。フラミンゴのピンク色は、フラミンゴが食べた甲殻類のカロチノイド色素によるものである。また、カムフラージュの例としては、カジキマグロの皮膚表面に寄生している扁形動物は、カジキマグロの皮膚から色素を吸収することで、巧妙に姿を隠している。かと思うと、コウイカやカメレオンなどのように、状況に応じて色素胞を駆使することでカムフラージュを行なう動物もいる。皮膚に、身の周りの色や明るさを探知するセンサーがそなわっているのだろう。光への適応方法としては、これにまさる方法はないかもしれない。なにしろ、どんな環境にあっても捕食者から身を隠せるし、必要に応じて警告色や求愛色を発することもできるのだからすごい。しかし、色素胞の獲得という夢がかなわぬ場合には、直接的な防御と間接的な防御のいずれかの道を選ぶほかはない。どちらに進むかは、進化を通じてどちらか一方に決まってゆく。

ヴィクトリア朝の博物学者ヘンリー・ベイツは、一八四九年から一八六〇年にかけてアマゾン川流域の熱帯雨林を探索し、九四種におよぶ蝶を採集した。その成果から生まれた一編の論文は、以来、熱い議論の的となってきた。

当初ベイツは、当時の収集家の習慣にならって、採集した蝶を翅の色にもとづいて分類した。すると、翅の模様が似ている蝶どうし、近縁関係のありそうなグループごとにきちんと分類できそうだった。しかしそこで、矛盾する関係も浮上した。翅の模様以外の特徴に注目すると、別の分類のしかたもありそうなのだ。実際、胴体や付属肢の形状だけにもとづいて分類しなおしてみると、翅の模様を基準にしたときとはまったく異なるグループ分けができあがった。なぜ、近縁でもない蝶どうしが、同じ色の翅の模様をもっているのだろうか。ヴィクトリア朝以前の哲学でいう「自然の驚異」として片づけるしかないのだろうか。

ダーウィンとウォレスは、説明のつかない自然の驚異など存在しないことを実証しており、ベイツもその考え方に賛同していた。翅の模様の矛盾を深く追究してゆくうちに、翅の色がもっともあざやかな蝶は、飛ぶ速度がもっとも遅く、いちばん鳥の餌食になりやすそうなことに気づいた。しかし、そういう翅の残骸は見当たらないことから、翅の色のあざやかな蝶は、そもそも鳥が襲おうとしないのだろうとベイツは考えた。ということは、そうした無防備な蝶は食べても美味しくないのだろう。そこでベイツが立てた仮説が大きな波紋を呼ぶことになった。鳥は、蝶の色を見ただけでまずいとわかるにちがいないというのだ。

ともかくもベイツは、分類上のジレンマを説明することに成功した。進化にもとづく真の類縁関係を示していたのは、蝶の胴体や付属肢の特徴のほうだったのだ。真の類縁グループに属する蝶の多くは、よく似た模様をしているが、一部に典型的な模様とは異なる蝶もいる。しかしそれは、生存率を高めるという目的にかなっていたのだ。まず、嫌な味のする化学物質を進化させられなかった蝶のグループは、オオシモフリエダシャクのように、隠蔽色を進化させたりする。しかし、カムフラージュが見破られるような状況下では、自分をまずそうに見せかけるという進化の選択肢がありうる。つまり、実際に嫌な味のする化学物質を装備している蝶の模様をまねるのである。このような行動上、進化上の戦略を擬態という。

ほんとうかどうかわからない防御策があるかのように見せかけておどす擬態や体色が、どういうしくみで効果を発揮するのかは、それだけでも興味深いテーマである。だが、本書の主題としては、とりあえず擬態はたしかに効果があるということだけ納得してもらえればいい。とにかく、擬態の例にはこと欠かないという事実が、擬態が効果的であることの何よりの証拠なのだ。

ダーウィンは、体色に関して述べるなかで、「何か特定の目的を果たすために体色が変化している場合には必ず……」という言い方をしている。ここで、「している場合には必ず」というただし書きに興味がそそられる。ということは逆に、特定の目的を果たすためではない、付随的な体色変化もあるということなのだろうか。

体色について考える場合、サメの黒い色はまやかしである。それが警告色として意味をもつのは、光に対する生物の適応を研究している生物学者に対してだけである。ハワイのカネオへ湾には、アカシュモクザメの幼魚が多数生息している。湾内の水深はわずか一メートルから一五メートルまでとさまざまだが、サメの幼魚は安全な海底を好む。湾内のもっとも深い海底にひそむ幼魚の体色はほとんど白色だが、もっとも浅い海底にいる個体は黒い。ちなみに、海底の色はどこでも白い。ということは、サメの幼魚は深い場所でしか、捕食者や被食者に対してカムフラージュする必要がないのだろうか。それとも、浅い場所では、体色によって何かを主張しているのだろうか。この場合はどちらも間違いである。体色には視覚的にいかなる意味も機能もなく、単に付随的に生じたにすぎないという場合もあり、アカシュモクザメの幼魚がその好例なのだ。静脈が青く見えるのはその一例である。

色素が視覚的効果をもたらす以外の役割を果たしていることもある。黒色ないし褐色の色素であるメラニンは、甲虫の外骨格などの構造を強化したり、太陽の紫外線から組織を保護したりするのに役立っている。多くの動物にとって紫外線は組織損傷の原因となる。ぼくたちが日焼けするのと同じように、浅瀬ではシュモクザメも日に焼けているのである。水深一メートルの海底の紫外線光は、水深一五メートルの海底の六〇〇倍にもなる。そのため、浅瀬にすむシュモクザメの幼魚は、皮膚にメラニン層を形成している。メラニンは有害な紫外線光だけでなく、他の波長の色も吸収する。その結果、光は反射されず、浅瀬のサメは体色がないように見える。そういうわけで黒いのだ。

このような色素の機能は、体色に関する文献には登場しない。『種の起源』に出ていないのも当然といえる。しかしながらダーウィンは、体色に関する的を射た発言をしつつも、別の機能をひとつ書き落としている。「羊の衣を着た狼」効果である。自分をねらう敵から間接的に身を護るための隠蔽色についてはすでに述べたが、隠蔽色にはもうひとつ、自分がねらう獲物の眼から自らを隠すという機能もあるのだ。

ぼくが色と衝撃的な出会いをしたのは、ギリシャの海でシュノーケリングをしていたときのことである。サンゴ礁はないものの、そこは青く透きとおった魅惑的な海だった。浅瀬の真っ白な海底には、ところどころに褐色の大きな岩が点在していた。ふと見ると、二つの岩の隙間からあざやかな黄色をした魚のしっぽがのぞいていた。近くまで潜って観察したが、近づいても逃げないのが不思議だった。

てっきり岩に挟まって身動きがとれなくなっているのだと思い、ぼくは助けてやろうと手を伸ばした。ところが、しっぽに触れた瞬間、その魚ではなく、岩が動いた。わずかに「変化」した岩の一部をよくよく見ると、その部分は眼であることがわかった。岩だと思っていたのは、じつはウツボだったのだ。大きな褐色のウツボが岩を背景にとぐろを巻き、すっかり岩に溶け込んだ状態で、黄色い魚を頭から飲み込んでいる最中だったのだ。当時はまだ小さかったぼくは、自分の頭とさほど大きさが変わらない黄色い魚が丸飲みにされている光景に恐れをなし、大あわてで岸に退散した。

グレートバリアリーフの生きものやアマゾン川のエンゼルフィッシュのように、色彩がはっきりと見えるのは、水面から数メートル以内のごく浅い場所だけである。サンゴ礁が色とりどりですべてのスペクトルがそろっているのは、そこが浅瀬だからだ。サンゴ礁がもっと深い場所にあるとしたら、色彩のスペクトルの幅はかなり狭まるはずである。

日光は水中を伝わるにつれて吸収され、最後には消えてしまう。それでも水深一キロメートルまでは、ごくかすかだが光は届く。ただし、光の波長すなわち色ごとに吸収率が異なる。水深が増すにつれて、まず赤色と紫外線光と紫色が消えてゆき、水深二〇〇メートルに達すると青一色になる。浅海層でもやはり、海水中をもっともよく伝わるのは青色光で、そのことは海に潜れば一目瞭然である。一〇メートル以上潜ると、世界は青緑色になるからだ。そして当然のごとく、動物はその生息環境まで届く光の色だけに適応している。

水深二〇〇メートルより深くなると、赤い色をした動物が多くなる。この水深まで届く光は青だけだ。赤い光が届かないということは、赤い色素は光を反射しないということである。しかも赤い色素は青い光を吸収してしまうので、赤い動物は姿が見えなくなる。深海において赤色は隠蔽色としてすぐれているのだ。

中層で問題になるのは、上下どちらから見てもカムフラージュするにはどうすればいいかである。下から見た場合、魚は明るい空を背景にしている。上から見た場合は、深海の闇を背景にしている。そのため、体の上面を黒っぽい色に、下面を白っぽい色にするという選択が正解となる。水中にはそうした「明暗消去型隠蔽」戦術をとっている動物が多い。

陸にあげられたカジキマグロを見ると、よく目立つ色合いをしている。しかし水中では、体色や模様が明暗消去型隠蔽と分断色の役割を果たすため、魚の姿は視覚から消えてしまう。カジキマグロは巨大な魚なのに、目の真ん前を泳いでいても気づかなかったりするほどである。敵であるサメや獲物である小魚、あるいはその両方から身を隠すうえで効果的なのだろう。カジキマグロの生存にとってのカムフラージュの重要性は、皮膚に寄生している動物までもが隠蔽色の維持に協力しなくてはならないほど大切なものだ。オクスフォード大学の博士研究員アビゲイル・イングラムの研究によると、カジキマグロに寄生するウオジラミは色素胞をそなえており、皮膚の暗色部、明色部のいずれに寄生しても、宿主の隠蔽色を乱さずにすむようだ。カジキマグロの色素を無断借用するという、別の戦略を用いる扁形動物の寄生虫もいるが、どちらも効果は同じである。なにしろ、カジキマグロとその寄生動物は一蓮托生《いちれんたくしょう》なのだ。それとは別に、カジキマグロの体表に寄生する動物を掃除するコバンザメへの対策もある。寄生動物としては、そうした魚からも身を隠す必要がある。結局のところ、日光はカジキマグロとその寄生動物の両方に淘汰圧として作用しているのである。

やはりオクスフォード大学の博士研究員であるヴィクトリア・ウェルチは、別のタイプのカムフラージュを研究している。魚は体をつねに水平に保っているので、明暗消去型隠蔽が可能だ。ところが、なかには体の向きを変える動物もいる。クラゲはいつも水中で回転しているので、上面も下面もあってないようなものだ。色素胞を操るほどの高度なハードウェアもソフトウェアももち合わせていないので、残された手はひとつ。透明になって、背景にまぎれることである。

進化の歴史を通じてずっと、クラゲの多くは背景に体色を合わせる道を避けて通ってきた。そのかわり、そうしたクラゲは、背景の光をそのまま利用して背景に溶け込むという手を使う。つまり、背景が透けて見えるようにするのである。しかし、この解決策はそれほど簡単ではない。クラゲは体の内部をいつも透明に保っていられるが、最大の課題はもっと別のところにある。ヴィクトリア・ウェルチは、つい見落としがちな難関に目をつけた。偏光と表面反射の問題である。

クラゲを獲物にしている魚は、偏光された光を探知できる。その結果、クラゲに対しては、体が偏光フィルターとなるのを避けるような方向への淘汰圧がはたらく。つまり、偏光の一部だけではなく、その全部がクラゲの体を透過するようにしなくてはならない。その条件が満たされないかぎり、クラゲの体は、色に関しては背景の光と一致しても、偏光が一致しないので、完全に姿を消すことはできない。

さらに、表面反射の問題もある。窓ガラスは、鏡のようにわれわれの姿を映す。顕微鏡レベルで完全になめらかな面だと、そういう効果が生じる。クラゲがガラスになってはまずい。体表面からの反射は、光のほんの一部だけにとどめねばならない。実際に、クラゲの体表面の反射はかなり抑えられているようだ。そうであれば、そうした問題は起こらずにすむ。

現時点ではまちがいなく、光が動物の行動を支配する大きな力となっている。生物が現在の段階に達するまで、光は過去においてもずっと進化の重要な要因だったにちがいない。この考え方については後述するが、これがカンブリア紀のジグソーパズルを埋めるひとつのピースとなる。目下検討中のテーマである、現時点の環境中における光という問題が、この謎を解くうえでおそらく何よりも重要な手がかりとして浮上してくることが、やがてはっきりするはずだ。さしあたっては、ここで論じておくべきことを見失わないようにしよう。つまり、動物の見かけの姿全体が大切だということである。

光は形や動きにも影響する

一八世紀の軍服について論じた際、もうひとつの重要な特性についても触れた。すなわち、大きさと見かけの印象の重要性である。視覚的なカムフラージュと目立ちやすさとのバランスに影響を及ぼすのは色だけではない。動物の見かけを決める要素は色彩だけではなく、大きさ、形状、動作も、相当量の情報を伝える。

兵士が大仰な軍帽をかぶって自分を実際より大きく見せかけ、敵にこけおどしをかけたのと同じように、フグは危険が迫るとプッと体をふくらます。また、ヒキガエルはヘビに出会うと、本能的に脚を伸ばして思い切り立ちあがり、ふだんの三倍ほどの大きさに体をふくらます。すると、それを見たヘビにとっては、カエルの印象が一変する。たやすく仕留められるごちそうだと思っていたものが、襲ってきかねない敵に見えてくるのだ。ヘビは、相手の見かけの姿だけから判断して、すぐさま攻撃姿勢をゆるめる。このように、光が存在するあらゆる環境において、概して見かけの姿が、種間の相互作用に影響を及ぼしている。

動物の形状がカムフラージュや擬態の重要な要素であることは、もはや言うまでもない。ナナフシ、コノハムシ、海藻そっくりなタツノオトシゴの一種ウィーディーシードラゴンなどは、それぞれ木の枝、木の葉、海藻にそっくりの色と形状をそなえていなければならない。そして、それに劣らず重要なのが、そうした動物の動作である。葉に擬態しているカマキリは、周囲の葉と同じように風に吹かれて揺れなくてはならない。

今述べたのは、光に対する形態的適応と行動的適応の例である。光は動物の体色だけでなく、全体的な形状や行動にまで影響を及ぼすのである。雌ライオンにとっては、ベージュ色の毛皮によって周囲の草原にまぎれるだけでは不十分である。周囲の環境を操作できない以上、獲物を捕らえるためには、狙撃兵さながらに、身を低くした姿勢を保てなければならない。これもまた、光に対する適応のひとつである。一方で、雌ライオンの獲物のほうも、光への適応をとげている。たとえばヌーの群れは、円陣をつくり、全員が外側に顔を向けて草をはんでいることが多い。全員で雌ライオンを見張れば、群れ全体としては草原全体を眺め渡すことができるからだ。ヌーの円陣もやはり、光に対する行動上の適応なのである。

カムフラージュに完璧を期すには、自分がつくる影にも気をつけなくてはならない。緑色の甲虫が緑色の葉にとまっている場合でも、影が生じていたのでは、カムフラージュにはならない。しかし、この場合にもやはり、捕食者をてこずらせるような方向に進化は進んでいる。葉の上で生活する甲虫類の多くが半球状の体形をしているのは、光に対する形態的適応なのである。球形だと必ず影ができるが、半球形ならば、どの方向から光が当たってもほとんど影を生じないからだ。甲虫の標準的なデザインから半球形の形態を進化させるには莫大なコストがかかる。半球形となる胴体だけでなく、脚や翅の形状も変えなくてはならないし、それにともなって歩行や飛行の様式にも変更が求められるからだ。それほどの変更を迫るほど、光は強力な刺激なのである。

動物の形状や行動は、自分の姿を目立たせる重要な要素でもある。ミツバチは、蜜源が存在する方向を仲間に教えるダンスを踊る。体を小刻みに揺らしながら輪を描くように動く行動は、すべて光に対する適応であり、視覚信号なのだ。よく知られている例では、クジャクの雄は、そのきらびやかな羽色を、地味な雌クジャクに対して誇示する。そのときに重要な意味をもつのが、派手な飾り羽についている目玉模様である。目玉模様の数を数える雌にとっては、その数が多ければ多いほどステキな雄に見える。目玉模様が一〇〇個だとしても、求愛中の雄クジャクはさかんに羽を震わせることで視覚効果をもっと高めようとする。

ためしに、手にもったペンを左右にすばやく振ってみてほしい。ペンは一本なのに、振れの両端に一本ずつ、合わせて二本のペンが見える。同じことが雄クジャクの飾り羽でも起こる。羽を震わせれば、一個の目玉模様から二個の目玉模様が現われる。すると雄クジャク全体ではどうなるか。一〇〇個の目玉模様が二〇〇個に増えて、はるかに魅力的な雄クジャクになる。この場合もやはり、飾り羽を震わせる行動は、光に対する適応のひとつといえる。

目玉模様はさまざまな動物で見つかる。目玉模様は「将校の軍帽」の役割、つまりその持ち主を実際よりも大物に見せる役割を果たす場合が多い。翅の縁に目玉模様のある蝶は、それをねらう捕食者には、大きな動物の顔に見える。顔がこれほど大きいのだから、体全体はもっと大きいにちがいないと思わせるのだ。しかし、捕食者がみなそう簡単にだまされるとはかぎらない。おまけに目玉模様には難点もある。

昆虫図鑑などの蝶の写真は、たいてい翅を真上から見た姿が示されている。しかし、蝶をねらう捕食者や求愛者は、斜め方向から近づいてくることもある。その場合には、目玉模様がひしゃげて見える。円が楕円になってしまうのだ。

ある種の蝶の求愛行動においては、雄が雌の翅を斜め方向から眺めることになる。したがって、雄をひきつけるための雌の模様は、斜め方向から見たときにくっきり浮かびあがらなくてはならない。進化の結果は、人間の眼に最初に映るものだけとはかぎらないのだ。ここまでは色素色についてだけ論じてきたが、構造色について考える場合には、見る角度による効果がますます重要になってくる。

ここまでのところで、われわれが目にする動物が、なぜそういう色をしているのかがだんだんわかってきたと思う。色を生じるしくみには、単純なものから複雑なものまでいろいろあることもわかっていただけたはずである。しかしじつは、自然界の色彩に込められた精妙さに関しては、これでもまだほんの序の口にすぎない。動物が色を生じるしくみには、色素を利用するほかにも方法がある。なんとも皮肉なことに、自然界でもっともあざやかな色は、完全に透明な材料から生じるのである。

構造色

古代ローマ人は、きわめて高度なガラス製造技術をもっていた。古代ローマの墓所を調べてみると、死者の棺にはたいてい副葬品が納められており、そうした副葬品のなかに美しいガラス製品が混じっている。そういうガラス製品の多くは歳月を経てもなお、完全に近い状態で保存されている。

ぼくの関心をとくにひいたのは、古代ローマの一枚のガラス皿である。破損がなく完璧な状態を保っているばかりか、虹色の光沢を帯びていたからだ。その皿の表面は、赤、黄、緑、青、いやそれどころかまさに光の全スペクトルを発してきらめいていた。金属光沢を帯びたその色は、顔料で彩色された皿よりもはるかにあざやかで目をひく。不思議なのは、展示されている皿のまわりをぐるりと一周すると、色合いが少しずつ変化することだ。これと同じような現象は、本来は透明なハエの翅でも見られる。古代ローマの貴重な皿と、ありふれたハエとのあいだに、何か共通点があるのだろうか。

そのガラス皿の表面には、とても薄くてもろいコーティングがなされている。手でこすると簡単に剝がれるようなもので、剝がせばただの透明なガラス皿になってしまう。金属光沢の色調のもとは、明らかにそのコーティングにある。「薄膜」と言ってしまえばそれまでだが、じつは、光学用語としての「薄膜」には、奥の深い意味合いがある。自然界にも薄膜が存在することに初めて気づいたのも、やはりニュートンだった（ロバート・フックだった可能性もある）。クジャクの羽が虹色に輝く原因を探ろうとしていて、ガラスの薄片に手がかりを見つけたのだ。

これからしばらく、自然界のあちこちで見られる「構造色」というものについてお話しするつもりである。金属光沢を帯びた色調を生みだすメカニズムは、透明な基盤からなぜか色が生じるというパラドックスが解明されるという点だけでもおもしろい。しかしそれ以上に重要なのは、そのメカニズムを解明することで、物理的な構造からほんとうに色が生じるということが理解できる点である。この点が、本書の後半においてきわめて貴重な意味をもってくる。

化学的な色素とは違い、物理的構造は、自然史博物館に収蔵されているアルコール漬け標本でも保存されている。そのおかげで、生きている標本を入手しなくても、その原因や千変万化ぶりを調べられるのがありがたい。また、前章で述べたように、物理的構造は、すでに絶滅している動物化石でも保存されている。このあたりのことをよく理解してもらうために、しばらく光学の授業におつきあいいただきたい。

単純にいうと、薄膜とは、上面と下面しかない物質の薄い層のことである。光に及ぼす効果としては、その物質が空気とは異なる媒質としてはたらく。デカルトは、光が水滴の外表面と内表面で反射することを実証した。そしてフェルマーは、媒質によって光の透過速度が異なることから、その反射現象を説明した。透明な物質の薄膜にも、水滴と同じような作用がある。上面と下面で光が反射するのだ。薄膜の上面と下面とで、光線はそれぞれ四パーセントずつ反射し、残る九二パーセントが膜を通過するといったことが起こる。

反射光の位相がずれていると、ダ・ヴィンチが投じた小石から生じたさざ波のように、互いにうち

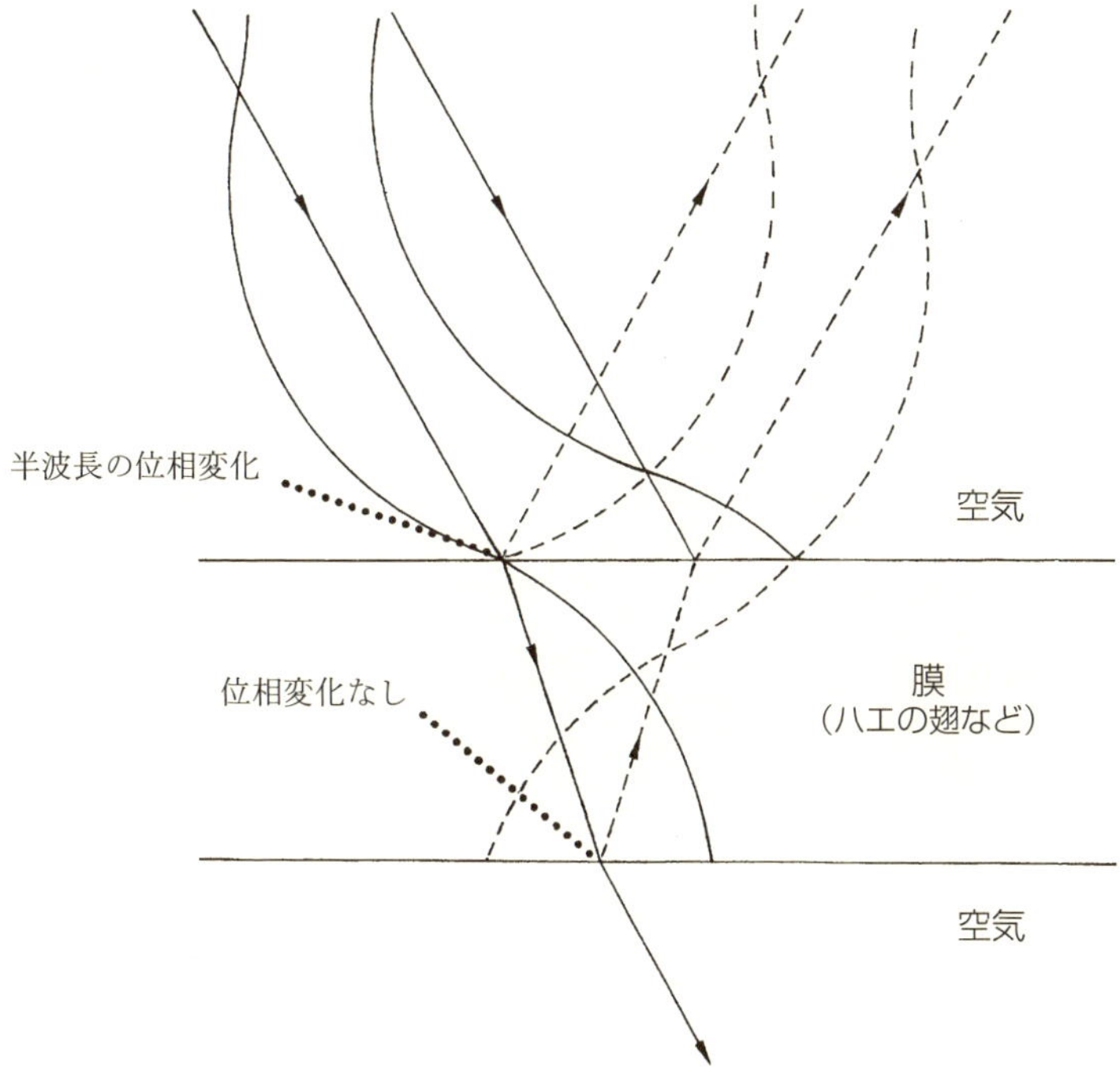

空気中を進んできた光が、ハエの翅などの薄膜にぶつかったときの様子。薄膜は断面を示してある。光の進路と波形は、実線が入射光で、破線が反射光。

消しあう。その場合には、反射光は生じない。ところが波形が重なりあう、つまり位相が一致すると、反射光が生じる。その場合には、四＋四パーセント、すなわち合計八パーセントが反射する。たったそれだけかと思われるかもしれないが、そもそも色素色の場合には、反射光の一パーセントも眼には届かない。光は半球体の全面から反射されるのに、目に見えるのは、その半球体のごく一部にすぎないからだ。それに対して、薄膜から反射した八パーセントの光は、一方向に進んでゆく。そのため、その方向から膜を見れば、八パーセントすべてが眼に入ることになる。その結果、照度が同じならば、色素色よりも薄膜が発する色のほうが、ずっと明るく見える（ただし、眼が感じる明るさは対数関数的であるため、光量が増えた分だけ明るく感じるわけではない）。このような状況は、薄膜の厚さが光の波長の四分の一程度のときに生じる。

白色光をニュートンのプリズムに通すと、異なる媒質を通過することにより、波長すなわち色ごとに進む方向が変化する。この理屈を薄膜モデルにあてはめると、やはり、薄膜に当たった光が色ごとに異なる方向に反射することがわかる。その際、光の波が反射する方向は、一方向につき一色のみであり、その他の色は位相がずれるため、同じ方向には振動が伝わらない。薄膜を異なる方向から見ると色が変化して見えるのは、そういうわけなのである。そしてまさにこれこそが、古代ローマの皿やイエバエの翅に見られる光学的効果の原因にほかならない。シャボンの泡や油膜も、同じく薄膜である。

ここまでの話では、薄膜における異なる媒質の境界での光の反射率を、とりあえず四パーセントとしてきた。しかし実際には、媒質によって反射率は異なる。四パーセントという値は、ガラスと空気との境界面での反射率であって、ガラスを水中に置くと、この値はもっと小さくなる。これは、透明なクラゲにとっては都合がよい。というのも、クラゲの皮膚はガラスによく似た光学的特性をもっており、水中では、体が反射する光は空気中よりもずっと少なくなるからだ。ちなみに、反射のせいで身の危険を招きやすいのは、カツオノエボシのように、水面に浮かんでいるクラゲ類である。体の一部がどうしても空気中に出てしまうからだ。

クラゲが夢に見そうな変身術を可能にする色素胞については、すでに説明した。色素胞は、皮膚の色を変化させる色素細胞で、以前は化学反応によって色が変わるのだと考えられていた。化学反応説は、解釈としては誤りだったが、理論上の可能性のひとつではあった。そうした可能性はもうひとつある。

以前ぼくは、液晶に関する一般向け講演会を聴講したことがある。液晶のなかには、らせん状の分子が並んではめ込まれている。極小のばねが列をなしているところを想像してもらえばいい。極小とはいうのは、横から見ると、らせんが一周する間の幅が、光の波長のわずか半分ほどしかない程度の小ささである。ということはつまり、その構造は、光の波長の大半を反射するということである。だから液晶はさまざまな発色が可能なのだ。たとえば、液晶を用いた温度計のおもちゃなどが市販されている。手でさわると温度に反応して色が変わるあれである。

液晶の色は、らせん状分子が半周するごとに反射する光に由来している。液晶全体は、層ごとに光学的特性の異なる物質が薄層状に重なっている構造と考えればわかりやすいかもしれない。

らせん状分子の半周分の「厚さ」は、光の波長の四分の一程度で、ちょうど薄膜一層分として機能する。したがって一本のらせん分子は、薄膜を何層も重ねた多層薄膜と同じことになる。多層薄膜と同じ機能をもつ液晶分子は、光の大部分を反射する。上層の薄膜に当たった光は、薄膜の上面と下面でそれぞれ四パーセントずつ反射され、残りの九二パーセントが二層目に到達し、その表面でさらに四パーセントが反射されということが、順に繰り返されてゆく。したがって、らせん状分子の巻き数が十分多ければ、最終的にすべての光が反射され、通過する光はゼロになる。現在では、適切な方向から見れば反射率が一〇〇パーセントの液晶が開発されている。

液晶の講演会の話に戻るが、講演のあとの質疑応答で、聴講者の一人が次のような質問をした。「カメレオンは液晶を使って体の色を変えているのですか」。なかなかおもしろい考えだ。講師の先生もはりきって答えた。「ええ、たぶんそうだと思います！」彼女は化学者だったので、カメレオンが変装するしくみを知っていなくても許されたし、そういう質問が出ること自体が、関心をもって講演を聴いてもらえた証拠でもあった。講演者はメッセージがうまく伝わったことに満足し、肯定的な間違った答を返したのだろう。けれども実際に動物の体色研究でも、液晶構造が見つかる。

ロンドンの南方にある「ダウンハウス」は、かつてチャールズ・ダーウィンがくらしていた館で、現在は記念館として一般公開されている。そこには、ダーウィンが生前に愛用していた顕微鏡、机、本棚が当時のまま、彼自身が採集した標本の一部とともに保存されている。ダーウィンが選んだ研究材料はフジツボだったが、彼は生涯、甲虫を愛していた。オクスフォード大学自然史博物館のハクスリーの間《ま》で見たのと同様、ダウンハウスでも、ダーウィンが採集した甲虫類の鞘翅《しょうし》に埋め込まれた天然の液晶が金属光沢を放っている。

甲虫類はきらびやかな色彩のものが多いせいで、ニューギニアの族長たちの衣装を飾るのに使われたり、宝石店でイヤリングとして売られたりしている。甲虫類の金属光沢を帯びた色彩は、熱帯地方のほうが多種多様であるように思える。しかしそれは、熱帯の太陽光線の強さを考えれば当然ともいえる。雲が切れて晴れあがれば、日光の明るさは温帯地域の二倍にもなる。したがって、熱帯地方のほうがあざやかな色彩に対する淘汰圧は強く、進化もそれに呼応してきた。

液晶は多層反射膜のようなものだと説明したが、甲虫類、それも熱帯に生息する種のなかには、真

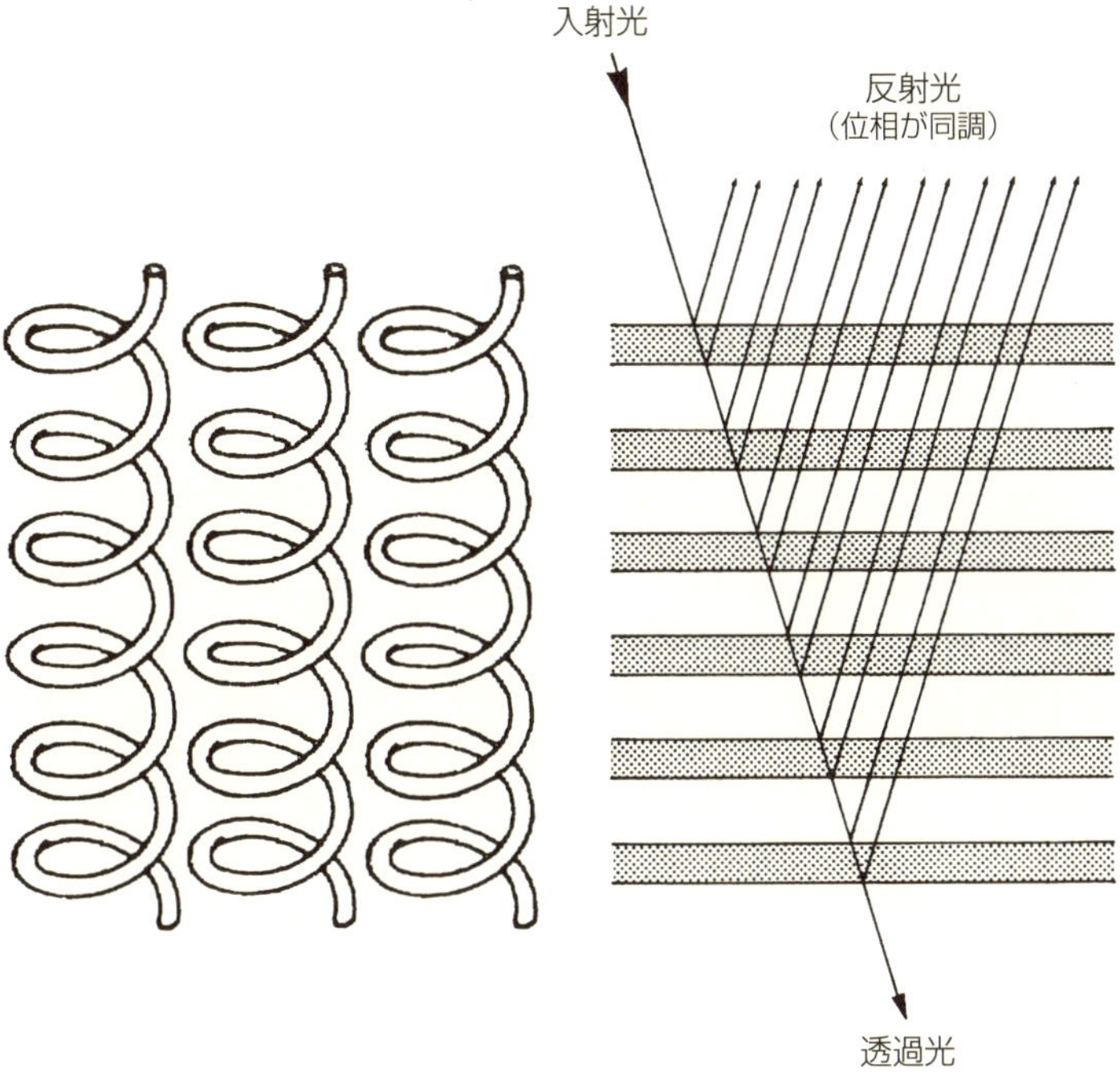

液晶断面（左図）は、らせん状の分子がたくさん並んだ状態で、全体としては多層の薄膜に似た構造をしており、光に対してもそのような効果を及ぼす（右図）。層の厚さが光の波長のおよそ４分の１だと、反射光の位相が同調する。

の多層膜をそなえたものがいる。タイのトビハムシ類の鞘翅の破片を電子顕微鏡で観察すると、薄層が幾重にも重なっているのがはっきりと確認できる。また、甲虫の鞘翅には多孔性構造が見られる場合があるが、それも液晶と同じように、真の多層反射膜としてはたらく。

英国のブリストル大学の昆虫学者H・E・ヒントンは、色彩に強い関心をもっていた。ヒントンは、一九七一年にベネズエラで昆虫採集をした。ただし、最大の収穫は、採集トラップにかかった獲物ではなく、ガソリンスタンドで車にガソリンを入れている最中に見つけたやつだった。世界で二番目に大きい昆虫ヘラクレスオオカブトムシの雄が、ガソリンスタンドの蛍光灯に飛び込んで地面に落ちてきたのだ。さぞかし壮観だったことだろう。ヘラクレスオオカブトムシの飛翔する姿は、まさに装甲で身を固めた鳥である。ヒントンは気絶したカブトムシに走り寄り、大急ぎで、旅行カバンから取り出した靴下に押し込んだ。角が靴下にひっかかり、カブトムシは脱出不可能とあいなった。それでもヒントンは、大物を捕まえたうれしさに、「暇さえあれば引っぱりだして、そいつと遊んだ」そうである。しかしそのおかげで、科学的に興味をそそられる発見もあった。「遊んでいるうちに、鞘翅が黄緑色に変わったり、黒色に戻ったりすることに気づいた」というのだ。

ヘラクレスオオカブトムシの鞘翅は、黒い色素層の上に多孔質層が重なっている。その多孔質の穴が、互い違いに重なる多層反射膜のようなはたらきをするせいで、ヒントンが見たような黄緑色が現われるのである。しかし、断続的に黒くなるのはなぜなのだろう。

今述べたような多層膜の条件が満たされるのは、多孔質の孔が空気で満たされているときである。その場合には、光がきちんと媒質の違いを認識することで、薄膜の効果が現われる。ところが孔が水で満たされると、その効果は消失する。水という媒質は、カブトムシの鞘翅と光学的性質が似ているため、光が多孔質構造を通過するときに境界を認識せず、黒色色素に到達するまでずっと進みつづけるからである。

ヒントンは湿度を変えて、カブトムシを観察した。湿度が高いと、鞘翅の多孔質層が水で満たされるため、色素の黒色が現われた。湿度が低いと、再び空気の孔が生まれて、黄緑色が現われた。黄色と緑色の波長の光が、基底部の黒色色素まで到達しないうちに反射されたためである。つまり物理的構造に変化が生じ、それにともなって色にも変化が生じていたのである。そう考えると、件の講演会で、液晶の話とカメレオンの名前がいっしょに登場したのも、驚くにはあたらない。では、カメレオンの色素胞のように、構造色にも生物学的な機能があるのだろうか。

構造色は動きに応じて変化するので、色素色よりもよく目立つ。そもそも自然界には、他にこれほど鮮明な色は存在しない。構造色が視覚に及ぼす効果には必ずや機能があるはずである。少なくとも、環境中で目につく部分に存在するものについては。

構造色は物理的構造に由来しているため、視覚的効果以外の機能ももっている可能性もある。たとえば、マンモスの牙を割ると、内部に幾重にも折りたたまれた層が見つかるが、それは牙全体の強度を増すための構造である。しかし、象牙の層は光の波長よりもはるかに厚いため、構造色は現われない。ということは、反射膜構造の大きさを変えれば、強度ではなく、色のほうだけを消せるわけである。大きさの変化はほんのわずかでよい。つまり、構造色を消すためには、小さな突然変異で十分ということになる。視覚的効果の強烈さを考えると、不要な構造色を消そうとする淘汰圧は強いにちがいない。自然界には不要な構造色も存在することは存在するが、自然環境中の隠れて見えない部分に限っての話である。多くの貝の貝殻の内面は構造色で光っているが、内層の厚さを変える代わりにそれが周囲の環境にもれないように、吸収色素を含む外層で覆われている。

本章の冒頭で紹介したダーウィンの言葉、「何か特定の目的を果たすために体色が変化している場合」という条件は、色素色だけにあてはまることなのだ。環境中にさらされている構造色には、必ずや機能があると、ぼくはいいたい。自然には、機能をもたない構造色を維持するような余裕などないからだ。

構造色を生みだすすばらしいしくみはほかにもあるのだが、残念ながら、本章にはもう紙幅の余裕がない（次章以降でも、その一部は紹介するが）。ダウンハウスの大きな陳列用ガラス棚には、華麗な構造色を放っているハチドリやフウチョウ（極楽鳥）の剝製も展示されているが、それらの構造色についてのくわしい説明も割愛しなくてはならない。本章では、生物学が脇に追いやられ、電磁気学のややこしい散乱理論に焦点を当てねばならなくなるような話も割愛した。本章のねらいは、自然の色のはたらきを網羅することではなく、自然界に存在する色彩の幅と複雑さの一端を紹介することだったからである。

本章のさらなるねらいは、動物が光にどのように適応してきたかに関心を向けてもらうことにあった。すでに述べたとおり、光への適応には、色彩だけではなく形状や行動も含まれる。進化がもたらした光への精妙な適応は、自然界のいたるところで見つかる。この適応の重要さが十分に理解できれば、カンブリア紀の謎を解明する重要な手がかりが見つかることになる。本章で組み立てた考えは、本書を読み進むにつれて明確なかたちをなしてゆき、ついにはすべてが明らかになるはずである。水晶のごとく透明に。

今や光は、たしかに侮りがたい力である。そう、少なくとも、日光が存在するところでは……。

第4章　夜のとばりにつつまれて

地平線より輝き出でたる太陽よ、世の始まりにいたものよ。あなたの光は地を照らし、あなたの創りし万物の果てまで届いている。
――古代エジプト王、アクナトンの賛歌（紀元前一〇〇〇年）

太陽の光のないところ

一八世紀の後半、進化論が世に問われる以前のこと、ギルバート・ホワイト牧師が、トマス・ペナントやデインズ・バリントン宛てにたくさんの手紙を書き送った。三人は、英国の自然史に対する関心を共有する同好の士だった。ハンプシャー州セルボーン村の教区を預かっていたホワイトは、友人たちの動物学への好奇心をそそるべく、教区内に生息する野生動物の生態をせっせと手紙にしたためた。一七八八年には、一〇〇通をこえる彼の書簡が一冊の本にまとめられた。その書『セルボーンの博物誌』は、英語で書かれた本として、史上第四位の累積発行部数をほこっている。

ホワイト、ペナント、バリントンの三人は、セルボーンの野生動物にしろ、ヨーロッパ遠征中に見聞きした自然の風物にしろ、自分たちが見たままを文章に綴っている。しかし、彼らがあざやかに描いたのは、陽光のもとで生活しているものばかりだった。三人は、夜の生きものには目を向けていなかったのだろうか。さらにいうなら、ダーウィンは、日がとっぷり暮れたあとのダウンハウス周辺の野山を、観察したことがあったのだろうか。答はいずれも「否」である。前章では、「夜行性動物の場合はどうなのか」という問題には触れずにおいた。この問題を後回しにしたのには、それなりの理由がある。夜間の地上は、明るくもないが、さりとて真っ暗でもない、いわばグレーゾーンなのである。

ダーウィンは、登るべき山が立ち現われた場合でも、明瞭に見える世界でなければ、危険を冒してまで分け入ろうとはしなかった。人間は、目に見える昼間の世界に適応している。しかし、トマス・ペナントがギルバート・ホワイトに宛てて書いた手紙を読めば、夜間にもやはり、目に見える世界が存在していることがわかる。ペナントは、スコットランドを旅行中に一羽のワシミミズクを目撃したと記している。

ぼくも以前、イングランドのどまんなかでワシミミズクを見たことがある。夜道に車を走らせて帰宅する途中、ヘッドライトが町の道路標識を照らしだした。いつものとおりのことだったが、その晩にかぎって、道路標識の上に一羽のワシミミズクがとまっていた。ちょっと待った。イングランドにワシミミズクだって？　ぼくは気がふれたのか、それとも酔っぱらっているのか。でも、酒を飲んだ憶えはない。英国には存在しないはずの、背丈が六〇センチメートル以上もあるワシミミズクを見たような気がしたのは、単なる錯覚だったのか。その時点ではまだ、トマス・ペナントの目撃証言のことは知らなかった。しかしぼくは見たのだ

謎は、翌朝のラジオが解消してくれた。地元の動物園から、エジプト産のワシミミズクが一羽逃げ出したというのだ。とっさにぼくは、昨夜見た幻影を思い出そうとした。するとまっさきによみがえってきた記憶は、あの鳥の巨大な二つの眼だった。

一八世紀にトマス・ペナントが目撃したといっても、それはもうずいぶん昔の話。かつては英国に

もワシミミズクが生息していたが、現在は生息していない。ただしワシミミズクは、どこに生息しているにしろ、夜行性である。そして獲物を捕らえるにあたっては、物音、それと明かりを利用する。

前章で述べたように、大きな眼で見るほうが、物体の色が明るくあざやかに見える。眼が大きければ、それだけたくさんの反射光が入るからである。ところで、夜間の地球を照らしているのは月の光、もとをただせば月から反射される太陽の光である。人間はそのような微弱な光を効率よく受容することができないため、夜間はあまりよく見えない。

そうなると、ダーウィンには見えなかった、ワシミミズクの眼に映っている世界にがぜん興味がわく。本章では、暗闇をテーマにとりあげる。そして、光を奪われた野生動物にどのようなことが起こるかを探ってゆく。しかし、いきなり真っ暗闇の世界に入ってゆくのではなく、その前にまず、薄暗闇の世界を訪ね、眼を慣らすことにしよう。

夜の地上

暗視装置など思いもよらなかったヴィクトリア朝以前の博物学者たちにとって、興味の対象が昼間の世界だけだったことは驚くにあたらない。もっとも、薄闇に目を凝らせば、彼らにも目の前を駆け抜けてゆく夜行性の齧歯類や、それを凝視しているフクロウの姿が見えたはずである。

哺乳類に、形状面のカムフラージュの名手はいない。哺乳類は生理機構がきわめて複雑であり、とりわけ体温を維持しなくてはならないため、体の大きさのわりに体表面積を小さくする必要がある。つまり、どうしても丸みを帯びた体形にならざるをえない。それでもなお哺乳類は、草原に身を隠す雌ライオンのように、カムフラージュに最大限の努力を払っている。とりあえず、体色を背景に合わせることには成功しているが、それだけでは身を隠しきれないこともある。暗闇における進化を迫られるのは、そういう場合である。

地上の物理的環境は、夜になっても昼間と同様に存在している。昼夜をとわず、樹木や岩石が隙間や物陰を提供しているからである。ただし夜になると、日向や日陰は消滅する。その違いは進化にどのような結果をもたらしたか。光の欠如によって、利用可能な生態的地位《ニッチ》、言いかえるならば「生活様式」が、夜は昼よりずっと少なくなる。その結果として、夜間に活動する生物種の数は、昼間にくらべてかなり少ない。夜間の種多様性の増大が進化によってもたらされることはなかったのだ。

夜間に活動する動物は、視覚以外の感覚も利用している。しかしここで、光と他のおもだった刺激との大きな違いが歴然となる。ぼくがいっているのは、それが存在する場合の違いである。光は地球に降りそそぎ、森の樹冠を貫いて、岩や草の葉の隙間も、水の中まで照らしだす。光はいたるところに存在しており、避けることはできない。つまり、環境中にあまねく行き渡っており、そこが他のおもだった刺激との違いである。

ここまで検討してきたのは、自然界の多くの動物に共通して見られる主要な感覚、すなわち、嗅覚と味覚（この二つはよく似ている）、視覚、聴覚、そして触覚だった。ところが夜間には、特殊な刺激が重要な意味をもつようになる。それは、光と同じように、相手はそれを避けられないという強みをもつ刺激である。第3章でも述べたように、コウモリは超音波レーダーを用いて狩りを行なっている。

レーダーは、少数の動物だけがそなえている特殊な装置である。レーダーを装備するためには、とにかくまず環境中に超音波という刺激を放つための化学的ないし物理的なしくみをつくりださなければならず、進化的にみて相当なコストがかかるからである。それにひきかえ光という刺激は、動物がわざわざつくりだすまでもなく、環境中にすでに降りそそいでいる。レーダーが視覚に比肩しうる探知能力を発揮できるのは、超音波がとにかく空中に放たれたあとのことなのである。しかも比肩しうるとはいっても、コウモリの超音波が、その標的となる動物以外の動物に進化をうながすことはまずない。それに対して光の影響は、光が存在する環境に生息するすべての動物に及ぶ。

陸上では、日暮れどきに、明るい状態から暗闇に近い状態へと急速に移行する。そのせいで、陸生動物のほとんどは、明るい環境か、さもなければ暗闇に近い環境のいずれかだけに適応している。ところが海中では、時間帯による変化とは別の、明から暗への変化が見られる。それは水深による明るさの変化である。海生動物では、水深によって異なる光量のなかで生息するさまざまな種類を比較できる。

カンブリア紀の謎を解く手がかりが夜の陸上から得られるとしたら、光量が減少するにつれて生物の多様性も行動の複雑さも減少してゆくという事実にまさるヒントはない。本章ではこの手がかりを追求するつもりだが、深海からも重要な手がかりが得られる。深海生物では、系統樹の小さな枝のなかで起きた進化を継時的にたどることが可能なのである。

深海

オーストラリア東岸沖スカベンジャー（ＳＥＡＳ）調査計画は、オーストラリア東岸沖に生息するカニ、エビ、ロブスターといった甲殻類のスカベンジャー（腐肉食動物）の群集全体を科学的に調べあげることを目的として開始された。一九九〇年以前にもそうした動物群を捕獲するトラップが設置されてはいたのだが、数ミリメートル以上の動物しか捕獲できないお粗末なトラップだった。じつは、一二世紀にしかけられた魚やエビ・カニ用のトラップがテムズ川のロンドン塔付近から回収されたのだが、そちらの設計のほうが、二〇世紀のトラップよりもよほどすぐれていた。そのトラップは、全体が円錐《コーン》状の枝編み細工で、漏斗状の入口がついている。入口の奥にもうひとつ、もっと狭い漏斗状の入口があるため、全体の内部は二室に分かれていて、大きさの異なる獲物が別々に捕獲されるようになっていた。いちばん奥に餌を入れておき、それで獲物をおびき寄せて捕獲したものと思われる。トラップは大きな石二個にくくりつけて川床に沈め、ロープで岸につないでおいたのだろう。

二〇世紀につくられた科学研究用のスカベンジャー・トラップは、一二世紀の標準規格にも及ばなかったばかりか、さしたる展望もないまま、狭い範囲にぽつんぽつんとしかけられていただけだった。そこでジム・ラウリがしばし思案をめぐらし、自分がもっときちんとした構想を練ろうと決意し、甲殻類スカベンジャー保護をめざす土台を築いた。

甲殻類スカベンジャー群集は、海底の魚の死骸などを掃除してくれる、きわめて重要な存在である。その活動がなければ、海底に堆積した生物の死骸が腐敗する過程で、水中の貴重な酸素が消費されてしまう。海底には、ふだんでも一日に

テムズ川から回収された12世紀の魚捕り用トラップ（©Historic Royal Palaces）

相当量の死骸が落下してくるのだ。スカベンジャーは、海洋の食物網中の重要な構成要因でもある。自分たち自身も他の海生動物の食物となることで、有機栄養の循環を完結させているからである。

ジム・ラウリは、米国ヴァージニア州の出身で、長らくニュージーランドでくらしたあと、シドニーのオーストラリア博物館に着任し、そこで研究を続けてきた。博物館の裏庭ともいうべきオーストラリア東海岸を調査場所に選んだのだが、蓋を開けてみると、これがなかなかの大事業だった。

ジム・ラウリはシドニーの北にある入江内の小島に住み、通勤にはモーターボートとバイクを使っている。バイクは黒クロムメッキのぴかぴかの七半である。ボートのほうはわりと平凡だが、「フライング・スカッド」というニックネームがついている。「スカッド」とは、米国の研究者の仲間うちで使われている言葉で、一般にはあまり耳にしないが、甲殻類の一目である端脚類《たんきゃく》のことである。端脚類のなかでよく見かけるのは、磯の潮溜りの近くにいるヨコエビ（ハマトビムシ）類である。ヨコエビは、その名のとおり、エビを横に寝かせて平べったくしたような動物である。ジム・ラウリは端脚類の専門家なのだ。共同研究者のヘレン・ストッダートと共著で、随所で引用されているすばらしい分類学の研究を発表している。

分類学は科学としては最古の分野だといわれている。新たに（科学者によって）発見された生物種を、一貫した体系のもとに命名して記録するのが仕事で、科学のあらゆる研究分野の要をなす学問のひとつといえる。

科学的な分類法の端緒を開いたのは、一八世紀スウェーデンの植物学者カール・フォン・リンネ（カール・リンネウス）である。現在でもリンネの分類体系が用いられているが、ダーウィンとウォレスの進化理論をきっかけに、科学者たちは、生物の多様性を固定されたものとしてではなく、動的な過程がもたらした結果とみなすようになった。現在、人類が生物種をどんどん絶滅に追いやっているにもかかわらず、地球上の生物種はまだ一割程度しか記載されていないことを考えると、分類学的研究への取り組みはまさに急務と言える。

分類学は進化学の観点からも重要な意味をもっている。進化の系統や遺伝的多様性の分析を行なうためには、生きている種を記載してその核酸を採取する必要がある。DNAの採取は、生物種が絶滅してからではなく、生きているうちに行なうほうがいい。マンモスのような絶滅種一種から古代のDNAを採取するだけでも大騒ぎだったことを思い出してほしい。残念ながら、控えめにいってもわれわれはすでに出遅れている。現在、新種の記載が追いつかないほどのスピードで、生物種が姿を消しつつあるからだ。

ジム・ラウリは端脚類の研究にたずさわるうちに、スカベンジャーに関心をもつようになった。端脚類はスカベンジャーの主力メンバーである。スカベンジャーのもうひとつの主力グループが等脚類だった。等脚類もやはりエビに似た動物だが、横（左右）ではなく、縦（背腹）が扁平な体形のものが多い。ワ

典型的な等脚類スカベンジャーである貝虫と端脚類

ラジムシ類も等脚類である。ワラジムシの評判はあまりかんばしくないが、等脚類の大半は海生であり、陸生のワラジムシで等脚類のイメージを固定するのはよくないだろう。

ジム・ラウリの設計したスカベンジャー用トラップは、一二世紀のトラップとそれほど違わないものだった。大きな違いといえば、プラスチック製の排水管を短く切断したものをフレームとして用いることで、堅牢な構造に仕立てたことだった。なにしろトラップをしかけるのは深海である。さらに、プラスチック製の漏斗を適当な箇所で切断して、大小二つの開口部をもつ管をつくり、それを「排水管」のなかに装着することで、内部を二室に分けてある。また、トラップが流されないように、管の末端に金網を張ることで、水流がトラップ内を通り抜けられるようにしてある。肝心な網目のサイズは、〇・五ミリメートルのものを使った。それより小さいものはすべて通過し、それより大きいものだけが捕まるしかけである。

トラップのテストはシドニー近海で実施された。博物館で、五〇メートルずつに切断した太いロープを用意し、それを慎重に巻いた（ロープをぞんざいに巻くと、たちまち大盛りスパゲッティのようになってしまう）。巻いたロープと建築用レンガ、それとオレンジ色のプラスチック製ブイが「フライング・スカッド」に積み込まれた。「フライング・スカッド」を海岸まで牽引する途中でガソリンスタンドに立ち寄り、冷凍イワシを購入した。釣りがさかんなオーストラリアでは、ガソリンスタンドで釣り餌用の冷凍イワシが売られている。

「フライング・スカッド」の船上で、個々のトラップの奥にイワシを入れていった。それぞれのトラップには、建築用レンガ二個と、五〇メートルのロープが結びつけられた。ロープのもう一方の端をブイに結びつけておいて、トラップとおもしを船上から水深二五メートルの海底へと投げ込んだ。ロープの長さは水深よりも長くして余裕をもたせたため、トラップが海底に着地すると、ロープは海流に流されて「たわみ」を生じた。そこで、個々のトラップの設置位置は、海岸線の目印を目安に記録することにした。

翌朝、トラップを回収するために、「フライング・スカッド」に乗って再び調査海域に戻った。ブイを見つけるのはなかなか大変で、行方不明になったトラップもいくつかあった。しかし、回収したトラップを船上で開けると、みんな大喜びだった。ジムは端脚類と等脚類の捕獲に成功したのだ。テストの結果はまずまずだったが、波の荒い沖合に設置する場合には、実験計画に改良を加える必要があった。それと、巻貝群集が、思いがけない問題をひきおこしていた。お呼びじゃない巻貝までが餌の臭いに誘われ、イワシのごちそうにありつこうとトラップの入口に殺到したせいで、トラップが台無しにされる事件も起きていたのだ。さらに、漁業関係者から寄せられた情報によると、オーストラリアの北東岸沖の深海には巨大な等脚類が生息していて、魚の死骸を餌にしているという。そうしたもろもろの事情から、トラップの設計変更が必要になった。

ジム・ラウリは南太平洋の地図を広げ、トラップを設置する予定海域を示した。北はニューギニアから、オーストラリア東岸を経て、南はタスマニアまで、緯度の異なるいくつかの町に印がつけてあった。それぞれの町を起点とし、緯線に沿って、水深五〇メートルから一〇〇〇メートルまでの地点にトラップを設置しようというのである。調査はいよいよ本格化しつつあった。

舞台裏でも、SEASプロジェクトの実現に向けた準備が進められていた。ジムは、新しいトラップを用いた調査を手伝ってもらうための学生と技官をオーストラリア博物館で調達した。最初の出航期日が目前に迫っていた。トラップの製作が開始され、できあがったトラップがどんどん大型トレーラーに積み込まれていった。新しいトラップは、巻貝の侵入を防ぐために、全体が格子状の金網で覆われていた。また、うわさに聞く深海の巨大等脚類を捕り逃してしまわないための工夫もなされていた。大きなロブスター漁用トラップに、すっぽり収めたのだ。トラップは積み重ねることができたので、積載量ぎりぎりではあったが、なんとか一台のトレーラーに載せることができた。

深海の設置場所まで運ぶためには大型の船が必要だったため、ベース基地となる港で漁船をチャーターした。漁船にはGPS（全地球測位システム）を装備した。GPSを使えば、海上でもどこでも、衛星を利用して位置座標が正確にわかるので、回収の際にトラップを見つけるのも簡単なはずだった。しかし、深海の強い海流を受けて漂流することも考えられるため、さらに重い鉛製のおもりを採用した。それでもやはり、ある程度の漂流が予想されたので、水面に浮かべておく標識についても、引っぱられて沈まないような改良を加えた。トラップを運搬するトレーラーは、巨大なブイやフラッグまで積み込まれたため、ただでさえまるで巡回サーカスのトラックのような姿になったうえ、ぐるぐる巻きにされたそれぞれ長さ一・五キロメートルのロープの山が加わり、ますますそれらしくなった。

SEASキャラバン隊は、一九九〇年にオーストラリア北東部の都市ケアンズ入りし、いよいよ調査が開始された。すべては順調に進んだ。午後に設置したトラップのほとんどはその翌朝に無事回収された。回収されたトラップには端脚類と等脚類がかかっており、しかもそのほとんどが新種だった。一カ所での調査が終了すると、オーストラリア博物館のジープで次の調査拠点までトレーラーを牽引し、そこでまたサンプリングをするということが繰り返された。立ち寄る港ごとに、船長も乗組員も異なる別の漁船が待機していた。

SEASプロジェクトは大成功だった。初回のサンプリング調査の成果と二回目以降の分とを合わせると、何百種もの新種が回収されたのである。興味深いのは、やがて明らかになるとおり、水深が深いほど種が大型になってゆくことだった。

SEASプロジェクトの生態学的な調査結果については、発表に向けて、目下、必死の努力が続けられている。したがって、今ここでは次のように述べるだけにとどめておくほかない。地球上で膨大な地域を占めている環境に生息する、よく知られた魚やその他の海洋動物がたどる運命を、今回の調査がはじめて明るみに出すのだ。甲殻類スカベンジャー群集の生態が初めて理解されることで、漁業活動や漁獲管理にもたらす利益は計り知れない。そもそも海底で何が起きているのかを知らずして、海洋の保護計画など立てられるはずもなく、ひいては漁業の永続や海洋生物多様性の保全など無理な話なのだ。ＳＥＡＳプロジェクトはすばらしいサクセスストーリーだが、そのなかで本章にとって重要な意味をもつのは、等脚類に関する調査結果だった。

ＳＥＡＳチームの一員で、等脚類の捕獲にとくに強い関心のあったスティーヴ・ケアブルは、ニューギニア沖の調査行における浅海調査では、自らの手でトラップを設置していった。すべりだしは好調で等脚類の回収はうまくいっていた。しかし、ある日、設置を終えて水面に浮上したところ、地元部族の男が一人、大きな岩の上に仁王立ちになり、手にした弓に矢をつがえて彼をねらっていた。その恐怖の体験により、ニューギニア沖の調査は続行中止になった。スティーヴは、オーストラリア沖の安全な場所に調査海域を移して浅海サンプリングを続行し、かなりの収穫を得ることができた。浅海性等脚類の大量の新種を手に入れたスティーヴは、深海性の種についてはジム・ラウリに任せることにした。ジムは、深海性の驚愕すべき等脚類にすっかり心を奪われてしまった。

スカベンジャーの種多様性がもっとも大きいのは浅海域であることがわかった。トラップの設置場所が深くなるにつれて、捕獲される種の数も減少していった。それと同時に、個体数の総数も減少していった。ところが、捕獲総重量はそうではなかった。個々の個体は逆に大型化していったからである。そのなかでも群を抜いて大きかったのが、前もって漁師が教えてくれていた、オオグソクムシ類という巨大な等脚類だった。ＳＥＡＳチームにとって、オオグソクムシはもはや伝説的な存在ではなくなったのだ。

深海に設置したトラップを引き揚げるときには、巻き上げ機が使われた。トラップが船の近くまで引き上げられて水面近くに見えてくると、乗組員たちは船端から身を乗りだして船上に引っぱりあげた。トラップに動物が入っているのはすぐにわかった。大きな外側のトラップの穴から、カニのような巨大な脚がにょきっと突き出すし、鋭くとがった脚がトラップの堅いプラスチック面をひっかく音が響くからである。トラップをデッキに置くと、トラップごと動きまわるのを、乗組員たちはとりかこんで見物した。そしていよいよトラップが開けられる。

そこで全員が息をのんだ。何とも信じがたいものが現われたのだ。SF映画から抜け出してきたようなとでもいえばいちばんぴったりくる。乗組員たちはまさに、それまでテレビでも本でも水族館でも見たことがないものを目の当たりにすることになった。SF映画、なかでも、人間の十倍もある巨大な毒グモやアリが無力な人間を追いかけまわす、一九六〇年代の古典的カルト映画を想像していただきたい。

深海から引き揚げられた動物は、ワラジムシに似た等脚類だった。しかし、ワラジムシと見間違えることなど、とうていありえなかった。なにしろ大きさが五〇倍もあったのだ。これこそがオオグソクムシだった。漁師たちの語り草が現実の姿をとり、巨大でがっちりした等脚類がデッキの上を這いまわりはじめた。五〇倍もの大きさのワラジムシともなれば、顎《あご》はいかにも獰猛そうで、歩きっぷりはあたかも機械じかけのようだった。頭部は、映画『スター・ウォーズ』の帝国軍兵士《ストームトルーパー》のヘルメットそっくりで、長さが五〇センチほどもある胴体は、小型ではあるがいかつい戦車といった風だった。オオグソクムシの姿は、動物というよりも、むしろメカに近い（カラー口絵６参照）。

しばらくしてようやく、見慣れぬものに目が慣れてきたが、それでもやはり、オオグソクムシが顎をモグモグ動かしながら、装甲車よろしくデッキをガチャガチャと横切る光景には息をのまずにいられなかった。アフリカではゾウを、ネパールではトラを、カナダではヒグマを目撃できた幸運な方には、ぜひともオオグソクムシもリストに加えていただきたい。

そうした動物とオオグソクムシに共通するものといえば、眼である。しかし、オオグソクムシの生息場所は、深いところになると水深一〇〇〇メートルにもおよぶ。そのような深海で、いったい眼を何に使っているのだろう。じつは、そのような深い海の底にも、青色成分のみとはいえ、ある程度の光が届いているのだ。やはり薄暗い場所で活動するワシミミズクと同様、オオグソクムシの眼も大きい。人間の眼には暗すぎて何も見えないような環境であっても、とにかく光が届いているかぎり、地球上のどこにでも、視覚をはたらかせる動物が生息しているのである。

水深一〇〇〇メートルの深さまで潜ると、海のなかはちょうど夜間の地上のような状態になる。行動を刺激し、進化の淘汰圧ともなる光の量はぐっと減るが、それでもまだ光は存在する。したがって、本章が最終的にめざす真の暗闇とは異なるが、めざす方向に一歩近づいたことは確かである。深海の場合もやはり、光が大幅に減少すると、それにともなって生物多様性も低下する。SEASトラップの設置場所が深くなるほど、捕獲される生物種の数も少なくなったのだ。

深海はとても興味をそそる場所である。なにしろ、あっと驚くような未知の生物がまだまだひそんでいる。毎年のように新しい発見があり、われわれを魅了してやまない。明るい浅海の環境と比較すると、種の多様性はどんどん低くなり、個体は巨大化する傾向にあるようだ。ウミグモ類という動物は、真正のクモ類にもっとも近縁な海生節足動物である。そのウミグモ類を研究している分類学者もやはり、深海動物相では種多様性の低下が認められる一方で、一種あたりの個体数は驚くほど多い場合もあることを確認している。深海に生息する動物はかなりの大きさで体重も重いことからわかるとおり、深海は必ずしも資源に乏しいわけではない。にもかかわらず種多様性が激減するということは、深海で進化が停滞している最大の要因は光の減少にあることがわかる。

多くの深海動物に共通する特徴は、オオグソクムシにも見られる「大きな眼」である。魚、イカ、エビなど少数の例を見るだけでも、深海の動物は大きくて感度のよい眼をそなえていることがわかる。ほんの微弱な光しか届いていないにもかかわらず、その光に適応しようとする進化がずっと続いてきたのだ。ということは、光はよほど強力な刺激であるにちがいない。

しかし、弱い光に適応している現生動物の話は、このあたりで終わりにしたいと思う。深海には自ら光を発する動物もいたりするからだ。ほんの微弱な光しか届かない場所であっても、動物を光に適応させる淘汰圧はやはり存在している。光を見ようとし、自ら発光しようとさえするのである。生物発光（バイオルミネッセンス）と呼ばれる発光現象については第5章で述べるつもりである。

真っ暗闇の生きもののようすを知るためには、洞窟におもむく必要がある。しかし、深海を離れる前に、オオグソクムシが教えてくれるもうひとつの教訓に立ち戻ろう。それは、第3章の場合とは対照的に、光がほんのわずかしかない環境では、進化の速度が遅いということだ。

スティーヴ・ケアブルは、浅海で捕獲した等脚類の分類にとりかかった。多数の新種が含まれていることは明らかだった。浅海のトラップにかかっていた動物は、外観にもとづいて容易にグループ分けすることができた。それまで等脚類を扱った経験もなければ、生物を分類したこともない博物館のボランティアにも、グループ分けの作業は可能だった。Aという種とBという種を区別する明白な特徴がたくさん見つかるからだ。脚がとげで覆われている種とそうでない種、触角の長い種と短い種、といったぐあいである。等脚類に特徴的な分類方法をスティーヴが習得したことで、分類作業はますます順調に進んだ。

浅海では、多数の等脚類の種が進化した。その理由のひとつは、光が生みだすたくさんのニッチへの適応である。しかも個々の種は、それぞれかなり特徴的で他種とは異なっている。それは、短い時間でたくさんの突然変異が起きたからである。つまり、光量が多い場所では、進化は急速に進んだのだ。調査の対象は現生種に限られているため、時間についてはあまり大きなことはいえないが、意外なことにある程度の裏づけもある。これから紹介する証拠は、等脚類の化石記録から得られたものではない。残念ながら、化石記録には十分な証拠が見つからないのだ。そのかわりに、地球の歴史から、その手がかりを引き出すことができる。第2章で述べた、プレートテクトニクスの証拠からである。

　オーストラリアプレートは、地球の地殻の一部をなしている。それは、海面上の陸地と、沈み込んだ大陸棚および大陸斜面で構成されている。大陸棚はゆるやかに傾斜しながら、海岸から水深二〇〇メートルあたりまで続いている。そこから先が大陸斜面で、海底は深海平原に向かって急勾配をなしている。深海平原は水深五〇〇〇メートルあたりから始まっていて、海底の傾斜は再びゆ

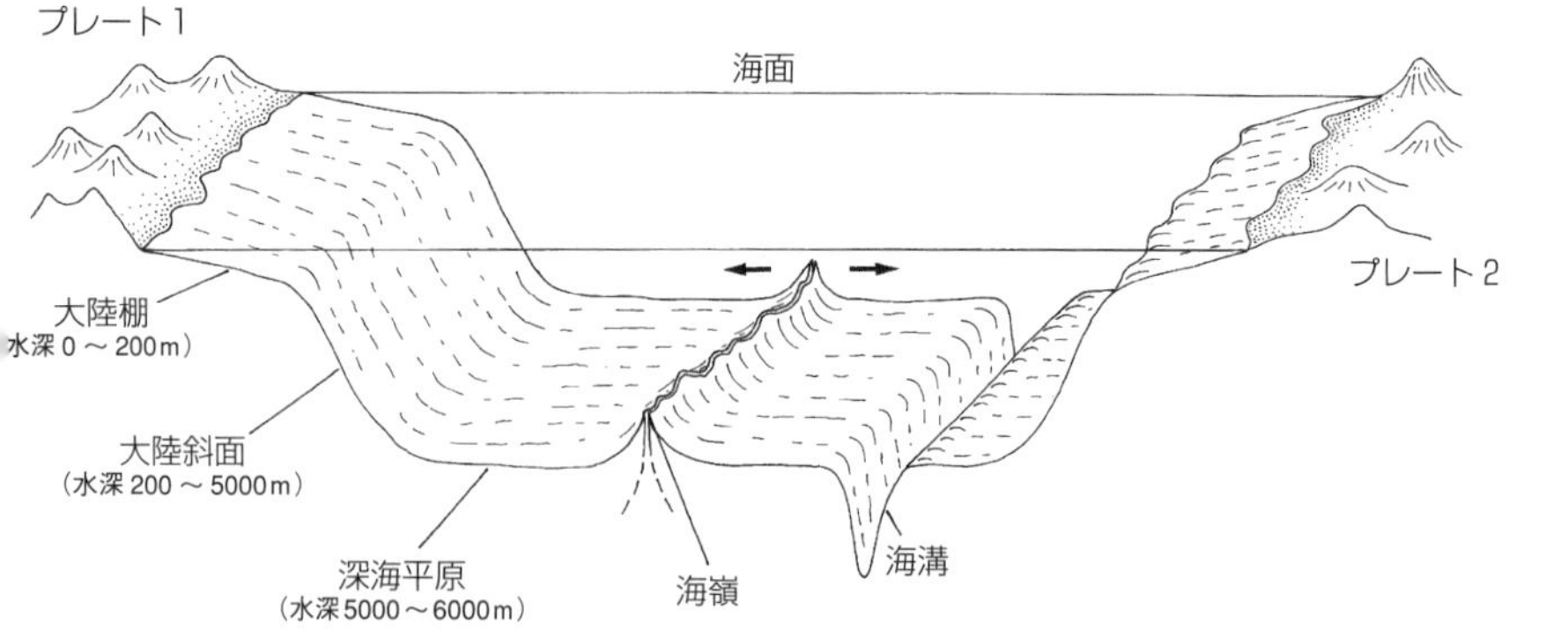

2つのプレートの断面図。境界線を含む海底の地形を示してある。

るやかになる。大陸斜面の底がオーストラリアプレートの外縁にあたる。したがって、少なくとも水深一〇〇〇メートルまでの海底にくらす動物は、別々のプレート上に生息しているかぎり、地理的に完全に隔てられている。陸地を取り囲む一定範囲の深さまでならば、ひとつの生物種がひとつのプレート内の広範な領域を占有することは可能だろう。しかし、他のプレートに移動することはできない。深海という禁断の領域によって分断されているからである。ただし第2章で述べたように、現在は別々のプレートも、かつてはつながっていたが膨大な歳月をかけて分離したものである。したがって、現在は地理的に隔てられている生物種も、かつては同一だったプレート上に生息していた祖先種から進化したものなのだ。オーストラリア、インド、メキシコという三つのプレート（大陸斜面）が完全に分離したのは今から一億六〇〇〇万年前だったという点に注目すると、これまた興味深い事実が明らかになる。

かなり以前のことだが、インド海域とメキシコ海域で散発的にしかけられたトラップで、等脚類のスカベンジャーが捕獲されていた。スティーヴ・ケアブルは、今回オーストラリア沖の浅海で捕獲された等脚類とそれらの種とを比較してみた。すると、オーストラリア海域で捕獲された個々の種のあいだにかなりの差異が見られたのと同じように、インド海域やメキシコ海域の等脚類スカベンジャーのあいだにも、やはり大きな差異が見られた。どれもみな同じ系統樹の小枝に属する類縁種であるにもかかわらず、それぞれ異なる光環境内のさまざまなニッチに適応するかたちで、どんどん分岐してしまった結果である。このことからわかることは何だろう。

地球全体をながめてみると、十分な日光が存在する環境では、一億六〇〇〇万年間に相当な進化が起こったことがわかる。一億六〇〇〇万年前のこと、等脚類の祖先集団は三つのプレートに分断され、それぞれ異なる大陸棚に乗って別々の方向に移動させられていった。祖先種はその後も進化を続けたが、環境は三カ所それぞれで異なっていた。その結果として、どの場所においてもたくさんの種が進化したが、二つとして同じものはいなかった。二つの環境がまったく同じであることは決してなく、それは進化の結果にも反映される。ところで、今述べているのはあくまでも光が存在する環境下での話である。そういうスティーヴの場合とは事情の異なるジム・ラウリの仕事は、それほどはっきりとはしていなかった。

ジムはオオグソクムシ類を相手にしていた。最初のうちは、すごい研究課題に見えた。なんといってもオオグソクムシ類はすごい代物だったからだ。ところがすぐに、困った問題がもちあがった。水深二〇〇メートルの地点を皮切りに、オーストラリアプレートのさまざまな水深から採集したオオグソクムシ類は、どれもみな似たり寄ったりの姿をしていたのである。浅海の等脚類に見られたような、素人目にもわかる際立った違いなどどこにもなかった。一本の脚については、生えているとげの数が四本か五本かといった些細な違いならば認められた。しかしたったそれだけの違いで、オーストラリアの動物相にはオオグソクムシが二種以上いるといってよいものだろうか。そもそも、新種などいるのだろうか。ジムはこの疑問を胸に、オオグソクムシ類の分類に取り組んでいた。その答はインドとメキシコのオオグソクムシ類が握っていた。

「種」とは、自然環境のもとで繁殖可能な、よく似た個体からなる集団であるという言い方ができる。ここでは「自然環境」という点が重要である。人工的な環境下におけば、種が異なっていても近縁種であれば繁殖可能な場合もあるが、自然環境下では決してそのようなことは起こらないからだ。もちろん、水深一〇〇〇メートルの海底に生息するオオグソクムシの求愛行動を観察することなどできはしない。しかし、特別な類縁関係にあることを十分に裏づける身体的特徴が認められれば、それは同種に分類するための証拠となる。オーストラリアのオオグソクムシで、とげの数に違いがあった脚以外の特徴には、違いが見られなかった。オーストラリアのオオグソクムシの場合は、過去一億六〇〇〇万年間の進化のスピードが遅かったということもありうる。遺伝的変異がどうみてもきわめて低いからだ。そこで、インドとメキシコのオオグソクムシの出番となる。

化石の証拠から、オオグソクムシは一億六〇〇〇万年前よりも昔からいたことがわかっている。もともとは超大陸に生息していたのだが、プレートが分離したことで、現在のオーストラリア、インド、メキシコ海域へと分かれることになった。つまりオオグソクムシは、過去一億六〇〇〇万年のあいだに、三つの海域でそれぞれ独自に浅海の等脚類から進化したわけではない。インドとメキシコの漁師が捕まえたオオグソクムシを調べれば、その祖先が別々の環境に隔離されていた一億六〇〇〇万年間に何が起こったかがわかるだろう。

浅海の等脚類に見られたようなことは、深海の等脚類には起きていなかった。つまり、インドやメキシコのオオグソクムシは、オーストラリアのものと大差なかった。それどころか、ほとんど同じだったのである。しかし、違いが皆無というわけではなく、大きさに差が見られた。等脚類の標準からすればどれもみな巨大にはちがいないが、大きさの幅がそれぞれ独自の分布をしていた。それが、とげの数といった形態上のごくわずかな差異となって現われていた。しかしどうみても、オオグソクムシの形態には種間差などないに等しかった。オオグソクムシは、日光のほとんど届かない深海に生息していた。そして、一億六〇〇〇万年のあいだ、まったくと言っていいほど進化してこなかったのだ。そう、これぞまさに探し求めていた証拠であり、ＳＥＡＳ調査が語る要点なのだ。

この物語は、かなりの量の光が存在する環境と比較して光がほとんど射さない環境ではどのようなことが起こるかを語っている。ただし、ふつうならばＸ軸とＹ軸からなる二次元空間を考えればよいところだが、ここでは三番目のＺ軸も考慮しなければならない。Ｚ軸は時間軸である。Ｚ軸を考慮すると、少量の光しか存在しない場所では、ごくわずかな進化しか起こらないことがわかる。光が支配していない場所では、淘汰圧が減少する結果として、突然変異もわずかしか起こらないのだ。

深海での進化を制限している最大の要因がほんとうに光なのかどうかを確かめるには、海底の堆積物内に生息する動物相を、浅海と深海とで比較してみればよい。日光は、堆積物の奥までは届かない。したがってそこには、光への適応とは無縁な、まったく別の生態系が存在している。浅海の堆積物中の動物相はかなり多様で、しかも大半の種は、真上の水中に生息していた祖先から進化したものであることが以前から知られていた。しかし生態学者たちは、深海の堆積物についてはまったく逆の状況を予想していた。アメリカのマサチューセッツ州にあるウッズホール海洋研究所の科学者たちが、新しく開発された装置を使って深海の堆積物からサンプルを採取したのは、一九六〇年代のことだった。その装置は、ひとつの区域からそれまでになくたくさんのサンプル採取を可能にした。じつはそのようにして採取されたサンプルが、従来の予想をすべて裏切ったのである。

深海の堆積物中に生息する動物の個体数は、浅海にくらべるとたしかに少なかった。ところが、種数にはさしたる差が見られなかった。つまり深海の堆積物中にすむ動物の多様性は、浅海にひけをとらなかったのである。ということは、深海においても動物の多様性を保持することは可能であり、浅海と同じくらいたくさんの種を進化させることが可能だということになる。たとえば水温や水圧の差は、必ずしも種分化の妨げとはならないわけだ。ところが、動物が日光に適応している状態で光量が減少すると、進化にブレーキがかかって多様化がスピードダウンする。利用可能なニッチが劇的に減少するからだ。この事実は、カンブリア紀の謎を解くうえでも重要な手がかりとなる。

さあこれで、視覚も考え方も暗闇に順応できて、真っ暗闇の環境を調べる態勢がととのったと思う。いざ深海平原へといきたいところだが、もう少し身近で、生息している動物のこともよくわかっている環境を調べることにする。光という因子を完全に取り去ると、大陸棚や大陸斜面から得られた教えをさらに確証できるだろうか。その疑問に対する答をこれからお話ししよう。

洞窟

サー・エドワード・ポールトンは、著書『動物の体色』のなかで、かなりの頁数を割いて洞窟動物について考察している。暗闇に生息する動物が白っぽいのは、暗闇では色があっても目には見えず、動物にとってはもはや何の役にも立たないからであると断定している。ポールトンは、体色に関するダーウィンの見解として知られるようになっていた、「目に見える場合には必ず、体色は自然淘汰や性淘汰によって選択されるはずである」という考え方に強く肩入れしていたのだ。「何か特定の目的を果たすために体色が変化している場合」とダーウィンがあえてつけた但し書きには気づかなかったようである。そんなポールトンだから、自らの主張を、光の射さない環境にまで敷衍《ふえん》していても驚くにはあたらない。彼は、洞窟内では「色素はもはや自然淘汰によって維持されることがないため、その結果として消失する」と述べている。この「その結果」という文言が激しい議論の的となった。

当時の別の生物学者Ｊ・Ｔ・カニンガムは、色素が形成されるのは、皮膚に当たる光の直接的な作用によるものだと信じていた。したがって、洞窟に生息する動物の体色が白っぽいのは、色素の形成を刺激する光が存在しないからだと考えた。カニンガムによれば、光と色素は直接的な関係にあったのだ。それに対して、光そのものが色素生成をひきおこすわけではないと主張する生物学者もいた。光はただ単に、自然淘汰によって動物体内に生みだされたしくみを発動させる要因にすぎないというのだ。

現在、遺伝学で武装したぼくたちには、カニンガムの説が誤りであったことがわかる。しかし、色素形成のしくみや、突然変異が起こって新しい遺伝子が配備されるプロセスは、光がなくなると機能を停止してしまうものなのだろうか。色素形成マシンの歯車はまさにソーラーパワーで駆動しており、日光が当たらなくなると回転を止めてしまうものなのだろうか。ひょっとすると色素形成マシンにはバックギアが装備されていて、光がなくなるとバックに切り替わってしまうのかもしれない。物語の全容を明らかにするには、洞窟のなかも探ってみる必要がある。

これまで、ほの暗い夜の地上から、真の暗闇に近い深海まで、少しずつ光量を落としながら、動物たちの生息環境を調べてきた。そのような環境に生息する動物群集を洞窟内の動物群集と比較するためだけでも、そういう調査をした甲斐があったというものだ。洞窟内においても同じような光量の減少が見られるが、その変化ははるかに急である。何百メートルも下降する過程で徐々に光が弱まってゆく海のなかとは違い、洞窟の場合には、何メートルか奥に進むだけで光が消えてしまう。そして、洞窟のどんづまりに到達すると、たいていそこには地球上における正真正銘の真っ暗闇が存在する。

ぼくが初めて洞窟に興味をもったのは、オーストラリア博物館のクモ学者マイク・グレイが彼の最新の発見を見せてくれたときだ。マイクは、オーストラリア南部にあるナラボー平原の地下を探険してきたばかりだった。洞窟に足を踏み入れると、いきなりそこは真っ暗な闇の世界。さらに奥へ進むほど、懐中電灯に照らしだされる動物相は急速にその多様性を失っていった。しかし、マイクが探しているものは見つかった。もちろんクモである。しかも新種のクモだった。オーストラリアで新種のクモを発見するのは、ちっとも珍しいことではない。マイクは以前に自宅のガレージで新種を見つけている。しかしその洞窟に生息していたクモは、ガレージにいたやつとはもちろん、洞窟の外にいるいかなるクモとも異なる姿をしていた。そのクモは、シドニージョウゴグモという有名な毒グモの近縁種なので、本来ならば「眼」が六個か八個あってしかるべきだった。ところが、後で顕微鏡を用いて観察したところ、体長わずか一・五センチのその洞窟種には、眼がひとつもないことが判明したのである。

ここまで見てきた深海の動物は、生息環境中にはごく微量の光しか存在しないにもかかわらず、大きな眼をそなえるという適応を果たしていた。それに対して洞窟に生息するクモの場合には、光を完全に断たれており、視力を残そうとする進化上の努力を完全に放棄してしまっている。しかし、「眼」を失っているのも、じつは光に対する適応のひとつだったともいえる。それにしても、「眼」の喪失は、短期間に起きたことなのだろうか。光に対する負の進化的対応として「眼」を失わせた淘汰圧は、どれほど強力なものだったのだろうか。洞窟にすむクモをモデルケースとしてこの問いに答えるのは難しい。その近縁種についてはあまりわかっていないからだ。その点、洞窟魚ならば、もっとくわしい研究がなされており、もともと外洋に生息していたものが洞窟内に移動していった経緯をたどるためのパズルピースがすでに十分にそろっている。

深海と同様、洞窟内においても、生物発光の例が知られている。洞窟動物のなかには、生きたたいまつよろしく、自分で発光できるものがいるのだ。しかし、それをとりあげると、また話がややこしくなってしまう。そもそも、生物発光の実際の光量によって話が変わってくる。生物発光によって、あたり一面が照らされることもあれば、ところどころだけの場合もあるかもしれない。かなり明るい光からかすかな光まで、その明るさもまちまちそうだ。視点を大きくとれば、生物発光が生みだす光などささやかな光にすぎないのだろうが、ここでの議論では、生物発光は存在しない、完全な暗闇の条件が満たされている洞窟だけを考えるほうがよい。メキシコの海中洞窟に、そのような場所が存在する。

海中洞窟に生息している現在の動物のほとんどは、もともと外洋にいた祖先から進化したものである。その祖先にあたる生物は、もはや生存していないか、他の極限的な環境に移りすんでいるかのいずれかである。たとえば、ムカデエビ類と呼ばれる小型甲殻類の一群は、もともと外洋にいた祖先から進化したものだが、現在ではほとんど洞窟にしか生息していない。このような生物種を遺存種という。かつて広範囲に分布し、たくさんの種を擁していたグループに起源をもつが、現在では洞窟でしか生き残っていないような種のことである。

洞窟内で生き残れたのはおそらく、バミューダ海域の洞窟を調べている生物学者トマス・イリフェが言うように、洞窟には競争相手や捕食者が少なかったためだろう。イリフェの研究によると、東大西洋の洞窟にすむムカデエビ類と西大西洋の洞窟にすむムカデエビ類はそっくりの姿をしているが、それはよく似た環境に適応した結果、つまり「収斂《しゅうれん》進化」の結果ではないという。そうではなく、進化のはたらきがゼロに等しかったことを示すものだというのだ。オオグソクムシ類の場合は、暗闇の環境下ではほとんど進化が起こっていなかった。ムカデエビ類の場合もオオグソクムシ類の例そっくりで、大西洋をはさんで一億年以上にもわたって地理的に隔てられていた洞窟にすむ種類が、驚くほど互いに似かよっていた。じつは、このような話は多くの種類の動物に共通するものである。しかもほとんどの場合について、それらが洞窟でくらすようになった理由も同じである。すなわち、それらの祖先は外洋の浅い海域に生息していたのだが、長い年月が経過する過程で新たに出現した動物群中の競争相手や捕食者に追いたてられ、洞窟内に移りすむようになったのである。ところで、メキシコの洞窟魚について調べると、さらに多くのことがわかる。それらには、現在でも洞窟外に生息しているごく近い近縁な種が存在するからである。

前章では、エンゼルフィッシュがライバルに光線銃を発射するかのように、銀色に光る体表面で光線を反射させるという話を紹介した。しかし、魚の銀色の体色には、いろいろな種が利用している、それとは別の機能がある。姿を消してしまう効果があるのだ。

アマゾン川の件のエンゼルフィッシュは、水面近くで生活している。そのような水面に近い水中だと、日光は、大気中を通るときと同じように、スポットライトのような光線として射し込む。ところが水面近くの層を通過した光は、光線としての形態がくずれ、四方八方に散乱する。したがって、そういう場所にある物体は、あらゆる方向から均等に光に照らされるため、影は生じない。また、そのような水中に鏡があっても、周囲の景色がぼんやりと映っているだけなので、鏡の存在は見えない。そこでは、鏡が眼の錯覚をひきおこす。つまり、鏡のある方向には背景が映っているだけであるため、その先には何もないように見えるのだ。海のなかを泳ぐ銀色の魚も、鏡と同じような効果を発揮する。銀色の鏡のような体表面をもつ魚を下から見ても、捕食者の眼には水面からの反射光しか入らない。したがって、魚のいる方向には、「魚など一匹もいない！」ということになる。では、魚の体表はいかにして鏡のような効果を発揮しているのだろうか。とにかく、金属はまったく含まれていないことはたしかだ。しかし、金属ではなくても、太陽光線の全色を一方向だけに強く反射させることで、きわめて明るい白色（これをわれわれは銀色という）を生ずる方法はほかにもある。構造色である。

薄膜が構造色を生ずることについては第3章で説明した。そこでは、薄膜を何層も重ねると、日光の大部分が反射されるせいで、かなり明るい色が出せることも述べた。しかし、反射膜には強い色彩効果があるため、白色光にはならない。薄膜がすべて同じ厚さだと、その厚さが反射光の波長すなわち色を決めてしまうからである。

そこでまず、厚さの異なる薄膜を重ね合わせたものを想像していただこう。いちばん上に青色光を反射する膜、その次に緑色を反射する膜、最後に赤色を反射する膜が重なっているとする。日光がそのような構造物に当たると、青色光線は最上層で反射され、緑色と赤色の光線はそのまま突き進む。透過した光線が中層に当たると、緑色光線は反射され、残った赤色光線だけがそのまま進む。そして最後に赤色光線が下層に当たり、それも反射される。つまり、すべての層の作用が組み合わさることで、青、緑、赤色の光線すべてが同一方向に反射されることになる。青、緑、赤色が混ざりあうと、白色、場合によっては銀色になる（白色光の方向性が強いと銀色を呈する）。さまざまな厚さの層をもっとたくさん重ね合わせれば、スペクトル中の多様な色を反射させられる。魚の体表が銀色に見えるのはそのためである。魚の体表には、厚さの異なる層が幾重にも重なって存在しているのだ。

メキシコ東部の東マドレ山脈には、アスティアナックス・メキシカヌス（メキシカンテトラ）という、体長五センチほどの魚が生息している。観賞魚としてもよく飼われている魚で、類縁的には南米のピラニアの近縁種である。地上の水系にすむグループは、魚としては標準的なサイズの眼と、カムフラージュ効果のある銀色の体色をそなえている。眼をもつことと銀色の体色は、明らかに光に対する適応である。じつはこのメキシカンテトラと同じ種の魚が、メキシコの広大な洞窟水系にも生息している。しかもそれらは、姿まで異にしている（地上にすむタイプを地上型、地中の洞窟にすむタイプを洞窟型と呼ぶことにする）。

遠い昔のこと、地上型のメキシカンテトラが洞窟水系へと移住した。洞窟の奥へと移りすむほど、光への適応を強いる淘汰圧は薄らいでいった。するとそれに対応するかたちで、魚の構造と生化学機構、いうなればハードウェアとソフトウェアにも変化が生じた。最初に始まったのは眼の退化だった。魚が洞窟のさらに奥へと移住し、暗闇でくらす期間が長くなればなるほど、眼はますます退化していった。進化推進マシンは、停止するのではなく、ギアをバックに入れたのだ。光に関するかぎり、「退行的進化」へと軌道が切り替えられたのである。

地上型の魚は、光への適応として、ハードウェアとソフトウェアにかなり高価な投資を強いられていた。一方、洞窟型の魚は、その分のエネルギーを別のことに振り向けることができた。もはや無用の長物となった視覚装置は、撤去されてしかるべきだったのだ。ところで、退化したのは眼だけではなかった。銀色の体色にも変化が生じることになった。

オクスフォード大学のヴィクトリア・ウェルチは、メキシコの広大な洞窟水系に生息している洞窟魚の研究を行なった。それによると、洞窟の奥に生息する魚ほど、銀色光沢が薄れていた。そして、銀色光沢が消えるにつれて体表は半透明の白色となり、赤い血管が透けて見えるせいで、全体としてはピンク色を呈するようになっていた。ただし、銀色からピンク色へという体色の移行には、さまざまな中間段階が認められた。しかし、浮上したパターンはそれだけではなかった。

真っ暗闇の洞窟に生息している洞窟型には、体色がどの段階のものであれ、すべて眼がなかった。退行的進化は急速に進んだからである。眼はとても高くつく装置なので、無用になったならすぐにでも手放してしまわなければならないからだ。ところが銀色の体色のほうは、エネルギー投資の点からいうと、眼よりは安上がりだったことになる。実際には、銀色の体色は、真っ暗闇の環境下では自然淘汰的に中立な形質であり、偶然の突然変異によって消失していった可能性がある（こういう変化のしかたを、「遺伝的浮動」という）。

洞窟の奥も入口付近も、完全な暗闇であることに変わりはない。しかし、地史的な時間スケールで見ると、洞窟の奥に生息している集団のほうが、入口近くに生息する集団よりは、暗闇で過ごしてきた時間が長い。銀色の体色の退化は偶然（遺伝的浮動）に左右される面が大きいため、眼の退化よりも長い時間がかかる。したがって、洞窟の入口付近の洞窟魚は、洞窟の奥深く生息する洞窟魚よりも、銀色光沢を残している割合が多かったのだ。ちなみに、洞窟のいちばん奥深くに生息する魚は完全なピンク色だった。

ヴィクトリア・ウェルチは、そのような洞窟魚の体表に何が起きているのだろうかと考えた。銀色の反射膜にはどのような変化が生じているのだろう。そこで、洞窟水系内のさまざまな場所に生息する魚の体表を採取して調べた結果、銀色光沢が消えてゆく原因が判明した。進化が進行する様が観察されたのである。

魚の体表を電子顕微鏡で見ると、薄膜の一枚一枚、銀色の反射膜が層をなしている様子が観察できる。地上型の魚の場合には、薄膜層がきわめて規則正しく重なっており、青から赤の反射膜へと、徐々に厚さを増していた。洞窟の入口付近の暗闇に生息する洞窟型では、薄膜層が不規則になりはじめていた。薄膜層の分離や分裂が始まり、層の数も減少していたのである。洞窟内のさらに奥の魚を調べてゆくと、そのような不規則ぶりはますます明らかとなり、薄膜層の総数も徐々に減少していった。薄膜層にもゆがみが生じるとともに、皮膚内における分布も不規則となり、皮膚の銀色光沢はますます失われていた。そして、洞窟水系のどんづまりに生息している魚では、薄膜層が皮膚から完全に消失し、反射膜はもはや影も形もなくなっていた。

みごとな発見だった。退行的進化の進行段階を継時的に観察することができたのである。もし、銀色の反射膜が日光の降りそそぐ環境で不用になったとしたら、退色の進み方は急速で、変化の跡をたどることなどできないだろう。洞窟魚の研究から得られた結果は、銀色の反射膜がそもそもどのように進化したかを教えているのかもしれない。退化とは逆のコースをたどったと考えればいいからだ。しかし、この物語が本書の目的に与える教訓はやはり、光が存在しない環境下では進化が遅滞しうるというものだろう。現にメキシカンテトラの洞窟型は、それ以前とはまったく異なる漆黒の環境に移住して長い時間が経過したにもかかわらず、新種を形成するにいたるほどの進化はとげていない。

洞窟には光が存在しないため、洞窟内の環境は微環境に細分化されることがなかった。これは、西インド諸島に生息するアノールトカゲが、森林内の微環境に適応するかたちで多様化しているのとは正反対の結果である。したがって、微環境へのすみ分けによってうながされる孤島型の進化が起きていないのだ。その結果として、洞窟内に生息する生物の個体数は少なくないものの、種の多様性は低くなっている。私は後ほど、「先カンブリア時代の環境は、現代の洞窟内の環境に似ていたのか」という疑問をとりあげるつもりである。今からそのような問題意識をもてば、残りの四章で提起するカンブリア紀の謎を解くための手がかりの意味が、よりいっそう明らかになるはずである。

別の実験から明らかになったことだが、暗闇の洞窟に生息している動物は、周囲を光で照らしても何の反応も示さない。つまり彼らは、視覚的には完全に中立的になっているのだ。事実、洞窟性の動物が、地上の競争相手には入り込めないような光の当たる環境で、たびたび発見されている。同じような環境でも、光に適応している競争相手や捕食者がいる場所から洞窟性の動物が見つかることは絶対にない。そんな場所に迷い込んだとしても、長生きはできないからである。

第3章で、深海の動物には体色の赤いものが多いこと、それは光に対する適応のひとつであることを述べた。深海の洞窟の奥にも入口付近にも生息するエビがいる。このエビは、洞窟の奥から、光が射している入口に移動すると、体色を色素なしの白から赤色に変化させる。光に対する適応は、どのような場所でも重要なのである。さらに第3章では（本章でも少しばかり）、嗅覚や味覚、聴覚や触覚と視覚との比較をした。その結果、視覚が他の感覚と異なるのは、その刺激となる光が環境中につねに存在している点にあるとの結論に達した。光射す環境にすむ動物はすべて、光の影響を受けている。洞窟内に生息する動物においては視覚以外の感覚がきわめてよく発達しているが、進化の歩みはのろく、低速ギアでしか進まない。動物が環境中に放出する音や臭いの量は、動物自身がある程度まで制御できるが、光が降りそそぐ環境においては、光の量はあらかじめ定まっていて、変えることはできない。

洞窟の特徴は、なんといっても暗闇にある。暗闇が動物に及ぼす直接的な影響は、視覚を欠く種にもハンデがまったく生じないことだ。さらに、間接的な影響としては、光合成生物が生きてゆけないせいで、洞窟内での一次生産（食物ピラミッドを支える底辺）がゼロになる。そのような食糧難が洞窟内の食物網に影響を及ぼすことはある。しかし、生物種の多様性や種の進化に対する影響は、個体数や生物密度に対する影響ほど大きくはないはずである。まして本書にとって何より関係するのは、種の進化がどういう影響を受けるかである。じつのところ、洞窟内にすむ捕食者のほとんどは、何週間、あるいは何カ月も食物なしで生きられるような適応をとげている。

洞窟内の環境は驚くほど安定していて、極端な変動がない。また、暗闇にすむ動物では視覚以外の感覚が著しく発達している。それなのに、洞窟内の生物の多様性は低い。進化の速度はのろいからだ。その原因は、光合成生物を育み、視覚を発達させる要因である光が存在しないことにあると考えられる。本書ではたびたび「光」と「視覚」を対にして述べてきた。しかしこれからは、この二つをきちんと区別して用いることにする。光は原初から地球上に存在していたが、視覚は光への適応であり、最初からずっと存在していたわけではないからだ。この区別はとても重要である。

視覚については第7章でくわしく説明するつもりである。まずは、後退に入っていた進化推進マシンの視覚ギアを戻し、前進に入れ直すと何が起こるかを、発光機構をそなえた貝虫《かいむし》類を例にとって調べることにしよう。

第5章　光、時間、進化

生命は小さくて丸いもので満ちあふれている。
――ルイス・トマス

海のベークトビーンズ

貝虫《かいむし》という甲殻類のグループは、太古の昔から生き抜いてきた。現在もたくさんいるが、その起源はカンブリア紀までさかのぼる。世界中のあらゆるタイプの水系に生息しており、一般の知名度は低いが、科学者たちからは大いに注目されてきた。名前のついている種類だけでも、およそ四万種にのぼる。鳥類が八七〇〇種、哺乳類が四一〇〇種ほどしか知られていないことを考えると、四万種というのはかなりの数だ（同じくらいの種数を誇る無脊椎動物のグループはほかにもいるが）。

しかしながら、「貝虫類」と言っても、ふつうは貝虫類のなかのポドコーパ類（カイミジンコ類）だけを指す場合が多い。ポドコーパ類には厚くて頑丈な殻をもつ種が多いので、本書では「ヘビー級」グループと呼ぶことにする。ヘビー級貝虫類は、石油の埋蔵場所を教えてくれるため、偏重されてきた。けれども本章では、貝虫類が語ってくれる別の物語に耳を傾けよう。貝虫類のもうひとつのグループが、カンブリア紀の謎の解明に役立つのだ。そのグループは、色彩の話と動物進化の話との仲立ちをしてくれる。色彩と動物進化との関係は、本書を読み進むにつれてますます核心に迫ってゆくはずだ。

貝虫類は、ホタテ貝類と同じように、体全体をすっぽりと覆う二枚貝をそなえている。といっても、ヘビー級貝虫の殻でも、せいぜい一ミリメートル程度しかない。ヘビー級グループの知名度が高いのは、その殻のおかげである。その殻は化石化しやすいため、大量の化石を残しているのだ。

たとえば英国のドーヴァーにある白い崖は、事実上、ヘビー級貝虫の化石でできている。古生物学者たちは、ご褒美につられ、地層中のヘビー級貝虫化石の動向に熱い眼差しを向けてきた。ヘビー級貝虫類の化石が見つかる地層には、石油が埋蔵されているからである。もっと精度の高い石油資源探知法が導入された近年まで、石油会社はヘビー級貝虫類の専門家をわんさか雇っていたものだ。

しかし、貝虫類には、ウミホタル類という別のグループもいる。ウミホタル類にはあまり頑丈でない殻をもつ種が多いので、本書では「ライト級」貝虫類と呼ぶことにする。ライト級貝虫類の殻を構成している化学成分はヘビー級貝虫類のそれとは種類が異なっており、化石になりにくい。そのせいでかなり最近になるまで、ライト級貝虫類の来歴はよくわかっていなかった。

一九八〇年代はじめのこと、英国レスター大学の古生物学者で、第2章で紹介した化石の立体構造復元チームのメンバーでもあるデイヴィッド・シーヴェターは、スコットランドで採取した三億五〇〇〇万年ほど前の岩石を割ってみた。すると中から、片端に小さな切れ込みの入った、全長五〜一〇ミリメートルほどの楕円形の化石が見つかった。形状からすると、貝虫の化石のようにも見える。しかし、貝虫にしては大きすぎる。もっとも、現生する貝虫類にしてもその全容がわかっているわけではない。この化石を現生種と比較する前に、今日の水系に生息している貝虫類について、正確な知識を得ておく必要がある。

オーストラリア東岸沖のスカベンジャー（ＳＥＡＳ）調査では、当初の目的どおり、端脚類と等脚

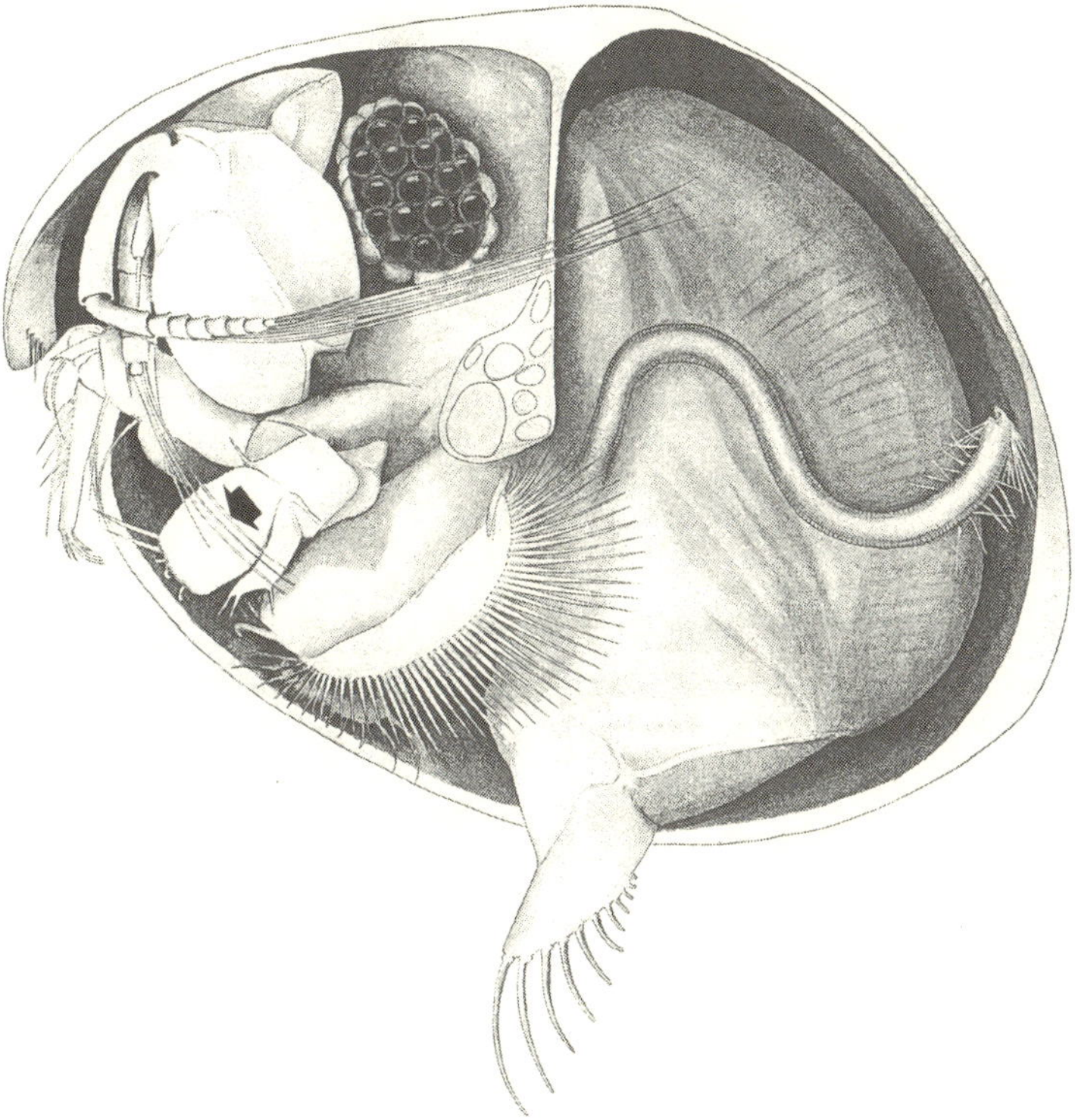

ノッチ入りのライト級貝虫。殻の半分を取り除き、内部の本体と付属肢が見えるようにしてある（キャノン、1933年、*Discovery Reports*）。矢印は、左の第１触肢のハロフォア（繊毛）を示している。

類の甲殻類スカベンジャー採集に成功した。ところが意外なことに、それらは甲殻類スカベンジャーで最多を占めるグループではなかった。オーストラリア東岸沖を支配するスカベンジャーの雄として浮上してきたのは、貝虫類だった。これはまったく思いもかけない展開だった。スカベンジャーの世界で、貝虫類が重要な位置を占めているなど、誰も想像もしていなかったからである。

冷凍イワシの餌につられてトラップに迷い込んできた貝虫は、化石としてほとんど記録されていないライト級貝虫類で、それも、殻の前縁にはっきりとした小さな切れ込み（ノッチ）の入ったウミホタル科の貝虫ばかりだった。ウミホタル科の貝虫を「ノッチ入り」貝虫類と呼ぶことにしよう。たいていのノッチ入り貝虫類は、大きさも形もトマトの種子そっくりで、多くの時間を海底の砂に潜って過ごしている。浅海に設置したトラップには、トマトの種子のようなものがたくさんかかっていた。深海に設置したトラップにもトマトの種子がたくさんかかっていたが、水深二〇〇〜三〇〇メートルの海底に設置したトラップには、ノッチ入り貝虫類の変り種である「ベークトビーン」が混じっていることもあった。

シドニー沖の水深二〇〇メートルの海底に初めて設置したトラップを、チャーターした漁船に引き揚げたときの光景はおもしろくもあり、奇っ怪でもあった。ベークトビーンズのようなものが、トラップにぎっしり詰まっていたのである。地元の漁師たちはみな、このアジゴキプリディナ属の赤橙色の「巨大」な貝虫を「ベークトビーン」と呼んでいる。ときどき漁網にかかるが、「まずくて食えない」こと以外、それがいったい何物なのか漁師たちは知らない。ベークトビーンの生息場所は大陸棚の縁に限られているようだ。姿形はまさしくベークトビーンズで、長さは一センチメートルほど、横にやや扁平な楕円形をしている。体色は赤橙色だが、生息している水深二〇〇メートル以深の海底には青色の光しか射し込まない。つまり、太陽光に含まれる橙色や赤色は失われている。したがってベークトビーンを赤橙色に照らす光は残っていないため、その姿は眼に見えない。真っ暗な部屋の中で、オレンジの果実を青い光で照らしても眼に見えないのと同じ理屈である。ところで、深海から採取された貝虫と本物のベークトビーンズとのあいだには外観に相違がある。貝虫には前縁にノッチが入っているのだ。そういえば例のスコットランドの化石にもノッチが入っていた。

生きた化石

ときたま、「生きた化石」が発見されることがある。「生きた化石」とは、ふつうは化石でしか見られない、太古の時代に生息していた種にそっくりの現生種のことをいう。今も生きているオウムガイは、外観や行動、さらに重要なことには進化の系統樹上の位置が、すでに絶滅しているオウムガイ類やアンモナイト類と共通している。したがって、生きた化石とみなされている。

ごく最近発見された生きた化石にウォレミマツがある。このタイプの針葉樹の化石は、恐竜の化石が見つかる地層からしか見つかっていなかった。そのため、とうの昔に絶滅したものと考えられていた。古生物学の重要な研究対象となっていたのだ。ところが、化石からの情報をもとにその構造の細部を推定し、化石に生命を吹き込もうと熱心に重ねられていた研究は、現生種の発見というたったひとつの出来事によって、すべての努力が無に帰することになった。バーチャルだった生物が、突如としてよみがえったのである。

オーストラリア、ニュー・サウス・ウェールズ州奥地の深い峡谷で、四〇本のウォレミマツの成木が元気に生育しているのが見つかった。そこは、峡谷に護られた温帯雨林だった。これほどたくさんのマツが今まで発見されずにいたことに驚くかもしれないが、オーストラリアの奥地の大部分は、科学にとって未知の領域なのである。オーストラリアの生物相の研究はまだまだこれからといえる。たとえば、クモはごくごくおなじみの動物だが、おそらくオーストラリアに生息しているクモのうち、すでに見つかって学名がつけられている種は全体のおよそ三分の一にすぎないと思われる。そのようなわけなので、今になって新種の樹木が発見されても、オーストラリアで見つかったのであれば、さほど驚くにはあたらない。当然ながら、世界一稀少な樹木であるウォレミマツは、厳重な監視と保護のもとに置かれており、その生育場所は秘密にされている。植物園で栽培されている苗木ですら、鍵をかけて管理されており、園芸市場での闇取引から護られている。

ウォレミマツとSEASプロジェクトには明らかに共通するところがある。深海に設置した大型のスカベンジャー・トラップにはメクラウナギがかかった。メクラウナギは、ウナギのような形状の魚だが、体が粘液で覆われている。その原始的な口は、原始的な魚の生き残りであることを教えている。口が重要なのは、メクラウナギにはおよそ五億年前までさかのぼる確実な化石記録があるのだが、その化石には顎がないからだ。そして、現生するメクラウナギにも顎はない。顎は、サメや硬骨魚のような、もっと進化した魚の特徴なのである。メクラウナギはスカベンジャー（腐肉食動物）だが、ある特定の環境のもとでは顎がなくても生きてゆける。ウォレミマツとメクラウナギの話をしたのは、例のベークトビーンもやはり「生きた化石」だからである。当初は定かでなかったのだが、形態測定による解析を行なった結果、生きた化石であることが判明したのだ。

ベークトビーンは、デイヴィッド・シーヴェターが発見した三億五〇〇〇万年前の楕円形をした化石と形状がよく似ていた。彼はすでにそれを、ライト級貝虫類として分類していた。形態測定とは、形を数値化する手法である。シーヴェターの化石を解析した方法でベークトビーンも解析したところ、数値がぴたりと一致した。シーヴェターの予感は的中した。彼が発見したものは、三億五〇〇〇万年前に生息していたライト級貝虫類だったのである。もっとくわしくいうと、ライト級貝虫類のノッチ入りグループに属するものだった。ほどなく、デイヴィッド・シーヴェターが率いる化石発掘チームは、さらに多くのライト級貝虫類の化石を発見した。探すべきものは何か、彼らはすでに知っていたのである。

もっと古い地層から、別の種類のライト級貝虫類の化石も見つかったが、そこにはベークトビーン型のものはなかった。ライト級グループ全体としては、カンブリア紀直後の五億年前までさかのぼることができた。しかし、ベークトビーン型やノッチ入りの貝虫類が進化したのは、三億五〇〇〇万年ほど前のことだったようだ。ようやくにして、すっかり忘れられていたライト級貝虫類の進化史をたどる研究が始まろうとしていた。ベークトビーンが進化した時期を知ることは、別の理由からも意味があった。

物理の実験室で生まれた「回折格子《かいせつこうし》」

動物の構造色については、長年にわたるすぐれた研究の歴史がある。おそらくこの分野の草分けは、一七世紀にシミの金属光沢の原因を解明し、僅差でニュートンを出し抜いたロバート・フックだろう。それ以来、動物の構造色は広く知られるところとなり、やがて二〇世紀後半のサー・アンドリュー・ハクスリー、サー・エリック・デントン、マイケル・ランド、ピーター・ヘリングらの研究へと続いた。その結果として、動物がそなえている反射多層膜や、日光を散乱させるあらゆる種類の構造が、生物学者の手によって詳細に記録、解明されてきた。しかしそれはまた、光物理の研究テーマでもあった。物理学者たちは何世紀も前から、光学材料を用いた実験を行ない、自然界に存在するのと同じ構造へと帰着していた。それなのに、生物学と光物理という二つの分野が本格的に交差することは一度もなかった。

多くの甲虫や蝶、魚、ハチドリなど、金属光沢が見られる動物に関する研究は多数なされていたにもかかわらず、物理学者には既知でも生物学者は見つけていなかった物理的、光学的構造が残されていた。プリズムがその一例で、プリズムを用いて光を反射させる動物は見つかっていなかった。たぶん、精密な形状や大きな体積を必要とするプリズムを進化させることは、現実的に不可能だったのだろう。ところが、自然界にプリズムが存在しないわけではない。日光を屈折・反射させて虹を生じる雨のしずくは「プリズム」である。

一八一八年に物理学実験室において、反射特性をもつ別種の物理構造である、回折格子《かいせつこうし》が発明された。細い銅線をネジにきつく巻きつけたところ、きっちりと溝にはまった銅線の表面が日光を色の成分に分解し、反射スペ

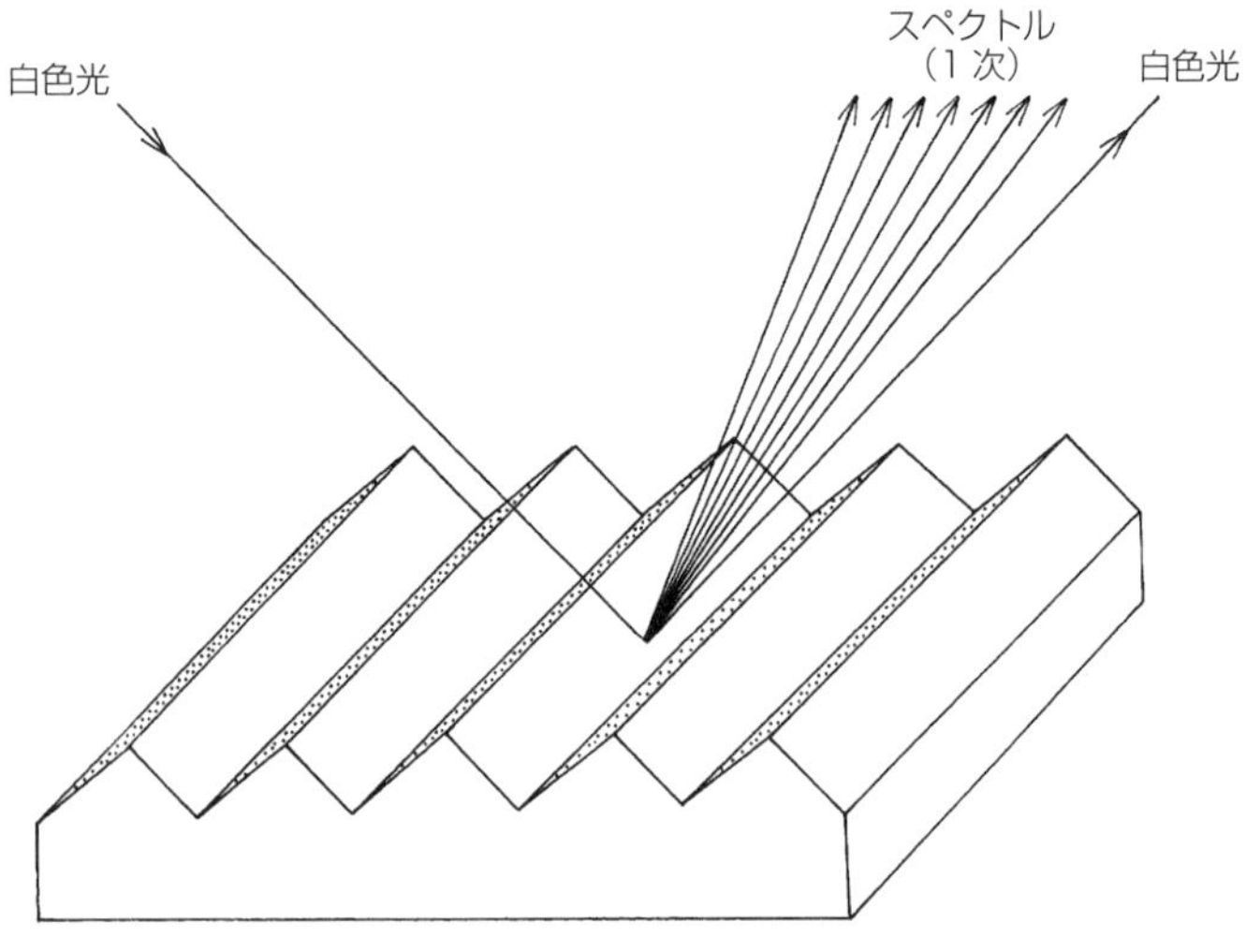

白色光をスペクトルに分解する回折格子

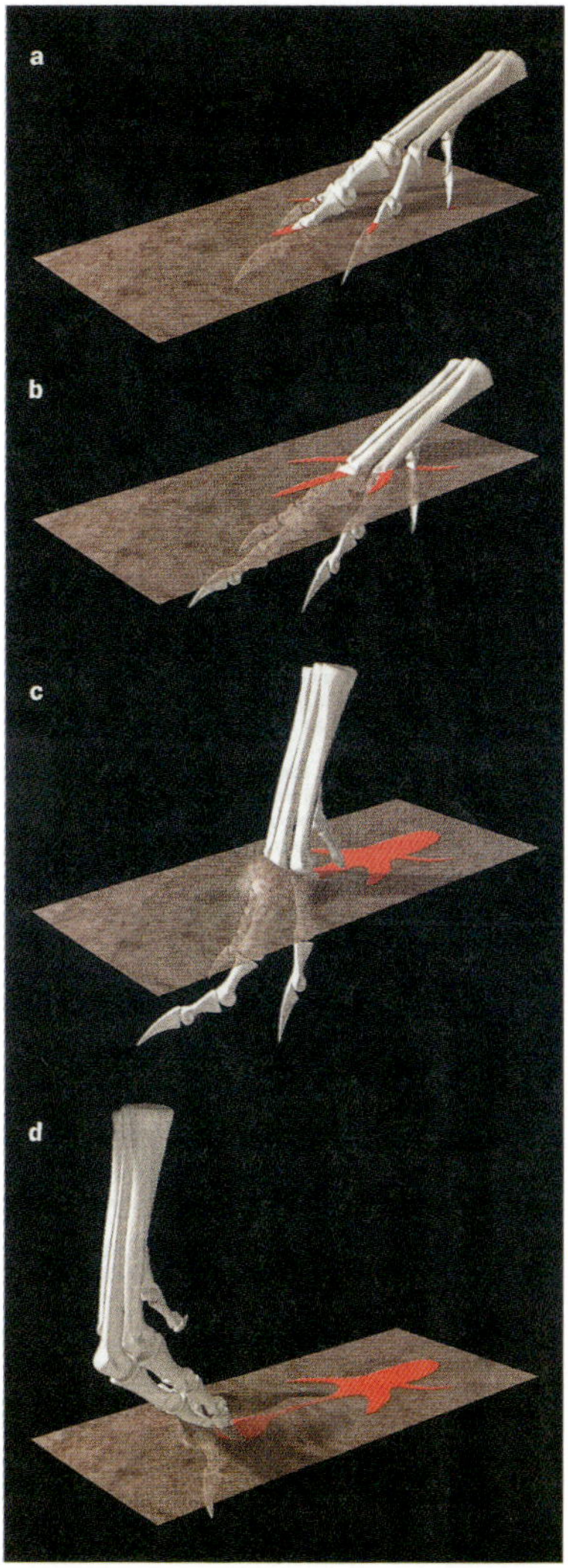

図1　ぬかるみに足を突っ込んだ獣脚類恐竜の足の動き。コンピューターによる三次元復元図。赤色部分は地表面の踏み跡。

図2　立体構造が保存された化石。英国のハートフォードシャー地方からで見つかった4億2500万年前（シルル紀）の節足動物（オーファコルス）化石を薄く削ぎ取りながら撮影した写真をもとにコンピューターで復元された、立体視用の「ステレオペア画像」。遠くに焦点を合わせて見つめると、中央に立体像が浮かんでくる。

図３　ヨナグニサンの左翅を①白色光、②緑色光、③赤色光、④紫外線光で撮影した写真。紫外線光のもとではとくに、翅の左縁にヘビの模様がはっきりと浮かび上がる。

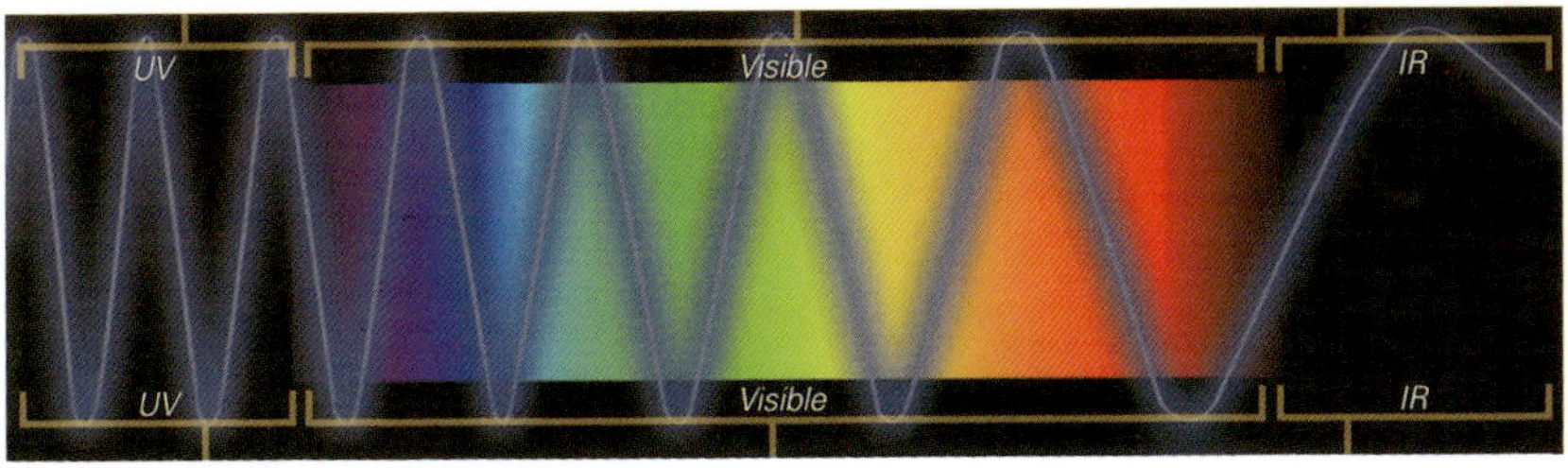

図４　波長の異なる光の波。人間の眼には、それぞれ異なった色に映る（短い波長は青色に、長い波長は赤色に見える）。

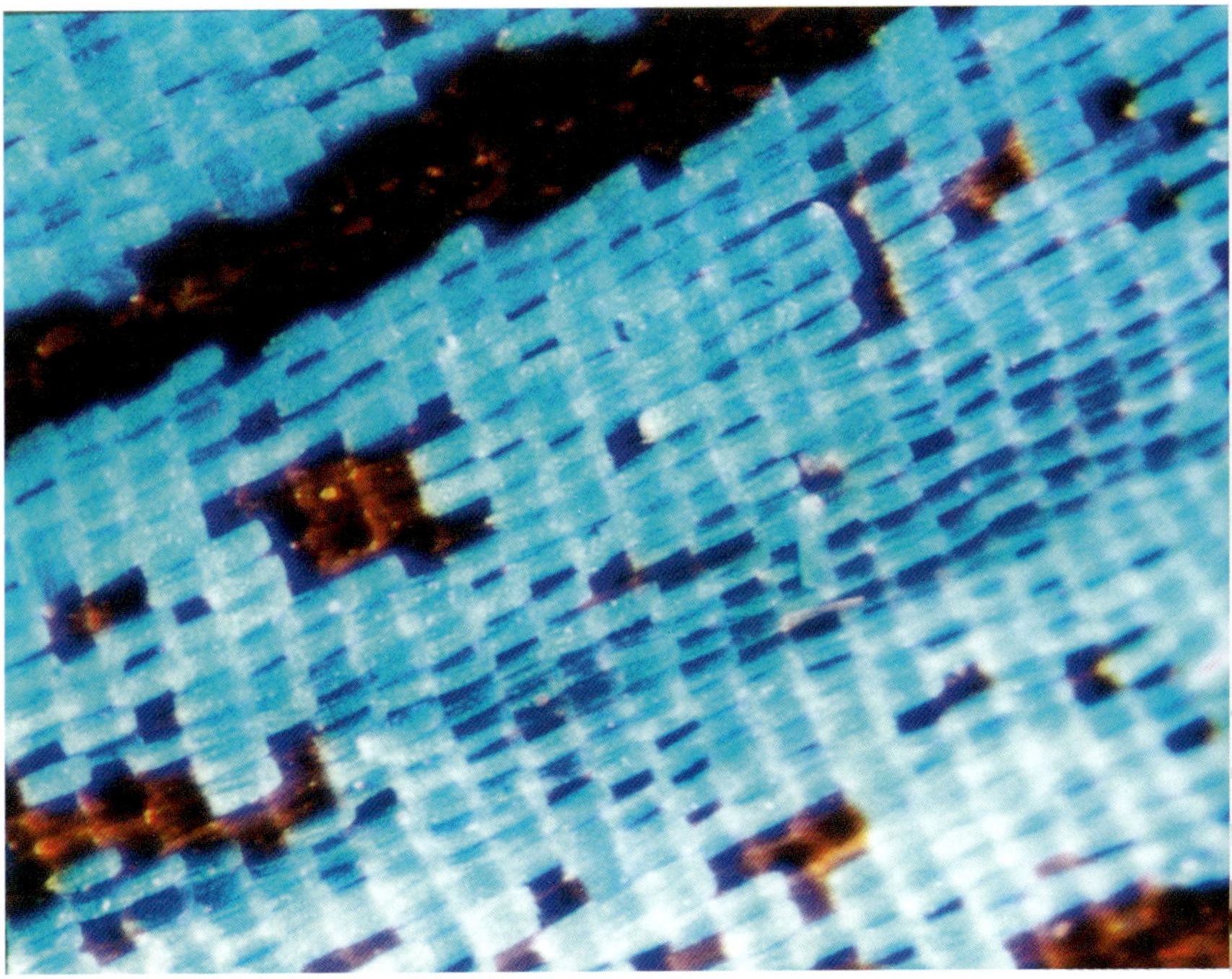

図５　「構造」色を発するチョウの青い鱗粉の拡大写真。

図6　オーストラリアのケアンズ沖の水深1000メートルの海底に生息する巨大な等脚目甲殻類オオグソクムシ *Bathynomus propinquus*。撮映　Roger Steene

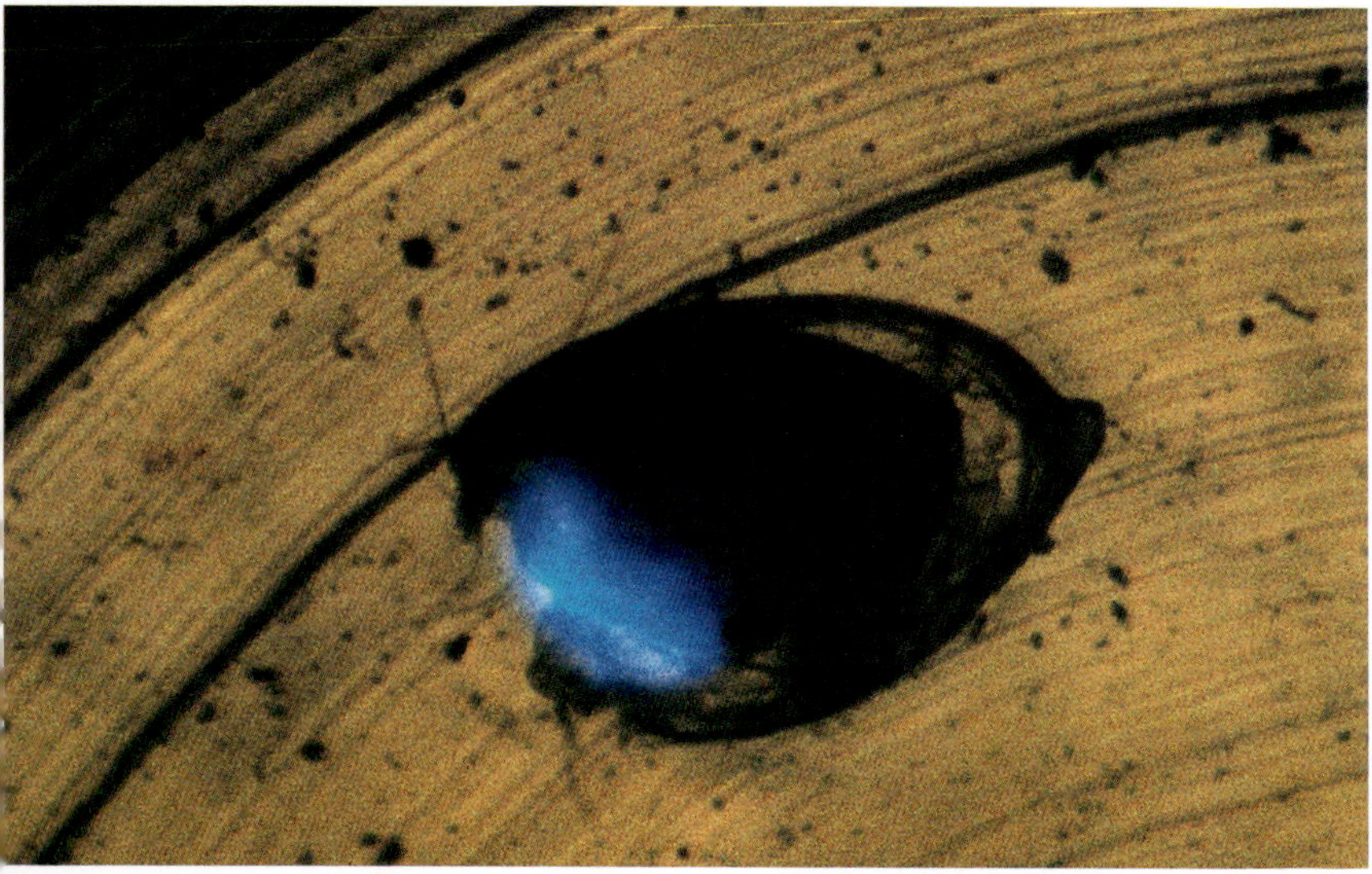

図7　青色の蛍光色（生物発光）を発しているノッチ入り貝虫、キプリディーナ。

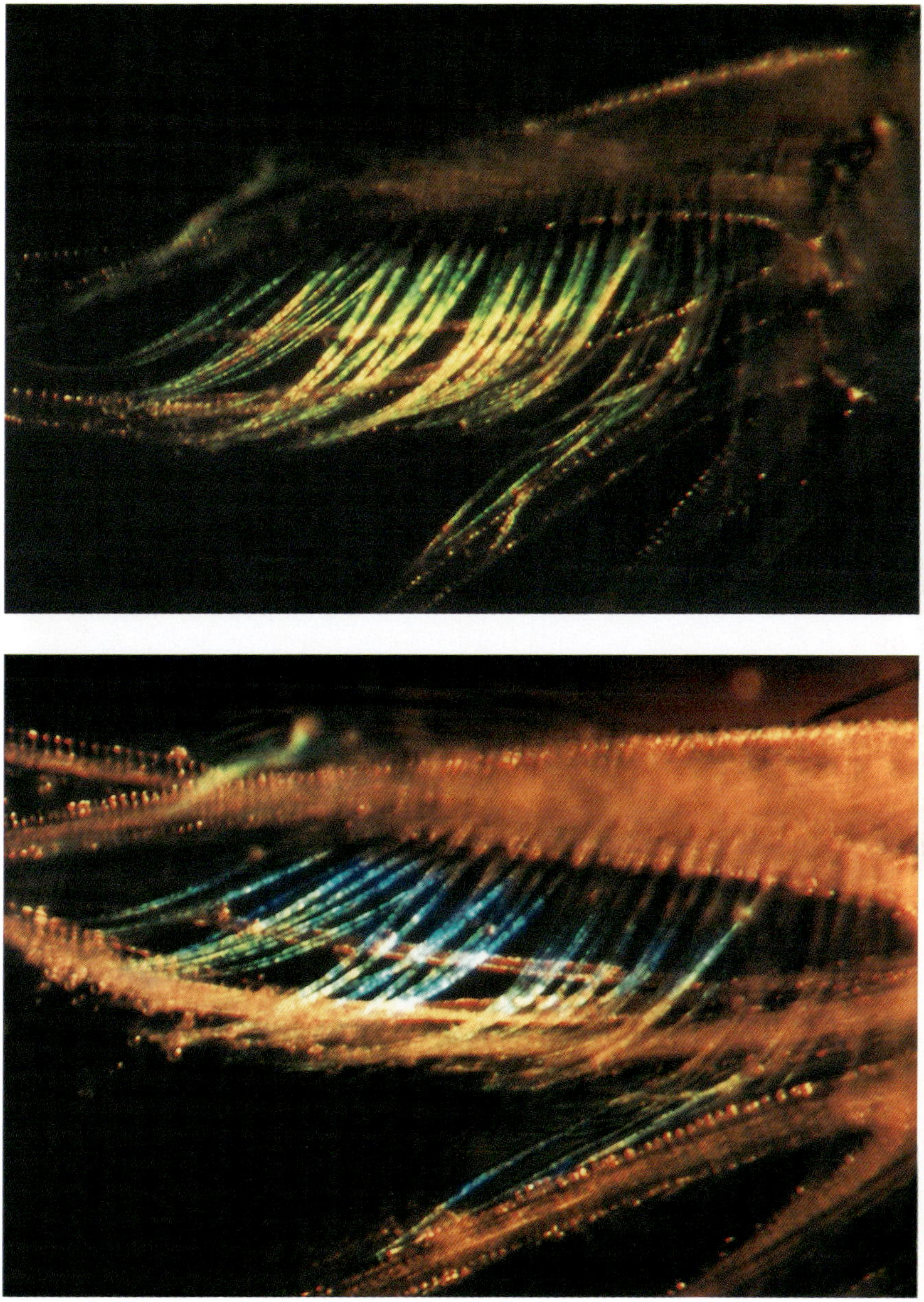

図８　ベークドビーンの第一触肢。玉虫色の光を発している。

図9　米国サウスダコタ州から出土した8000万年前のアンモナイト。
生存当時のままの反射率を保っている。

図10　バージェスの往事の海底復元図。右の方ではサンクタカリスがウィワクシアを襲っている。カナディアは海底を這いまわり、たくさんのマルレラが水中を矢のように泳いでいる。ただし色彩の鮮やかさはいくらか誇張されている。

図11　バージェス産多毛類カナディアの剛毛の完全復元模型で確認された回折格子。模型を水中に置き、白色光を当てて撮影。

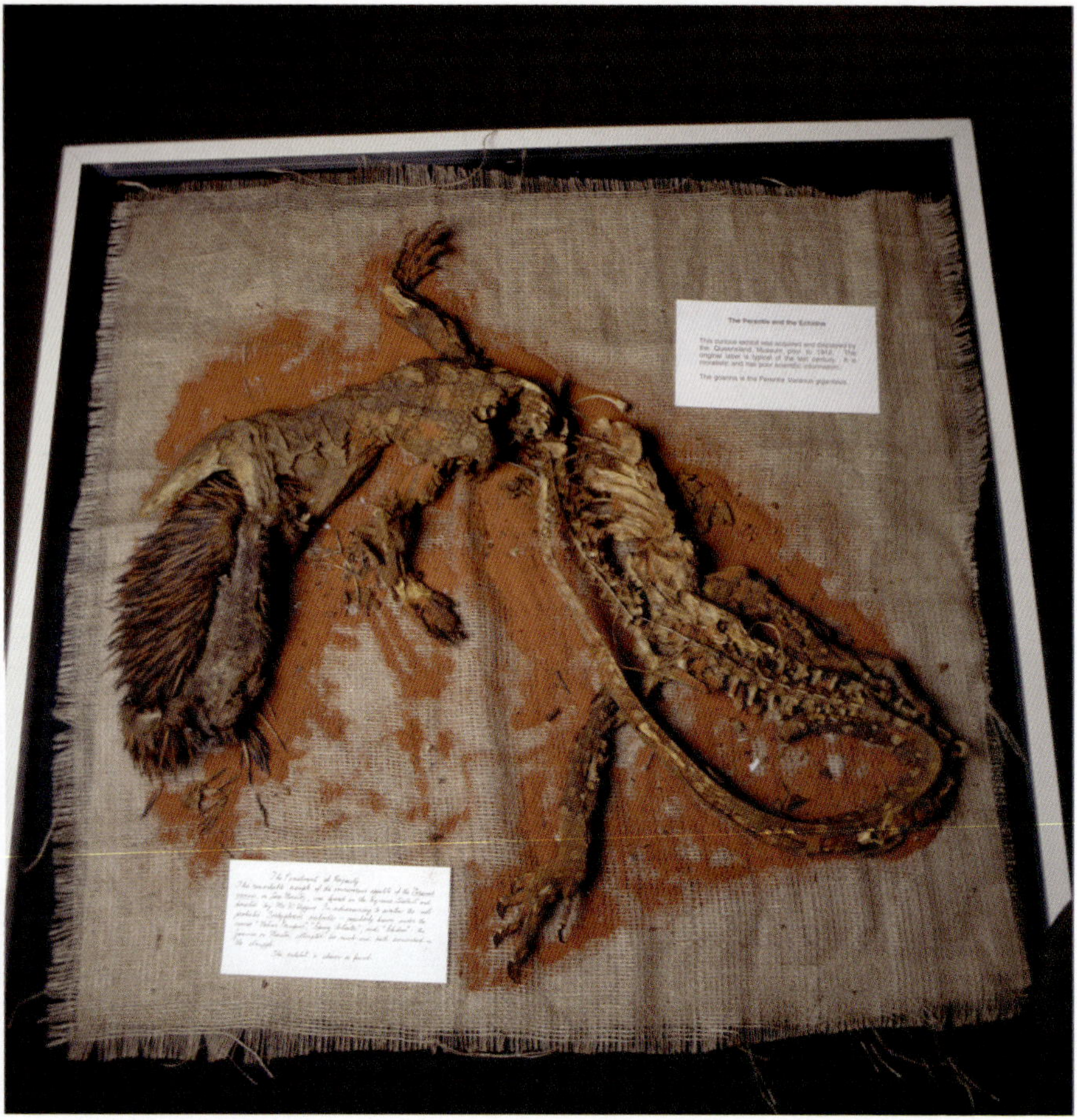

図12　視覚には弱点もある。ある種の色と同様に、棘は、視覚を有する動物の注意を引きつけ、ちょっかいをだすと厄介なことになるぞと、視覚に訴える警告を発している。通常ならばこの警告は尊重されるのだが、なかには、わざわざ苦い教訓を得ようとする動物もいる。写真は、ブリスベーンのクィーンズランド博物館に展示されている、浅はかにもハリモグラ（哺乳類）を食べようとして死んだオオトカゲの標本。
撮映 Bruce Cowell

クトルが得られたのである。見る方向を変えると色が変化した。回折格子とは、光の波長にほぼ等しい一定間隔に溝が刻まれている、小さな波形板だと思えばよい。微視的な構造であるほど効率がよい。光学研究や光学製品の花形プレーヤーとなった回折格子は、さらに精巧さと多様性を高め、さまざまな光学的効果を生みだしている。クレジットカードやアルミホイルなどに見られるメタリックでカラフルなホログラムは回折格子によるものである。また、回折格子は偽造が難しいことから、現在では切手や銀行の通帳にも利用されている。しかし、自然界にも回折格子が存在し、動物の構造色に関係していることは、一九九三年にいたるまで知られていなかった。

スライドグラスの上で光る貝虫

SEASプロジェクトにおけるぼくの役割は、採集された新種の貝虫の分類だった。全部合わせてもせいぜい数種しかいないと思われていた場所から、六〇種もの新種のノッチ入り貝虫が発見された。しかし、ノッチ入り貝虫類がスカベンジャーとしてとても重要なのは、ただ単に種類が豊富なせいではなかった。なんといっても個体数が多かったのだ。トラップ一個（長さ三〇センチメートルの排水管に、冷凍イワシを二匹入れたもの）あたりに、一五万匹もの個体が群がるというありさまだった。貝虫が食物を得るために移動する距離の短さを考えると、SEAS調査の結果からは、ノッチ入り貝虫類はオーストラリアの大陸棚にもっとも大量に生息する多細胞動物であるらしいことがわかった。それなのにその存在は、このときまでほとんど知られずにいたのである。小さいけれど大量に生息する生物について、われわれがどれほど無知であるかを象徴する出来事だといえる。ともあれSEASプロジェクトのおかげで、ノッチ入り貝虫類の秘密が明かされた。いや、この段階では、膨大な量がオーストラリア海域に生息していることがわかったにすぎない。じつはもっとすごい秘密が、発見されるのを待っていたのだ。それは、顕微鏡で観察してみて初めて明かされる秘密だった。

貝虫標本の体を調べるには、まず殻を取り除く必要がある。そのためには、標本を顕微鏡で見ながら、殻を閉じている筋肉を切断しなくてはならない。とにかく貝虫類は小さいので、作業は容易ではなく、数回試みてやっと成功するといったあんばいだった。しかも貝虫はすぐにくるりんところがって、向いてほしくない方向に落ち着いてしまう。そんな貝虫を相手に苦戦しながら、いつになく長い一日をオーストラリア博物館で過ごしていたある日のこと。帰宅時間になっても、ぼくは作業に手間どっていた。そのとき、ぼくの研究方針を変えることになる一大事件が起こった。閃光のきらめきを目撃したのである。

一匹の貝虫が、顕微鏡下のスライドガラスの上でころがった拍子に、顕微鏡の光源をとらえて、ほんの一瞬だが、ぼくの眼に向かって緑色の閃光を放ったのだ。今のは何だったのだろうとあっけにとられたぼくは、同じことが起こらないかと、半信半疑のまま、標本をもう一度ころがしてみた。するとまた、ちらちらと緑色に光ったではないか。ちょうどいい位置に固定すると、緑色の反射光を放ちつづけた。殻そのものは冴えない色で、背景も黒一色なのに、緑色の光は夜のネオンサインのようにきらめいていた。すぐそばにいた端脚類の専門家のジム・ラウリとヘレン・ストッダートを呼び、錯覚ではないことを再確認してもらった。現に目の前で光っているが、常識ではありえないことだった。貝虫類については膨大な文献があるが、緑色の閃光のことなどどこにも記載されていなかったからだ。

緑色に光っているのは、貝虫の第一触肢だった。一対の第一触肢には長い毛が生えており、さらにその一本一本にハロフォアと呼ばれる繊毛が生えている。ハロフォアは、小さなリングが幾重にも並んでできているのでしなやかである。表面を覆っている薄くて弾力にとむ外皮が、リングが離れないようにまとめている。しかしそれでいて、ハロフォアの表面には、細い銅線をネジに巻きつけたときのように、微小な溝が刻まれたような状態になっている。光学顕微鏡で観察すると、緑の閃光はまさにそのハロフォアのところから出ていた。電子顕微鏡で調べると、溝が整然と並んでおり、その間隔は光の波長にほぼ等しいことが明らかになった。ハロフォアの表面は回折格子だったのである。これもまた、常識ではありえないことだった。動物の構造色に関する文献も相当な数にのぼるが、この貝虫のような回折格子のことなどどこにも記載されていなかったのだ。

次に、ノッチ入り貝虫類のさまざまな種のハロフォアを調べてみた。そのすべてに虹色の光沢が見られたが、光りぐあいはそれぞれ異なっていた。スペクトルのすべての色を反射する種もあれば、緑だけ、青だけ、あるいは青と緑だけを反射する種もあった。電子顕微鏡で調べてみると、そのような違いは、回折格子の違いに

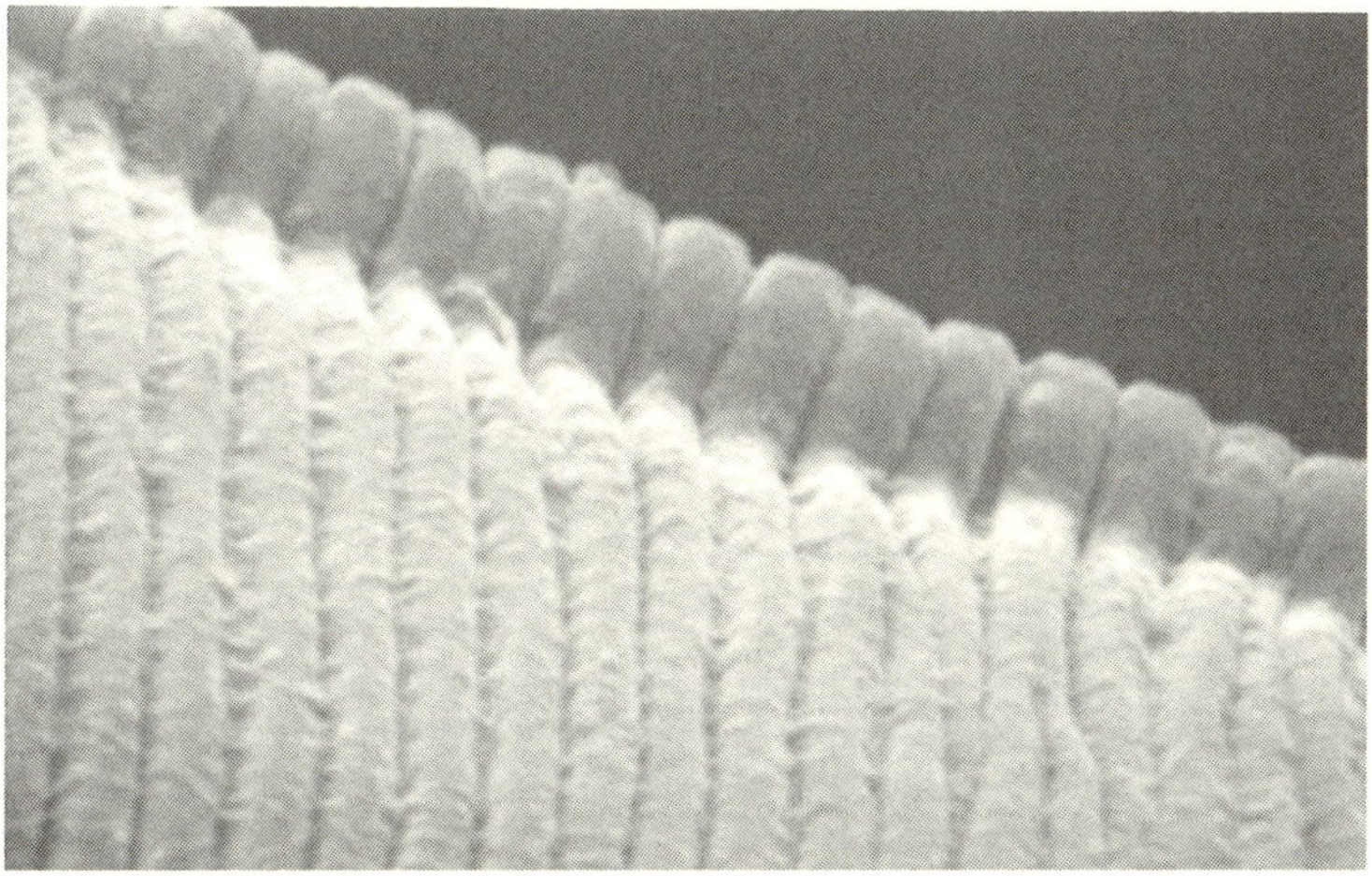

「ベークトビーン」（*Azygocypridina lowryi*）の回折格子の走査型電子顕微鏡写真。溝の間隔は0.6ミクロン。

あることがわかった。

興味はつのるばかりだったが、ノッチ入り貝虫類の光沢研究にさらなる時間と研究費をつぎ込む前に乗り越えるべき大きな壁があった。まずクリアすべき問題は、「貝虫類の生存にとって虹色の光沢はプラスになっているのか」ということだ。これは、研究の根本にかかわる問題だった。答が「ノー」ならば、あの緑色の閃光を見たことなど、もう忘れてしまったほうがいい。何の機能も果たしていない色は、単なる付随的なものにちがいない（ここで「偶発的」と言わずにあえて「付随的」という表現を使ったのは、進化の過程で現われたものは、たとえ機能をそなえたものであれ、すべて「偶発的」だからである）。付随的に生じる色など、貝虫類の論文としても動物の構造色に関する論文としても相手にしてもらえない。もし、その大問題の答が「イエス」ならば、すぐにでも光物理学者に応援を求めるべきだろう。しかし、そのような問題にどうしたら答えられるだろう。ノッチ入り貝虫類の行動を足がかりにしようにも、それについての基本的な知識すら、皆無に等しいというのに。幸運だけが頼りという場合もあるのだ。

ノッチ入り貝虫類の摂食方式は知られていなかった。しかし、SEASプロジェクトでは、摂食生態がすでに「調査項目」リストの筆頭に繰り上げられていた。ノッチ入り貝虫類はスカベンジャーの王の座を確保しつつあった。ということはきっと、効率的な摂食方式をもっているにちがいない。そこにたまたま、ノッチ入り貝虫類の生態を撮影する機会がめぐってきた。ぼくは、一も二もなくその好機に飛びついた。

一九九四年、シドニーの海洋生物をフィルムに収めるために撮影隊がやってきた。港湾の入口にある埠頭に撮影隊が設置した水槽はすばらしく立派なもので、新しい海水がたえず流通することで、自然そっくりな環境が維持されるしかけになっていた。ふつうのイソギンチャクやヒトデやカニが入れられ、ふだんと同じように生活する姿がカメラで拡大されてつぶさにモニターされた。大きく拡大された画面に映し出される映像はとても印象的だったし、カメラの向きを自在に変えられる制御システムにも感銘を受けた。どういう風の吹きまわしか、その撮影隊が、貝虫を撮影すればきっといい映像が撮れると思いこみ（そう吹き込まれたという意見もある）、撮影最終日に貝虫がエキストラとして出演することになった。

そうなったからには一刻も無駄にできない。大急ぎでスカベンジャー・トラップをオーストラリア博物館からシドニー湾内のワトソンズベイに運んだ。一〇〇メートルほどの海岸だが、時間がないのでトラップを設置する場所はどこか一カ所にしぼるしかなかった。あとはそこが貝虫のたまり場であることを祈るしかない。最初、海岸べりの岩が候補にあがったのだが、最終的には埠頭の先端にあるフィッシュアンドチップの店に白羽の矢が立った。そこならば、店から出る生ゴミがいつも海に投げ捨てられている。スカベンジャーである貝虫類を採集する場所として、魚の残骸の山にまさる場所はない。予想はみごとに的中してノッチ入り貝虫類の天国を探し当てたらしく、回収したトラップには貝虫があふれんばかりに群がっていた。

トラップにかかった貝虫を、海水を入れた大きなバケツに移し、撮影セットまで車で運んだ。連中のパフォーマンスはすばらしかった。全速力で泳ぐものもいれば、イワシの肉を骨まで剝《は》ぎとるものもいる。台本では、大食漢がスターの座を射止めることになっていた。貝虫の体の一部はかなり大きなノコギリ状の道具と化しており、魚を皮ごと効率よくスライスできることがわかったのは収穫だった。しかし、ショーの人気をさらったのは、バケツの水面にいて、交尾しそうな気配を見せている二匹だった。もちろんそれは台本にない番外編だ。ノッチ入り貝虫の、というよりライト級貝虫の交尾をつぶさに観察するなど前代未聞のことだった。事態を一変させる出来事が今まさに起ころうとしていた。

　そのつがいを特設ステージに移し、最後の撮影が行なわれた。二匹は、殻の下面と下面を並べて交尾を始めた。それはすばらしい発見だったが、なんといっても一番のハイライトは、交尾に及ぶほんの数秒前に雄の貝虫が見せてくれた求愛の儀式だった。雌のまわりをぐるりとまわってから、青くビカッと光ったのだ！　雄のハロフォアは、それまで殻のなかに納められていたが、雌からすっかり見える位置にきた瞬間、殻から外に取り出されて虹色に光り輝いた。すると、雄クジャクの尾羽に魅せられる雌クジャクよろしく、雌の貝虫はすっかりその気になり、交尾に及んだ。ひとつがいのノッチ入り貝虫が、わざわざこの時を選んで交尾してくれたのはなんとも幸運なことだ。しかも、フィルムの残りはわずか一時間だったのだから、まさにラッキーとしか言いようがない。

　ノッチ入り貝虫の虹色の光沢にはれっきとした役割があることがわかり、事態は一変した。

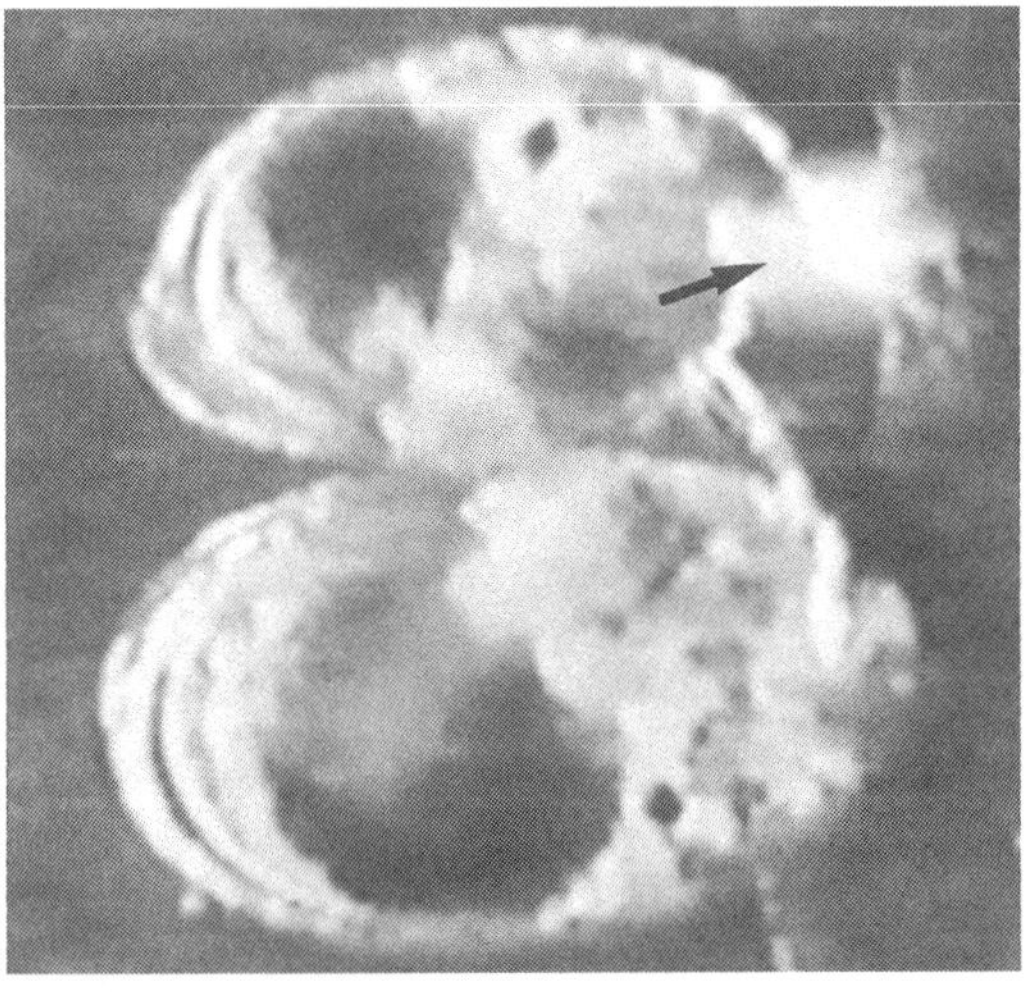

スコグスベルギア属のノッチ入り貝虫が交尾するようすを撮影した映像の１コマ。矢印は、雄が放った虹色の閃光。

それがわかれば、地味な論文の脚注ですますだけではなく、ノッチ入り貝虫の虹色光沢に本腰を入れて取り組むことができる。今こそ物理学者の注意を喚起するときだった。フィルムがとらえたのは、スコグスベルギアという、初期の貝虫類研究者の名を採って命名された種だった。このノッチ入り貝虫はまばゆいばかりの虹色の輝きを放つが、それは雄のみで、雌のほうはまるで冴えない。そのような雌雄の差は、電子顕微鏡の映像にはっきりと現われた。

雄雌のスコグスベルギアの触肢を金の薄膜でコーティングしてから、光ではなく、電子線を照射した。反射した電子が描いた像から、雄の触肢は虹色のハロフォアですっかり覆われているのに対し、雌の触肢にはハロフォアがまばらにしかないことが判明した。電子顕微鏡の倍率を上げて観察すると、個々のハロフォアの違いが鮮明となった。雄のハロフォアは、巨視的にも微視的にも、青色光を最大限まで反射できる構造をしている。光学用語でいう、きわめて効率のよい回折格子というやつだ。それに対して、雌のハロフォアの回折格子はきわめて粗雑である。これは、物理学者との共同研究の成果である。光物理学者たちは、厳密な電磁気拡散理論を用いてスコグスベルギアの虹色の光沢を分析したのち、ほかのノッチ入り貝虫類の光沢についても同様の分析を行なった。その結果、しだいにひとつのパターンが浮かびあがってきた。

ノッチ入り貝虫類の光沢の特性は、種によってそれぞれ異なっていた。すべての種について光学特性を数値化したところ、虹色の光沢を放つ効率の順に並べられる可能性が出てきた。そこで、回折格子の物理特性とハロフォアのデザインにもとづいて効率の度合いを大々的に計算しなおしてみた。多くの要素を勘案してはじきだした数値をもとに分岐論という分類手法を使い、より厳密な順序が確定された。

地球上のすべての生物種は、それぞれ形態的な形質と遺伝的な形質のユニークなセットをそなえている。分岐論とは、そのような形質のセットをもとに、種と種の関係を計算する数学的な手法である。その関係は分岐図の形で示されるが、分岐図は進化の系統樹を推定するのにも利用できる。分岐論は進化を研究するためによく使われる手法だが、今回のケースでは、虹色の光沢にもとづいて種の分岐関係が明かされたわけである。ハロフォアの構造が複雑で精巧になるほど、視覚的効果も増していった。虹色の見え方の違いは、スペクトルの成分と強度の違いを反映しているようだ。分岐図の出発点に位置する種は、すべての色を均等に反射しており、反射方向は色ごとに異なっていた。それに対して分岐図の末尾に位置する種は、青色光だけを反射しており、反射光の強さでも、その前に並ぶどの種にも勝っていた。その中間には、緑色や青緑色の光を反射する種が位置していた。それにしても、この順序は何を示しているのだろうか。そもそも何らかの意味があるのだろうか。もしかすると進化に関係があるのだろうか。さっそく進化の問題にぶつかったわけだが、それについては発光性貝虫類に関する研究が、格好の手がかりを与えてくれた。

発光のねらい──防犯、目くらまし、求愛

第3章では、日光のもとで生活している動物が、体色を生ずるために進化させたみごとなメカニズムの数々を紹介した。動物は、あらゆる方法を用いて日光を反射、透過、吸収することで、さまざまな視覚的効果を生みだしている。ノッチ入り貝虫類が虹色の輝きを発するしくみは、反射効果の一例である。では、日光の届かない環境に生息している動物はどうしているのだろうか。そのようなケースについては、少しだけだが、第4章で検討した。じつのところ、深海の種や夜行性の種など、日光の当たらない環境で生活している動物のなかにも、とても鮮やかなものがいる。第4章でとりあげた

動物たちは、進化の速度もゆっくりで、あまり光を利用しているようすはなかった。では、光源が存在しない場所で光をあやつるにはどうすればよいだろう。答は簡単、自ら光を発すればよい。

貝虫類には、電気を発生させて豆電球を灯すようなまねはできないが、もっと効率のよい方法がある。ルシフェリンとルシフェラーゼという二種類の化学物質を水中の酸素と反応させれば、その副産物として光が放たれる。この種の発光は生物発光（バイオルミネッセンス）と呼ばれている。電球の場合、光になるのは投入されたエネルギーの二〇パーセントあまりにすぎず、残りは熱として失われてしまう。それに対して生物発光はきわめて省エネで、投入されたエネルギーのほとんどすべてが光になり、発熱をともなわない。「冷光」という呼び方がされるのもそれゆえである。

生物発光は、夜店でも見かける。夜店で売られているおもちゃの光るネックレスがそれだ。プラスチック製チューブのなかに、二種類の発光物質が薄いガラスで隔てられて入っている。チューブを曲げると、なかのガラス壁が割れて発光物質が混ざりあうため、ネックレスが暗闇のなかでネオンサインのように光るというしかけである（ただしネオンサインが光るしくみとは異なる）。スキューバダイバーや漁師が暗闇で作業するための、同じようなプラスチック製チューブも販売されている。この光るチューブを身につけていれば、夜の海でも居場所がすぐにわかるし、冷光を発している浮きは暗闇でもよく目立つ。もっとも、夜間に海で活動するのに、光るプラスチックチューブなど不要なときもある。自然の生物発光だけで十分に明るい場合である。

発光性の渦鞭毛藻《うずべんもうそう》（単細胞生物）があふれかえる海で夜間に泳いだり潜ったりすると、この世のものとは思われない体験が味わえる。腕や脚で水をかくと、その動きに刺激された渦鞭毛藻が、体内の発光物質を混ぜ合わせる。すると、青や緑の光に縁どられた人間のシルエットが暗闇にくっきりと浮かびあがるほど強力な生物発光が生じるのだ。オーストラリア海軍がそのような現象に神経をとがらせているのは、発光性生物の地理的分布状況をくわしくモニターしていることから明らかである。船の装備にどれほど工夫を凝らしたところで、発光性の渦鞭毛藻の群れのただなかに突入したら最後、輝く標識となってまわりじゅうに所在を知られてしまうからである。じつは、ライト級貝虫類の場合は、むしろそうなることをねらって生物発光を進化させている。

ライト級貝虫類の一グループであるハロキプリダ類は、殻のなかの器官から生物発光物質を放出する。ハロキプリダ類に属する種はどれもみな眼がないので、「眼なし」グループと呼ぶことにする。眼なし貝虫類の体内から二種類の発光物質が水中に放出されると、水中で化学反応を起こして冷光の「雲」を生ずる。眼なし貝虫類たちが夜間に海面に集合して、精いっぱい光を放つと、まるで巨大な「電球」が灯ったようになる。その明るさは、人工衛星からも感知できるほどである。じつはそれは、いうなれば防犯灯の役割を果たす。貝虫類は小魚の餌食になり、小魚はもっと大きい魚の餌食になる。貝虫を食べようと発光海域に侵入した小魚は、明かりに照らされてシルエットがくっきりと浮かびあがり、大きな魚の格好の標的になってしまう。その結果として、発光性の眼なし貝虫類は、夜間は敵に襲われずにすむ。

ライト級貝虫類には生物発光を行なうグループがもうひとつある。それがたまたま、ノッチ入り貝虫類なのである。とはいっても、発光するのはその一部にすぎず、知られているノッチ入り貝虫類のうちのおそらく半数程度の種だけだろう。ぼくが初めて発光性のノッチ入り貝虫類を見つけたのは、オーストラリアのある海岸だった。そこに生息していることは聞いて知っていたのだが、最初はなかなか見つからなかった。そのかわりに、発光しているカニばかりがやけに目についた。暗闇のなかでカニが発光するというのも妙な光景である。じつは、光っていたのはカニ自身ではなく、カニが食べたものだった。ノッチ入り貝虫類を食べた透明なカニの胃のなかで、発光物質が混ざりあって発光していたのである。同じような報告は世界のあちこちから寄せられているところを見ると、カニは体が光っても、さして困らないのだろう。

ノッチ入り貝虫類の生物発光は、眼なし貝虫類の生物発光とは独立に進化したもので、唇にある器官（上唇腺）から光のもとを出す。静岡大学の生物学者だった阿部勝巳は、ノッチ入り貝虫類の生物発光について、意表を突く説を唱えた。発光のもととなる物質は消化酵素から進化したと結論したのである。たしかに、発光物質も消化酵素も同じ上唇腺から分泌されるのだから、理に適った考え方といえる。発光物質の起源は論争の的となっており、これは一大発見かもしれなかったのだが、惜しいことに阿部勝巳は研究半ばにしてこの世を去ってしまい、彼の説はまだ一般に認められていない。幸いにも、彼の学生たちや、共同研究者だった、フランスはリヨンにあるクロード・ベルナール大学のジャン・ヴァニアが、阿部の説を実証すべく研究を続けている。

ノッチ入り貝虫類の生物発光が、眼なし貝虫類の生物発光とは別個の起源をもつことは、その未発達な機能の違いからもうかがえる。殻から発光物質を放出する眼なし貝虫類と同じように、日本産のノッチ入り貝虫類（ウミホタル）の発光も、捕食者対策である。ただしウミホタルの場合は、捕食者を遠ざけるためではなく、敵をまごつかせるために生物発光を利用する。接近してきた魚に見つかったと判断したウミホタルは、目くらましの閃光を発するのだ。強烈な閃光に魚の目がくらんでいる隙に、ウミホタルはまんまと逃げおおせるというわけである。こんな作戦が実行されているからには、目くらましの術には、不利益を差し引いてもなお余りある効果があるにちがいない。閃光を発すれば、たしかに襲ってきた敵の目をくらませることはできるが、遠くにいる敵の注意をひきつけることにもなりかねない。瞬間的に瞬く光は、一定の明るさを保つ光よりもよく目立つ。ノッチ入り貝虫類が生物発光を進化させたもともとの目的は、そのような捕食者の撃退にあったと思われる。しかし生物発光は、ノッチ入り貝虫類に関する進化的研究をカリブ海で推進する基盤ともなった。

アメリカにも、ノッチ入り貝虫類の生物発光について研究している研究チームがいる。一九八〇年代のはじめ、当時カリフォルニア大学ロサンゼルス校に所属していたジム・モーリンは、カリブ海のサンゴ礁に生物発光の調査に出かけて、予想もしなかった光景を目撃した。ふつう種のヒトデや蠕虫が光を発しながら、海底をのっそり這いまわっていたのだ。それだけではない。海のなかでは、闇に輝く閃光が、陸上のホタルにもひけをとらない幻想的な光のショーを繰り広げており、まるで花火大会のようだった。じつは、海のなかにいたホタルの正体は、ノッチ入り貝虫類だった。その後、ノッチ入り貝虫類の飼育を手がけていたロサンゼルス自然史博物館のアン・コーエンが、ジム・モーリンの研究チームに加わった。それ以来、カリブ海における生物発光について、たくさんの研究が発表されてきた。

まず、カリブ海ではさまざまなパターンの閃光が放たれていることが明らかになった。夕陽が沈むとまもなく、水中に青い閃光が瞬きはじめ、追いかけっこまで演じられて、まるで夜空に輝く星座の絵柄のようなパターンが描かれる。描かれるパターンは全部で五〇種類ほどにのぼった。数秒間に一〇個ほどの閃光が連続的に点滅すると、目はそのパターンを思わず追ってしまう。閃光は、水中を垂直方向に上昇することもあれば、真下に向かうこともある。あるいは、水平に移動する閃光もあれば、斜め方向に進むものもあり、一個の閃光が消えたあとにいくつもの閃光が同時に現われることもある。すべてが互いに調子を合わせながら、新しいパターンを描きだしてゆく。その間、閃光と閃光の距離が一定のまま保たれることもあれば、隣の閃光にしだいに接近してゆくこともある。とにかく、どれもこれも幻想的な光景だった。

演技中のノッチ入り貝虫類のマエストロたちを網で捕獲したところ、マエストロは全員が雄だった。

ただし、その雄につきしたがう雌もいた。昼間のあいだカリブ海の海底にひそんでいた雄たちは、夜の帳《とばり》が降りると砂から海中に泳ぎだし、光を発しはじめる。すると、その魅惑的なダンスに目をひかれた雌も、水中へと誘い出される。あとはもう、雌はひたすら雄にひき寄せられ、おそらく全員が交尾ムードに包まれるのだろう。水中撮影に用いた低倍率のカメラでは交尾行動までは観察できなかったが、このような閃光パターンが、オーストラリアのスコグスベルギア種の虹色ディスプレイと同様、まちがいなく求愛儀式であることを示す証拠が見つかった。

水平パターンを描いている雄と、そのパターンにひきつけられてくる雌は、すべて同じ種に属していた。同様に、斜め方向の遊泳パターンに参加している雄と雌も同じ種で、しかも垂直パターンに関係している個体とは別種だった。最終的には、全部で五〇種ほどの貝虫類が、それぞれ五〇通りのパターンを描きだしていることが判明した。カリブ海のノッチ入り貝虫類は、同種の相手を見分けて求愛するための、すばらしい戦術を進化させたようである。その求愛作戦は、捕食者の目につきやすくなるという不利益を差し引いても、なお余りある効果があったにちがいない。この閃光ディスプレイは、同じ場所にたくさんの種が雑居している環境でも同種の相手を容易に見分けて交尾できるための戦術だったのだ。もし交尾相手を間違えたら、短期的に見て不利益をこうむるだけでなく、長期的に見ても子孫の存続にとって不利益となる。したがってそのような間違いは最小限にとどめられねばならなかった。これは進化学的に考察しなければ理解できない問題である。

虹色のサクセスストーリー

カリブ海産の種がどのように進化してきたかは、さらにくわしく分析された。その結果、近縁関係にある種は似かよった閃光パターンを発することがわかってきた。つまり閃光パターンの進化はでたらめに起こったものではなく、順を追って進んだものなのだ。もし、無秩序に進化したものだったとしたら、閃光パターンは特定の環境への適応進化だったとも考えられる。しかし実際には漸進的な進化らしい。ということは、閃光パターンは、種の進化と歩調を合わせて進化してきたものだろうと考えられる。以上のことから何がわかるのだろう。この路線に沿って考えを進めてゆく前に、ノッチ入り貝虫類が虹色に光ることについて、検討しなおしてみる必要がある。

ノッチ入り貝虫類の系統樹には、ひとつの傾向が見られた。生物発光する種は系統樹の片側半分だけにしか見られず、しかもそちら側ではすべての種で生物発光が見られたのだ。発光性の種はすべて類縁関係にあるというわけである。ということはつまり、生物発光機構はノッチ入り貝虫類の進化においてただ一度だけ現われ、しかもその子孫すべてに受け継がれていたのだ。もっとこまかく見ると、系統樹の片側半分を構成する発光性の種は、閃光パターンを描く種と、ただ捕食者を撃退するためだけに閃光を放つ種とに分けられた。系統樹全体の出発点に位置するのが例のベークトビーンであり、その後で分かれたいくつかの小枝で生物発光が進化していた。回折格子について調べたところ、発光性の種は、どれも似たり寄ったりの、ベークトビーンのそれとほとんど変わらない未発達なハロフォアをもっていることが明らかになった。ということは、ハロフォアやそれが生みだす虹色の光沢は、発光性の種を擁する枝では進化しなかったことになる。一方、ノッチ入り貝虫類の系統樹の残りの部分は、それとは異なる来歴を物語っていた。

ノッチ入り貝虫類の回折格子は、その完成度に応じてきれいに並べられることがわかってきた。その順序の出発点のところにごちゃっとかたまっている生物発光種を無視すると、回折格子の系列はますます明瞭となる。しかも、虹色に光る種の系列は、最初に登場した貝虫類の祖先からいちばん最近になって進化した種にいたる進化の系統樹と完全に一致する。つまり、ノッチ入り貝虫類の系統樹において片側半分を構成している非発光性の種は、回折格子の完成度をしだいに高め、その結果として、虹色の光沢によるディスプレイ行動を徐々に進化させてきたのだ。そのような虹色光沢派の頂点に立つのが、映画スターとなった例のスコグスベルギアだった。

生物発光の閃光パターンや虹色光沢によるディスプレイが、交尾を目的としたものであることを考えると、それらが進化を考えるうえで重要な意味をもつことはもう疑いない。子の代で遺伝子の突然変異が起こると、その個体の回折格子にも変化が起こる可能性がある。その突然変異が何か有利なもので、たとえば効果的な求愛信号を発するようなものだと、その変異はその後の系統すべてに引き継がれる可能性がある。より効果的な求愛信号とは、ノッチ入り貝虫類の場合ならば、より複雑な発光パターンだったり、より鮮やかか、より青みがかった虹色の光沢だろう。海水中をもっともよく透過するのは青色光で、それに次ぐのが緑色である。新しい信号のデザインが、系統が進化する過程でさらに突然変異を重ねてゆくと、やがてもとの祖先の信号とは似ても似つかない信号が出現してくる可能性がある。変異を重ねてきた「新型」の求愛信号が、信号に突然変異を起こすことなく繁殖を続けてきた祖先種には識別できないほどのレベルに達した時点で、祖先種はもはや新型信号の発信者とは交尾できなくなってしまう。つまり、新種が進化したのである。新種は、系統樹の枝の先端で出現する。

同じようなアナロジーは人間でも見つかる。人間は、衣服や香水、宝石、その他の装飾で身を飾りたてて異性をひきつけようとする。人種によって装飾のしかたも極端に異なるため、ある人種の女性が別の人種の男性の興味をひきつけられるとはかぎらないし、その逆も言える。口に円盤を入れて下唇を引き伸ばしているアマゾンの男性を考えてみよう。たとえばヨーロッパ人などは、それを見ても格別な性的魅力を感じることはないだろう。そうだとすると、ヨーロッパ人とアマゾンの種族が結婚する可能性は低くなる。この喩《たと》えは、求愛パターンが異なる貝虫類の別種の話と通じるところがある。

　では次に、アマゾンに新しい流行《はや》りが生まれた場合を想像してほしい。ある村ではもう、皿を入れた下唇など流行らなくなり、顔の入墨《いれずみ》に人気が集まるようになったとする。ほどなく、性的アピールに対する好みの違いにより、皿派と入墨派との接点はなくなり、新しい種族が生まれるかもしれない。そうなると、アマゾンの二つの種族は、人種的には近縁ではあるが、ヨーロッパ人と血族が別れるように、互いに血族を分かつようになる。ただしこの喩えは、あくまでも人間の文化がひきおこす現象であって、進化とは無関係である。進化の話に戻ると、ノッチ入り貝虫類の進化は今後ともさらに続き、もっと魅力的できらびやかなコスチュームをまとった新種が現われないともかぎらない。

　ここまで述べてきた話の要点は、ノッチ入り貝虫類は光に対してますます適応する方向に進化してきたように思えるということである。三億五〇〇〇万年前に登場した最初のノッチ入り貝虫は、その生きた化石にあたるベークトビーンと同じように、未発達な回折格子しかそなえていなかった。ノッチ入り貝虫類のその後の進化では、光が、適応すべき重要な対象となった。光が、進化におけるきわめて重大な淘汰圧として作用しつづけたのである。それどころか、ノッチ入り貝虫類の進化を、求愛ディスプレイにおける光への適応として説明することさえできる。これはすごい情報だ。進化の系統樹を決定することと、それを説明することとはまったく別のことであり、ここで説明できるのは、さまざまな種類のノッチ入り貝虫類が進化した理由である。しかし、本書のテーマにとって重要なメッセージは、光は進化に対して強力な影響を及ぼしうるということである。これはノッチ入り貝虫類にかぎった話ではない。その実例は、貝虫類のエピローグのあとで示すことにする。

　光にしっかりと適応するという戦略をとることで、ノッチ入り貝虫類は大いなる繁栄を手に入れた。

化石記録が示すところによると、三億五〇〇〇万年前にはノッチ入り貝虫類はわずかしか生息していなかったようだ。それが現在では、ＳＥＡＳプロジェクトによって明らかになったように、少なくともオーストラリアの大陸棚では大量に生息する多細胞動物となっている。貝虫類の進化にとってこれは、現時点ではハッピーエンドのサクセスストーリーである。ただし進化はこれからもまだまだ続く。

自然界にもあった回折格子

この貝虫類の研究から得られたもうひとつの重要な発見は、自然界にも回折格子が存在するということだった。この発見がもとになり、まだ動物界に隠れているかもしれない他の回折格子を見つけだそうというプロジェクトがスタートした。何を探せばよいか見当がついたため、必ず見つけられるという確信は強かった。そして予想どおり、さまざまな回折格子が見つかりだした。しかし、思いがけなかったのは、サカサバエのケースで、回折構造と進化とのあいだのもうひとつの関係が明らかになったことだった。

蠕虫の毛から昆虫の翅にいたるまで、さまざまな無脊椎動物で回折格子が見つかった。多毛類ではとくに回折格子が豊富に見つかり、それも多種多様な回折構造があることが判明した。その発見は、次章で重要な話題となる。

厳密な意味での回折格子のほかに、類似の構造も発見された。日光を回折させる性質は共通しているが、反射光が金属光沢をもつ白色、すなわち銀色になる構造である。そのような現象が起きるのは、回折格子がさまざまな方向を向いていて、反射スペクトルが重なりあうからである。いったんはスペクトルに分解された日光が、再び合成されてしまうのだ。この現象は、ニュートンが行なった有名な

「二つのプリズム」の実験と似かよっている。日光をひとつめのプリズムでスペクトルの各成分に分解し、二つめのプリズムで再び統合させたところ、二個のプリズムを通過した光は、元の自然光に戻ったという実験である。新しく発見された回折構造の反射作用は、本質的に散乱作用と同じものだった。微小な粒子が日光のすべての波長をあらゆる方向に均等に反射させるのが散乱作用である。本書の紙の繊維も、そのように光を散乱させている。しかし、新しく発見された構造は、白色光を一方向だけに反射させるような角度をそなえていた。そのせいで、その方向から見た場合には非常に強い反射光が見られる。なかでも際立った効果をそなえていたのが、サカサバエの回折構造だった。

空を向くハエ、地面を向くハエ

サカサバエは、オーストラリア博物館のデイヴィッド・マッカルパインが命名したヒメコバエ類のグループに属している。デイヴィッド・マッカルパイ

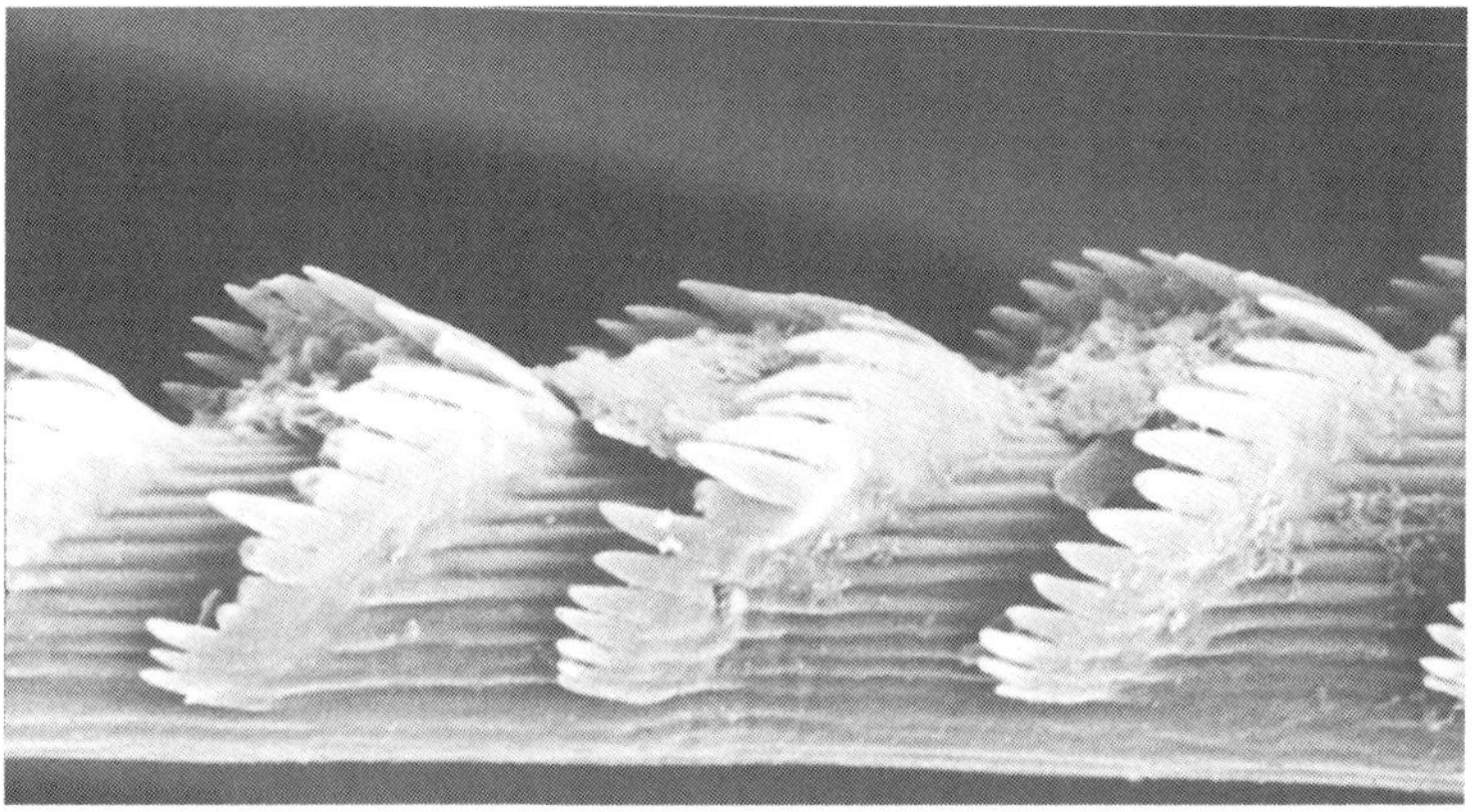

オフェリアゴカイの１種 *Lobochesis longiseta* の毛の電子顕微鏡写真。およそ１ミクロンの間隔に並んでいる峰が、スペクトル効果を生みだす回折格子を形成している。

ンも、このグループの種の行動には、種間の類似性と特異性が見られることに気づいていた。植物のなかには、長い葉をまっすぐ垂直に伸ばすものがあるが、「マッカルパインのハエ」はそのような葉をすみかにしており、いつも体を縦向きにして葉に群がっている。ハエが群居するのは危険から身を護るためである。とにかく、みんなでいれば怖くないし、交尾相手が近場で簡単に見つかれば繁殖の可能性も高くなる。

この物語に関係するハエには多くの種があり、アフリカ、マダガスカル、東南アジア、オーストラリアに分布している。大陸移動によって何百万年も前に大陸が分断されたときに、祖先種が分けられてしまったのである。じつは、祖先種のハエが見つかっている。琥珀《こはく》のなかにみごとな状態で保存されていたのだ。

ぼくは、その琥珀標本をドイツのゲッティンゲン博物館から借り受けた。琥珀は一センチ四方、厚さ数ミリのきれいなブロック型に整形され、顕微鏡のスライドガラスに載せてあった。琥珀の内部には、二匹のハエが封じ込められている。一匹は、大型の蚊と同じくらいのサイズで、大きな両眼が完全に保存されていたが、ここでの主役は小さいほうのハエである。このハエを記載して学名を付したドイツの生物学者ヴィリ・ヘニックは、今日の進化学研究の主要な道具となっている系統学の手法である分岐分類学を考案したことで有名な人物である。借り受けた標本のハエは、残念ながら、最悪の向きで琥珀に封じ込められていた。しかも琥珀が均一でないことも災いして、ほんの一部がねじ曲がった状態でしか見えないため、この祖先種が光の反射面をもっていたかどうかを判断するのは容易でない。さらにやっかいなことに、琥珀には、回折格子をはじめとする各種反射体の光学的特性を変化させてしまう性質がある。したがって、反射面の有無を調べようとするならば、そのハエを琥珀のなかではなく、空気中で観察する必要がある。しかし、とにかく稀少な標本なので、ちょっとでも傷をつけるおそれのあるような取り扱いは御法度《ごはっと》だし、切開してなかを調べるなど論外である。

しかし、この琥珀標本の近縁にあたる現生種は、たしかに光の反射面をそなえている。規則正しく並んだ毛が回折構造をなしており、それが銀色に光るのである。毛の形状やサイズはさまざまで、配列もまちまちだが、間隔だけは等間隔である。反射面の光学的特性は、個々の種に特有の微細な特徴によって変化するので、それぞれ種ごとに異なっている。そのような違いを調べあげた結果、ひとつのパターンが見えてきた。

琥珀に閉じ込められていたハエは、その後、二つの道筋（系統）に分かれて進化した。ひとつはチョクリツバエ類の系統で、もうひとつはサカサバエ類の系統である。しかし、すべての種に共通する特徴がひとつある。銀色の光を上方、すなわち空に向かって反射するのだ。おそらくこの反射光は、近辺にいる他のハエへの標識となり、仲間を集める役目を果たしている。

チョクリツバエ類は、すみかにしている葉に縦向きにとまり、頭を空に向けて仕事にいそしむ。このチョクリツバエ類は、東南アジアやオーストラリアに生息している。チョクリツバエ類に属す（「原始的」な）種は、その最古の祖先ともども、きわめて効率の悪い反射面をそなえている。その反射面は両眼のあいだに位置しており、日光を空に向けてはね返す。それでもこの反射面は、結果的に、ハエにとってまあまあ役に立つことになったにちがいない。というのも、系統樹の後続の種に受け継がれただけでなく、性能もアップしていったからだ。つまり、反射面の物理特性が向上して反射効率が増し、その結果として、視覚的効果も増強されていったのである。この傾向は、チョクリツバエの系統全体にわたって認められる。ひきつづいて進化してきた種は、それぞれ反射面の物理特性をさらに向上させていただけでなく、反射面の数も増やしているのだ。しかも、反射面が追加された部位は、もっぱら、上空を向く部分だけ、たとえば一対めの脚の前面などだった。もしかりに、膨大な時間をかけた進化の過程を早送りで再生したとすれば、体の上向きの部分に反射面がどんどん追加されてゆくようすが確認できるだろう。そればかりか、進化によって光学特性が向上しつづけるせいで、反射面がどんどん明るさを増すようすも確認できるはずである。じつはこれとまったく同じことが、進化の系統樹のもう半分の側でも独立に起こっていた。

サカサバエ類は、アフリカ、マダガスカル、オーストラリアに生息している。「逆さバエ」などと呼ばれているのは、進化の初期に奇妙なことが起きたせいである。琥珀内に封じ込められている祖先種から、系統樹のこちら半分が分岐した時点で、逆立ちしてしまったのだ。垂直に伸びる葉をすみかにし、体を縦向きにしてとまることに変わりはなかったが、一八〇度ぐるりと方向転換して、それを続行したのである。サカサバエ類はみな地面を向いてとまっているため、当然ながら、お尻側を空に向けている。地面を向くようになったのは、おそらく、すみかにした植物種が少し違っていたせいだろう。葉のつけね付近に、捕食者であるクモがひそんでいる植物だったのだ。だから、逆向きにとまっていれば、下方の危険をずっと見張っていられる。逆さになっても群居性は変わらず、やはり反射面を用いて仲間に信号を送ってきたのだろう。では、下を向きながら、どうやって空に信号を発したのだろう。解決法は簡単だった。反射面の位置を、上空を向くように「移動」させたのである。

サカサバエ類は、体の後ろ向きの部分に反射面をそなえている。そして、直立グループとほぼ並行した進化をとげた。逆立ちグループもやはり、進化の過程で反射面の数と効率の両方を増してきたのだ。しかし、チョクリツバエ類とサカサバエ類とでは、反射面のデザインに違いがあった。じつはもっとも効率のよい反射面をもっているのは、いちばん新しく進化したサカサバエなのである。こういう変わり者のチャンピオンは、もちろんオーストラリアに生息している。しかもこのハエは、未発達な反射面から、生物の世界はもとより光学の世界でさえ、他に例がないほど高性能の反射面を進化させている。光学装置に利用できそうなほどすごいしかけだが、本書のテーマは、あくまでも進化である。

マッカルパインのハエは、ノッチ入り貝虫類と同じように、光を主要な刺激として進化してきた。このグループは、光に駆り立てられて進化してきたといいたくなるほどだ。光が進化に及ぼす影響力の大きさを示す例を二つ紹介したが、これで終わりではない。海に話を戻すと、あるカニのグループの進化にも光が影響したことが知られている。

音をすてて光をとったカニ

テッポウエビは、カニに似たハサミを大小ひとつずつもっている。大きなハサミはまさに鉄砲で、大きな音を水中銃よろしく発射する。その音たるや、近くの潜水艦にも探知できるほどの音量で、しかも潜水艦のソナーに支障をきたすほどである。音に弱点があるとすれば、無指向性の信号だという点だろう。文字どおり四方八方に放たれるので、標的とする生物に届くだけでなく、付近にいる他の生物すべてに聞かれてしまう。

ワタリガニ類も、海のなかで音を発する甲殻類である。大半の時間を海底で過ごしているが、いちばん後ろの脚がひれ状であるため、必要とあればいつでも泳ぎだせる。海底に群居しているが、互いにきわめて攻撃的である。

ワタリガニ類はたくさんの種を抱えているが、化石が見つかっている祖先種も、太古の海で音を鳴らしていた。その祖先種は、ヤスリとピックをそなえていた。それらをこすり合わせて独特の音楽を響かせていたのだろう。その音楽は、同種の仲間をひき寄せる手段だったものと思われる。その音が有効だったことは、子孫の奏でる音が、今なお海中に響いていることからうかがわれる。実際にはワタリガニ類の現生種のおよそ半分が、同じような楽器を用いている。しかし、ワタリガニ類の多様性がかくも増大したのは、発音とは別に、日光の淘汰圧に屈して進化したからだった。

ワタリガニ類の祖先種も、音を鳴らす現生種も、どれもみな頑丈な甲羅をもっている。甲羅が頑丈なのは、薄い層が幾重にも重なってできているからである。その甲羅の断面を見ると多層反射膜のようになっているのだが、層が厚すぎるせいで光の反射は起こらない。しかし多層構造なので、同じ材質の厚板よりも、強度、靭性《じんせい》、亀裂への耐性ともに優れている。たとえば建築材料のベニヤ板を思い浮かべてほしい。薄い木材を貼り合わせたベニヤ板は丈夫なうえに加工しやすい。

ワタリガニ類の一グループは音楽を奏でつづけたが、別のグループは、音を鳴らす能力を徐々に失う一方で、光を反射させる能力をだんだんと獲得していった。色彩派グループのヤスリとピックは、進化の過程で徐々に小さくなってゆき、ついに完全に消滅した。しかし進化の初期の段階で、甲羅に変化が生じた。層の一枚一枚が薄くなると同時に、甲羅全体の厚さを保つために層の数が増えたのである。強度特性を保ったままで、その多層構造は多層反射膜となり、甲羅は虹色に輝くようになった。

最初に虹色の光沢を進化させたワタリガニ類の種は、まだいくらか音を鳴らす能力を残していた。虹色に光るのは甲羅のごく一部分だけだったので、音も出せたほうが都合がよかったのだろう。内気な光りもの好きだったのだ。しかし、まもなく堰《せき》が切って落とされた。次に進化した種は、虹色の光沢をもっとたくさんまとい、より多くのスペクトルを海に放った。

そのような進化が繰り返された結果、海生動物としてはそれまでになく華やかな、豪勢な虹色をしたカニが地球上に現われることになった。これは甲羅がグレープフルーツほどもある大きなカニで、甲羅、脚、はさみといった体のあらゆる部分があざやかな虹色に輝いている。とびきり豪華なオパールでできたカニを想像してもらえばよい。そのようなきらびやかな衣装には、何か大きな利益があったにちがいない。なぜなら、その不利益は明白だからだ。何よりまず、捕食魚に自分の存在をつねにアピールしてしまう。貝虫類には、必要がなければ虹色の光沢を隠してしまうことができたが、ワタリガニにはそれができない。

しかし、虹色の光沢は、じつは思ったほどには目立たない。自然環境のなかでは姿をくらますことができるからである。虹色のシグナルには、方向性という利点がある。明るい環境で、ピストルを撃った場合と、懐中電灯をピカッと光らせた場合を比較してみよう。爆発音とは違い、懐中電灯はまっすぐに向けられたときしか目に入らない。

いずれにせよ、ワタリガニの虹色の光沢には実際に利点があるにちがいないといえるのは、虹色を進化させたワタリガニは、発音装置をすててしまっているからである。この答は、いずれ明らかとなることだろう。しかし、ワタリガニにとって虹色の光沢をもつことが有利なのは、地球上の一部の海域に限定してのことかもしれない。そう、まさに虹色をしたワタリガニが生息するような海域である。たとえばそういう海域には、「大きな耳」をもつ補食性の魚が生息しているのかもしれない。だとしたら、沈黙を守るにしくはない。

もう一度、本章の目的に即した結論を述べよう。ある動物グループの進化においては、光が重要な役割を果たしてきた。ワタリガニの系統樹のうちの片側半分においては、日光が虹色の光沢を進化させる推進力になっていたと考えられる。しかも、日光の淘汰圧がかかる方向への進化は、決してその勢いを失うことがなかった。

異彩を放つウミウシ

本章では、構造色だけをとりあげてきた。構造色は、数式と反射効率によってわりと簡単に表わせるからである。しかし、進化の過程では色素にも変化が生じたことがわかっている。殻を失った（もちろん進化によって）海のカタツムリとでもいうべきウミウシ類は、色素がどれほど華麗な効果を生みだせるかを実証している。海洋生物を紹介したカラー図鑑のなかで、ウミウシはひときわ異彩を放っている。しかし、ウミウシの分類には厄介な問題がある。標本にしたあとで体色が完全に消えてしまうと、どれもみな似たり寄ったりの姿になってしまうのである。しかし、体色さえわかれば、解剖や遺伝子解析をしなくても、たやすく分類できる。見間違えようのないウミウシの体色は、捕食者への警告となっている。ウミウシは種ごとにそれぞれ捕食者が異なっており、体色は捕食者への対応なのだ。捕食者の視覚が進化によって変化すると、ウミウシの体色も進化する。つまり、ウミウシの進化にとって、光は重要な淘汰圧なのである。

そのほかにも、光が進化の推進力となった例は枚挙にいとまがない。光は、現在そうであるように、ある時点において動物の行動を支配する要因であるだけでなく、現在の生態系が遠い未来の生態系に進化してゆくうえでも、同じくらい重要な役割を果たしている。動物は生息環境内の光に適応しなければ生き残ることができないのだ。

本書のテーマにとって同じくらい重要なのは、進化のダイナミクスという問題である。進化の過程で何が起きたかを知ること、すなわち進化の系統樹を描くことと、なぜそのような進化が起きたかを説明することとは、まったく別のことがらである。本章では、進化が起きた理由については、光に対する適応として説明できることを示してきた。当然ながら次に浮上するのは、「カンブリア紀の爆発の際にも光が淘汰圧となったのだろうか」、もしそうなら、「他の刺激と比較してどのくらい強い淘汰圧だったのか」という疑問である。

色彩と動物の進化という異質なテーマには、じつは関連があるということがわかってきた。本章では、関連性の兆しが見えたにすぎないが、次章以降では、その関連がますます鮮明となる。本書で解明しようとしているカンブリア紀の謎を解くための手がかりが集まるにつれて、色彩について辛抱強く学んだ努力がようやく報われてくる。しかし、カンブリア紀をめぐる証拠集めはまだ始まったばかりであり、他の分野からも証拠を探してくる必要がある。

これまでは、現生動物の体色を調べることで、体色の進化の過程を推測してきた。では、過去の体色を示す証拠は実在していないのだろうか。化石を調べなおすことで、過去の動物がほんとうはどんな色をしていたのかを解き明かせないものだろうか。それができれば、カンブリア紀の光をめぐる疑問に答えるための足がかりが得られるかもしれない。現生動物の体色について仕入れた情報を武器に、第2章で古生物学の空白地帯としてあった部分を綿密に調べなおすことには意義があるにちがいない。次の第6章で、その空白地帯を埋める作業にとりかかろうと思う。

第6章　カンブリア紀に色彩はあったか

どの種もみな、生きていた当時のまま、信じがたいほど美しく光り輝いている。

――ドイツの生物学者、ヘルベルト・ルッツ
（メッセルで出土した四九〇〇万年前のタマムシ類の色について）

ピンク色の三葉虫の先には

オランダのライデン考古学博物館には、古代エジプトの神オシリスの像が所蔵されている。顔の部分がよく保存された高さ三〇センチほどの像で、制作された当時の顔料もかなり残っている。ずっと墳墓内に埋まったまま、ほとんど日光が当たらなかったおかげである。このオシリス神は顔が青緑色で、赤いスカートをつけている。それともうひとつ、この像の目立つ特徴は中空だということだ。それにしてもなぜ中空なのだろう。もし色が保存されていなかったとしたら、この謎は永遠に解かれなかったかもしれない。これまで多数のオシリス像が発掘されているが、この一体に限って、中空でしかも色が残っているのだ。

象形文字を解読して得られる情報や、色がよく残っている古代エジプトの巻物を参考にすると、青緑色は来世を象徴する色で、赤は祭礼に使われる色であることがわかる。ということは、このオシリス像は来世を祝福するものだったと考えてよい。さらに、古代エジプトの中空の像にはパピルスの巻

物が入れてあったという知識を重ね合わせると、この像にはかつて古代エジプトの「死者の書」が入っていたのだろうと推察される。

古代エジプト人は、高度の技をもつ名匠だった。色によって人格や身分を描き分けたが、時の経過とともに色が褪せていくことも承知していた。そこで、少なくとも形だけは死後も長く残るようにと(それこそが目的だったのだから)、作品の多くを彫像にし、それに彩色をほどこしていた。ただし、金箔も自在に使いこなしていた。金箔の色は、色素色と構造色の中間にあたる。金箔は金属の薄膜で、鏡のように太陽光線を一方向に反射させる。青色を除く太陽光の全波長が反射され、それがすべて混ぜ合わされるため、金色に見えるのだ。物理的な構造なので、ふつうの顔料の色素よりは長持ちする。古代エジプトの像の多くに金箔が使われているのは、色素が遠からずどうなるかをエジプト人が知っていたからにほかならない。実際、金箔は数多くの古代エジプトの工芸品に今なお見つかる。ライデン博物館に所蔵されているもう一体のオシリス像もそのひとつである。この像の場合には、高貴さの象徴として金が用いられている。

第3章では、体色を見ただけで、その動物が現在どんな場所で、どのようにくらしているかがわかることを例証した。古代エジプトのオシリス像に残された顔料の色からさまざまな情報が得られることを考え合わせると、本章のテーマが見えてくる。「同じような方法で、カンブリア紀の化石に命を吹き込むことはできないものだろうか」。オシリス像の金箔のすばらしい保存状態を見ると、太古の構造色を発掘するのも夢ではなさそうに思えてくる。

カンブリア紀の動物の形状は、すでに現在に劣らず複雑だったことがわかっている。だとすれば、カンブリア紀の動物は色彩に関しても現在なみに洗練されていたと思ってよいかもしれない。しかし、すでに学んだとおり、現生動物の色をもとに過去の色を推測するのは慎むべきである。絶滅した古代動物が生きていた当時の色そのものについては、化石からその痕跡を見つけるしかない。そのためには、きわめて良好な状態で保存されてきた化石を調べるのがいちばんである。じつは、この分野の研究はすでに始まっている。

カンブリア紀直後の五億年前に生きていた三葉虫の化石からは、ピンク色の痕跡が見つかっている。化石が保存されていた岩石の種類からして、その色の原因を岩石に求めるのには無理がある。ということは、不規則に並んだピンク色の色素の粒は、かつては三葉虫の体全体を覆っていた色のなごりと考えられる。そうだとすると、話はがぜんおもしろくなる。それらの三葉虫が生息していた水面下の環境には、赤色の光は届かない。そのためそこでは、ピンク色は灰色に見えることになり、すっかり背景に溶け込んでしまう。つまり、それらの三葉虫の体色は隠蔽色だったのかもしれない。しかし、この件に関しては実験がほとんどなされていないので、憶測のしすぎは禁物である。しかも、太古の色素色を探し求める道も、この三葉虫のピンク色が行き止まりである。あいにく、色素も生物発光器官も、ぼくたちをカンブリア紀までは連れ戻してくれない。つまり本章のテーマにはほとんど役に立たないということだ。しかし、構造色となると話はまったく別である。カンブリア紀の色彩について、構造色は何かを語ってくれるのだろうか。

第3章から第5章であらましを述べたように、構造色を生ずる物理機構は、今や光ディスプレイの重要な手段となっている。色素色と同じように構造色も光源を必要とする。ふつうそれは日光である。日光の光を受けて、そこから特定の波長すなわち「色」を反射させるのだ。

構造ならば、化石に記録されている可能性がある。たとえ元の物質が変化したり置換されたりしても、少なくとも形状と大きさは保存されうる。三葉虫まるごとであれ、恐竜の骨の一部であれ、化石それ自体、まさに構造である。そう考えれば、規模ははるかに小さいものの、色を生ずる構造が粒子のこまかい堆積物に保存されていても不思議はない。

ただ、ミクロンサイズの反射体が、直径一ミリの砂粒の堆積物に保存されているということは絶対にありえない。化石化する前に、砂粒のあいだにいたバクテリアに食い尽くされるということがなかったとしても、そんなことは物理的に問題外なのだ。オーストラリアのエディアカラ化石（先カンブリア時代の化石）に微小な感覚器が見つからないのも、同じ理由による。動物の全体的な形状は肉眼でも見えるが、顕微鏡で調べても、砂粒の重なり以外何も見つからないのだ。また、岩石になりかけの土壌中の化学成分が有機物質と置き換わるということはありえる。しかし、色素にくらべれば構造のほうが、化石に保存される可能性は明らかに高い。ちなみに、適切な条件に恵まれさえすれば、理論上は、どんなに微細な構造でも化石に保存されうる。

まっしぐらにカンブリア紀の化石にとりかかる前に、太古の色を掘り起こすために使える手法を調べておこう。どんな種類の構造色が保存されている可能性があるかを知っておくと同時に、カンブリア紀に向かう途中で遭遇しうる落とし穴についても心得ておく必要がある。

アンモナイトは光沢を隠していた？

現生する動物の構造色を生ずる原因として、もっとも広く見られるのは反射多層膜である。反射多層膜も、色素と同様、動物の体の表面ではなく内部に存在する。走査型電子顕微鏡は表面をスキャンするだけなので、これを探すのには向いていない。反射多層膜を探すには、化石の表面を覆っている皮や殻を薄い切片にして調べる必要がある。何年か前にぼくは、アンモナイトと太古の甲虫をモルモット代わりに実験を試みた。

アンモナイトは、生きていた当時の透明な薄膜が化石に残っている数少ない動物グループのひとつで、なかには今でも、何百万年も前と同じと思われる輝きを放っている化石もある。しかし、虹色に光る化石がすべてそうだと思ってはいけない。オパールが放つ虹色の輝きには注意が肝要である。オパールの色は、それほど古いものではない可能性があるし、古いにしても、化石化した動物ほど古くはないかもしれないからだ。

第5章では、ぼくが貝虫の構造色を発見した話を紹介した。それまで貝虫では、構造色の存在などほとんど知られていなかったのだ。話はさらにその数年前にさかのぼる。大量の小型甲殻類の採集標本を分類しているとき、ぼくは一匹の貝虫が一瞬色を放ったのに気づいた。それと同種の個体は他にもたくさんいて、どれもみな完全に透明なのに、標本のかたまりをざっと動かすと、そのなかの一匹だけが一瞬赤く、次の瞬間には緑と青に輝いたのだ。

その貝虫はトマトの種子くらいのサイズで、色の源はもっとずっと小さかった。それでも、顕微鏡で色の正体を確定できるほどには大きかった。一匹だけが色を放つ謎も解けた。色を放っていたのは、貝虫そのものではなく、貝虫が飲み込んだ小さなオパールの粒だったのだ。透明な貝虫の胃袋のなかにオパールが入っていたのである。

オパールの成分は珪酸で、直径が光の波長の半分ほどの微小な球状粒子が規則的に並んでいる。オパールは光を複雑に反射させるが、そのメカニズムが光学の専門家によって解明されたのはつい最近のことである。いずれにせよ、光学効果のもとは化学的な色素ではなく、物理的な構造にあるので、オパールの色は構造色といえる。事実、鮮やかに輝くオパールの虹色は、貝虫の回折格子《かいせつこうし》の虹色とよく似ている。

化石を構成している元の化学物質は、化石化のどの段階でも、別の化学物質に置き換わる可能性がある。ときとしてそれが珪酸と水に置き換わることがあり、その場合には、化石をかたどるようにオパールが形成される。オーストラリアのライトニングリッジからは、オパール鉱夫によって、恐竜の骨や歯をはじめ、さまざまな動物の化石が発掘されている。それらにはたいてい、オパール独特の虹色の輝きが見られる。この化石のことは非常に有名なので、「化石の色」が云々されると、たいていの古生物学者はこのケースを思い起こす。しかしあいにくなことに、この虹色は、太古の動物の生前の色を伝えてくれるものではない。オパールは生きている動物とは何ら関係がないのだ（オパールを飲み込んだあの貝虫だけは別として）。

多くの渦巻き状をした化石アンモナイト（菊石）は、第2章で述べたとおり、大昔に絶滅した、イカやタコと同じ頭足類に属する軟体動物の体を覆っていた殻である。色彩豊かなアンモナイトもあるが、オパール同様、その色は生物起源の色ではない。とくにまばゆい輝きを放つのはカナダのアルバータ州産のアンモナイトで、岩石を割ると華やかな色彩が目に飛び込んでくる。

カナディアンロッキーを望む小さな村マグラス周辺には、小麦畑や牧場といったカナディアンプレーリーの見慣れた風景が広がっている。七一〇〇万年前、この土地はメキシコ湾から北極海へと続く海の底にあった。そしてその海には、コンパクトディスク大のものから自動車のタイヤほどのものまで大小さまざまなアンモナイトがたくさん生息していた。現在、マグラスの近くにある八〇〇ヘクタールほどのとある牧場は、ふつうの牧場とは違っている。その地盤にはアンモナイトが埋まっているのだ。

ここのアンモナイトをまず最初に覆ったのは砂ではなく、ロッキー山脈の形成に一役買った火山の大噴火による灰だった。アンモナイトは頁岩に閉じこめられることで防水をほどこされたが、火山灰に含まれていた石英や銅や鉄は、防水層などおかまいなく、殻のなかに浸透していった。氷河時代に入り、厚さ二キロ近い氷の層がこの地域一体を覆った。この氷の重みで、アンモナイトとその化学成分が圧縮され、「アンモライト」が形成されるにいたった。

「アンモライト」(コーライトとも呼ばれる)とは、マグラス産のアンモナイトの一部から見つかる準宝石につけられた名前である。一九八一年に、商業的採掘に耐えうる高品質のアンモライトが発見されたのだ。商品として価値をもつほどあざやかな色彩は、化石として保存されているあいだに高圧を受けて生じたものだが、そうやって圧縮された殻の層には、もともとある程度の虹色光沢があった可能性もある。現生する貝の殻の多くには虹色の層が見られる。真珠層と呼ばれる反射多層膜が存在するせいだ。マグラス産のアンモナイトにも真珠層があったかもしれない。というのは、高圧を受けていないもっと自然に近い状態で発見されたアンモナイトにも、虹色光沢が見られるからである。

英国はウィルトシア州のウットン・バセットでは、アンモナイトが文字どおり地面から飛び出してくる。水源の下流二〇メートルのところに、灰色で水分たっぷりのジュラ紀の土が、あたかも泥が噴火するかのように地面から湧き出している場所があり、その噴出に便乗してジュラ紀のアンモナイトも飛び出してくるのだ。一億八〇〇〇万年前に生息していたここのアンモナイトもやはり虹色をしているが、マグラス産のアンモナイトとは異なっている。ウィルトシア州産のアンモナイトは、最初に化石として保存されて以来まったく変化していない、自然そのままの化石なのだ。殻の内側には元は有機物だった靭帯がいくらか残っており、殻には、元の殻の成分であるカルシウムを含むアラゴナイトという鉱物も残されている。殻の真珠層にあるアラゴナイトこそ、虹色光沢のもとである。アラゴナイトがつくる真珠層は、各層の厚さが光の波長の四分の一で、間隔がすべて等しい。その結果、この真珠層は、メタリックな光沢をもつ甲虫や現生種の貝殻に見られるのと同じ、反射多層膜となっている。しかし、第3章で説明したように、多層膜は構造上の強度ももたらしうるものであり、強度が適応的な機能である場合には、付随的に生じる虹色光沢は不透明な外被で隠されている。虹色光沢はとても目立つため、よけいな虹色光沢をむやみに環境中に放つのは危険すぎることなのだろう。迷彩服で身をかためた兵士が夜間に煙草を吸ったりしたら、元も子もないのと同じである。そう考えると、ウィルトシア州産や世界各地から出土するアンモナイトが、現在、目にあざやかな虹色光沢を放っているとはいえ、ジュラ紀にはまったく違っていたということもありうる。太古の海では、黒ずんだ膜で殻の表面が覆われていて、虹色に光ってはいなかったかもしれないのだ。その覆いは、化石には保存されていないだけなのかもしれない。

アンモナイトには後ほど再び登場してもらうとして、次は、五〇〇〇万年ほど前に生きていた当時とまるで変わらない、本来の色を呈している化石について考えてみよう。

五〇〇〇万年の時をこえてきらめく甲虫

ドイツのフランクフルトに近いメッセルの発掘場は、五〇〇〇万年ほど前の動物化石が驚くほどみごとに保存されている場所で、脊椎動物の骨格がほぼ完全な形で、しかも体の輪郭を完全にとどめたまま出土する。この発掘場からは昆虫の化石も出土するのだが、他の化石産地のものとは違い、節足動物の殻の主成分であるキチン質まで保存されている。

現在、メッセルの半球状の窪地はフェンスで囲われ、厳重な保護のもとに置かれている。現在のその状態から見ると、ここで何か特別なことが起こったかのような印象を受けるが、必ずしもそういうわけではない。そもそもこの窪地をつくった発掘が一九六〇年代に終了したとき、ここはゴミの埋め立て地にされる予定だった。まさにそのとき、発掘開始当初に発見された化石に世間の注目が集まったのだ。メッセルは、あれよあれよという間に、ユネスコの世界遺産に登録された。

今から四九〇〇万年前といえば、恐竜が死に絶えた大量絶滅を経たあとで、当時のヨーロッパは島で、メッセルのあたりは湖の底だった。現在でも発掘場の岩石は湿り気を帯びていて、水分を四〇パーセント含んでいるが、薄い堆積物の層を割ると、なかからちょっとしたお宝が姿を現わすことがある。コウモリからワニまで、一体丸ごと化石化したさまざまな動物が出てくるのだ。油頁岩（オイルシェール）という岩石のなかに閉じこめられた化石の保存状態があまりにすばらしいため、メッセル産の化石を研究する古生物学者は、現生種の研究をする動物学者になったような気がするほどである。ただし、姿を現わした化石は、ただちに水に浸けて保管しなくてはならない。乾燥すると割れてしまうからだ。

メッセルでは、たとえば鳥の羽毛など、たった今しがた空から落ちてきたばかりかと思うほど良好に保存されている。しかし偏見に満ちた私見を述べさせてもらうなら、メッセル最大のお宝は、メタリックカラーを放つ甲虫化石だろう。その光学特性たるや尋常ではない。コガネムシの化石などは、生きていた当時の色彩そのままに、青みがかったメタリックグリーンの輝きを放っている。タマムシが埋まっている油頁岩を割ると、四九〇〇万年前の虹色の輝きがよみがえる。ほかにもすばらしい色彩を放つ甲虫がまだまだたくさん見つかっている。

一九九七年のある日、ぼくはドイツ人古生物学者シュテファン・シャールからの小包を受け取った。彼は、この業界ではメッセルといえばシュテファンと言われるほどの有名人である。ぼくが願っていたとおり、小包の中身は、メッセルで発掘されたばかりの甲虫化石だった。水中に保存されている化石の鞘翅《しょうし》が、緑、青、紫にきらめいている。動物の体色を研究するぼくの頭をまっさきによぎった疑問は、「何がこの色を生みだしているのか」だった。それがメッセル産の化石だと言われなければ、熱帯雨林の調査で採集されたばかりの標本と見誤らんばかりの保存状態なのである。とにかく、四九〇〇万年などという長い歳月は、人間が頭でさかのぼれる限界を超えており、なかなか理解できるものではない。

ぼくは色の謎を解くために、さっそく電子顕微鏡観察にとりかかった。まず、メタリックブルーの鞘翅の試料を二通りの方法で処理した。ひとつには、クリティカルポイントドライ処理をほどこした。これは、乾燥させても縮んで変形しない処理方法である。乾燥させた試料は、構造は保たれていたものの、色が消えて透明になってしまった。走査型電子顕微鏡で構造を調べるために、まず試料を金で薄くコーティングした。そして倍率一万倍で観察すると、薄膜の層がはっきりと見てとれた。上層がほんの一部だけ下層と重なりあっている構造である。薄膜の表面はなめらかで、回折格子の特徴も、光を散乱させるような構造の特徴も見当たらない。これが反射多層膜であることを確認するには、透過型電子顕微鏡による観察が必要だった。

もうひとつの試料は、樹脂に埋め込んで染色したのち、断面が目で見えないほど薄い切片にした。薄片に電子線を当てて像を映し出すと、反射多層膜がはっきりと現われた。

確実を期すために、反射膜の寸法を測定してコンピューータープログラムに入力した。多層薄膜構造をシミュレーションして、日光が表面に対して直角に当たった場合の反射光の色を予測するためである。結果は青色と出た。実際の化石も青色に輝いている。ということは、メッセル産甲虫の色の原因はやはり反射多層膜だったのだ。標本を乾燥させたら色が消えた理由も予想がついた。反射多層膜を構成する二種類の層の一方は水を含んでいるらしい。そのせいで、水がなくなると色も消えたのだ。

メッセルからは、これと同じ種の甲虫標本がほかにも何個か見つかっており、どれもみなまったく同じ色を呈している。したがって、四九〇〇万年前のヨーロッパでは甲虫のきらめく虹色が優雅な彩りを添えていたと言い切ってよさそうだ。最後にきらめいたのは、甲虫の死骸が洪水によってメッセル湖に流され、歴史の奥底に沈む瞬間だったのではないか。歴史書が再び開かれ、その当時すでに、動物の行動は光の強力な影響下にあったことが判明した。では、この論理が適用できる範囲は、構造色を手がかりに過去のどのあたりまでさかのぼれるものなのだろうか。

よみがえったバージェス動物の輝き

一九六六年、スミソニアン協会の古生物学者、ケネス・タオとチャールズ・ハーパーは、四億二〇〇〇万年前の腕足類が虹色に輝く原因を説明する論文を発表した。アラゴナイトの管状の結晶が、光の波長域のサイズで層をなしていることを発見したのだ。居並ぶ管状結晶の層が表面で回折格子を構成している可能性もあるが、薄膜が重なって反射多層膜を形成している可能性も否定できない。その腕足類は、現生する一部の貝殻に見られるような、淡い虹色の真珠光沢を呈していた。タオとハーパーによれば、そのような色彩を帯びているのは、回折格子と多層膜構造の複合効果と考えられ、色彩が淡いのは、間隔が一定でないか、構造が不ぞろいなせいだろうという。この見解が正しいかどうかについてはさらなる研究を要するが、四億二〇〇〇万年前の海でほんとうにそういう色がきらめいていたかどうかはまた別の話である。現生する貝の殻を考えると、化石には保存されていない不透明な膜が殻の表面を覆い、問題の腕足類の虹色光沢を隠していた可能性がある。

正真正銘の回折格子は、物理学者にはおなじみだったが、ぼくが貝虫での発見に勢いを得て研究を始める以前の時点では、自然界ではまだ見つかっていなかった。それからまもなく、次から次といろいろな動物で回折格子が見つかりだした。まず、ハワイ沖のロブスター、それから、同じ太平洋でニユーカレドニアのエビの一種。また、インド洋でも、甲殻類（節足動物）だけでなく、多毛類（環形動物）、クシクラゲ類（有櫛動物）、クラゲ類（刺胞動物）、ホシムシ類（星口動物）に宝石のような種類が隠れていた。結局、地球全体を見まわすと、多くの動物門のさまざまな種で回折格子が見つかった。表面に現われていないタイプの虹色も多いとはいえ、世界はこれまで信じられていたよりもはるかに色彩に富んでいたのである。

第5章で紹介した、虹色の色彩を放つ貝虫に関する研究の一部は、スミソニアン協会の米国自然史博物館で行なったものである。もともとはオーストラリア産の貝虫で回折格子を見つけたわけだが、できるだけ多数の種についても調べる必要を感じていたのだ。貝虫類の世界的権威はスミソニアン協会のルイス・コーニッカーである。したがって、貝虫類のもっともすぐれたコレクションもそこの自然史博物館にある。当然のようにぼくは首都ワシントンに滞在するための研究費を申請した。この申請は一九九五年に通り、スミソニアンで貝虫類コレクションの研究を開始した。

第1章でも触れたが、スミソニアンは、おそらく世界中のどこよりも良質かつ重要なバージェス頁岩化石のコレクションを所蔵しているところでもある。スミソニアンは、バージェス頁岩化石を最初に発見したチャールズ・ドゥーリトル・ウォルコットのかつての根城だからである。しかし、貝虫類を調べるためにぼくが出かけた場所がそういうところだったのは、偶然の一致だった。なにしろ当時のぼくは、この「ワンダフル・ライフ（驚嘆すべき生きもの）」に対して動物学者なら誰もが示す程度の興味しかもっていなかったのだ。

スミソニアンでの研究の合間に何をするかという段になると、よりどりみどりで頭を悩ませてしまう。なにしろ一本の大通りの両側数ブロックに、各種の博物館や美術館がずらりと並んでいるのだ。もちろん、そのなかのひとつが自然史博物館である。ある日の午後ぼくは、息抜きのためになんとなく自然史博物館の化石展示コーナーに足を踏み入れた。

大型動物の化石展示のあいだに埋もれるように、小さいけれどもみごとなバージェス頁岩化石が展示されていた。そう、その展示はそこに置かれる価値のあるものだった。なにしろ、展示されている化石はいずれも、当時の動物相のものすごい多様性を詳細に例示する一級品ぞろいなのだから。年代の古さはいうまでもなく、動物グループの多様性こそがバージェス頁岩を有名にしたそもそもの理由だった。おまけにそれらの標本は、一九〇〇年代はじめに主としてウォルコット自身が採集したものだった。

陳列されている化石の横には、その動物が生きていた当時の白黒の復元図が必ず並べられていた。いずれもすばらしい細密画で、生きていたときの姿がありありと浮かんでくるようだ。その細密な描写のなかに、ことさらぼくの興味をひきつける特徴が含まれていた。何枚かの復元画に、じつに驚くべきものの存在をほのめかす手がかりが見つかったのだ。ハルキゲニアとウィワクシアの装甲部分に、こまかい平行線が描かれていたのである。そもそもワシントンくんだりまでやって来たのは、こまかな平行線を研究するためだった。

その前日、ぼくはスミソニアン航空宇宙博物館を訪ねていた。そこに所蔵されている一九五〇年代の航空機は、どれもプロペラの数が多く、機体や翼には波形が入っていた。波形加工をすると、金属板の強度が増す。後にバージェス頁岩の現地をおとずれた際、やはり強度を増すための波形構造を見かけた。ただしそれは、ロッキー山脈に生育する植物の葉の話である。波形構造でなければくしゃっとつぶれてしまいそうなほど薄い葉だった。これは覚えておくべき重要なことだ。バージェス化石に見られるこまかい条線も、強度を高めるためのこまかい波形構造なのかもしれない。ぼくはそこで考えこんでしまった。現生動物の場合もそうだが、もしこの条線の間隔が一定の基準を満たしていれば、虹色の光沢を放つことになる。つまり、回折格子になるのではないか。

回折格子は、言い方を変えれば顕微鏡レベルのこまかい波形構造といえる。しかも、山と山の間隔が光の波長ほどしかない波形構造である。そんな構造を紙に線で描くことは不可能だ。そこまで細くて精密なペンなど存在しないし、そもそもそんな線は肉眼では見えない。しかし、またここで考えこんでしまった。もしかしたら、動物の復元画に描かれているのは、回折格子の一部にすぎないかもしれない。化石の保存状態は決して一様ではないから、格子の山の一部しか保存されていない可能性もある。ただし、描かれている線がすべてで、強度を高めるためのものだったということもなくはない。そうだとすれば、スミソニアンの展示物に描かれていた平行線は、化石の色とは何の関係もないことになる。思いをめぐらすうちに、ぼくの考え方に変化が生じた。現生する動物に回折格子があるなら、過去の動物にもあったかもしれないではないか。

バージェス化石との初対面を果たした日の翌朝、さっそく実物を手にとって調べる許可を申請した。その結果、ケンブリッジ大学のサイモン・コンウェイ・モリス、スミソニアンのダグ・アーウィン、ハーヴァード大学のフレデリック・コリアーの力添えを得て、スミソニアンとハーヴァード大学に収蔵されているバージェス化石の調査が許可された。後日シドニーに戻ってから、オーストラリア博物館にある標本も調べるつもりだった。まずは手始めに、スミソニアンの備品中最大倍率の光学顕微鏡を使って観察した。顕微鏡下の標本の向きを固定するのに使っていたCDケースは、はからずも「ヘンデルの水上の音楽」だった。人にいわれて初めて気づいたのだが、まさにうってつけじゃないか。その御利益のおかげか、化石の向きを変えてさまざまな角度から見ると、それまで気づかなかった構造が明らかになった。これで調査の的がしぼられたので、いよいよ本格的な研究にとりかかった。かすかな震動や磁場の乱れは、さらに倍率の高い電子顕微鏡などによる観察に支障をきたすおそれがある。ぼくはさまざまな部署の顕微鏡室に化石を持ち込み、バージェス動物のさまざまな種にレーザーや電子線を照射し、分子一個一個が見えるほど高倍率の画像を手に入れた。

この時点で使用した手法は、いずれも化石を損傷しないやり方だった。化石のなかには元の有機物が残っているものもある。実際には、もうひとつやってみたい試験があったのだが、化石を永久に変化させてしまうことになるので断念した。走査型電子顕微鏡で観察するには、まず試料の表面を金属膜でコーティングする必要があり、そのコーティングは剝がれなくなってしまう。貴重な化石を傷つけるわけにはいかないので、鋳型をとることにした。恐竜の足跡などの鋳型をとるには、通常は焼石膏を用いる。しかしバージェス化石はとにかく小さいうえに、その回折格子ともなればさらに輪をかけて小さい。焼石膏の粒子は、回折格子の溝を写し取るには大きすぎて、精密な鋳型をとることができない。そこでアセテートを用い、微細で精巧な鋳型をとった。鋳型を乾燥させたあと、化石ではなくその鋳型のほうを金でコーティングし、走査型電子顕微鏡で観察した。

すべての顕微鏡試験を終えたところで、驚きの予想がまさに現実となった。電子顕微鏡を操作してくれた技師たちの反応も、結果は肯定的ですごいというものだった。多毛類であるウィワクシアとカナディア、節足動物であるマルレラという三つの種のでこぼこした表面に回折格子の痕跡が見つかったのだ。まるで古代ローマの遺跡から見つかるモザイク画のように、回折格子の断片的な痕跡が保存されているにすぎなかったが、体の同じ部位にある回折格子はみな、サイズも形状もまったく同じで、しかも線の向きも同じだった。結果はみな一貫していた。しかし、化石化して破砕されているせいで、実際の化石からは虹色の輝きが消えている。化石は相変わらず鈍く光るだけだが、研究室の雰囲気は一気に華やいだ。

この結果から、五億一五〇〇万年前に生きていた当時のウィワクシアやカナディア、マルレラは鮮やかな色をしていたと考えてほんとうにいいのだろうか。まだ信じがたい気がした。再確認のため、保存されている残片をもとに、カナディアとマルレラのもとの体表面をすっかり復元することにしてみた。復元の方法は、二本のレーザー光線を微調節し、光学素材の表面上で衝突して干渉させることで、化石上に保存されている回折格子の凹凸を光学素材全体の上にそのまま正確に刻みつけるというものだ（できあがった模型については、うまく刻まれていることを確認した）。体表面を復元した模型を暗い実験室から出し、日光の当たる海水のなかに入れてみた。するとはたせるかな、三種のバージェス動物の五億一五〇〇万年前の色が、あざやかによみがえったではないか。あのときの興奮は一生忘れられそうにない。カンブリア紀の動物の生前の体色が、初めて判明したのだ。カンブリア紀の驚異の歴史をちらりと垣間見た瞬間だった。

素材の表面が、サイズ、形状ともに回折格子の物理特性をそなえているならば、日光が当たると虹色光沢を放つ。バージェス動物が生息していた環境にも、日光は降りそそいでいたはずである。海水中なので、少なくとも日光の青、緑、黄色の成分は届いていたことだろう。ウィワクシア、カナディア、マルレラの復元図に、ちょっとした光学の方程式をあてはめて、どの色がどの方向に反射したかを計算してみた。

たとえばウィワクシアなどは、回折格子が刻まれた部位がさまざまな方向を向いているので、どの方向から見ても、水中に透過した日光のすべての色をきらめかせていたことだろう。その色は、コンパクトディスクの反射スペクトルのように、かなりあざやかなものだったと思われる。しかも深海のほの暗い光線状態のもとでも、色素の色が見えなくなる夜明けや日暮れ時でも、回折格子の反射スペクトルははっきり見えたのではないか。

好奇心にかられたぼくは、紫外線だけのもとで、ウィワクシアのとげにある回折格子の模型を撮影

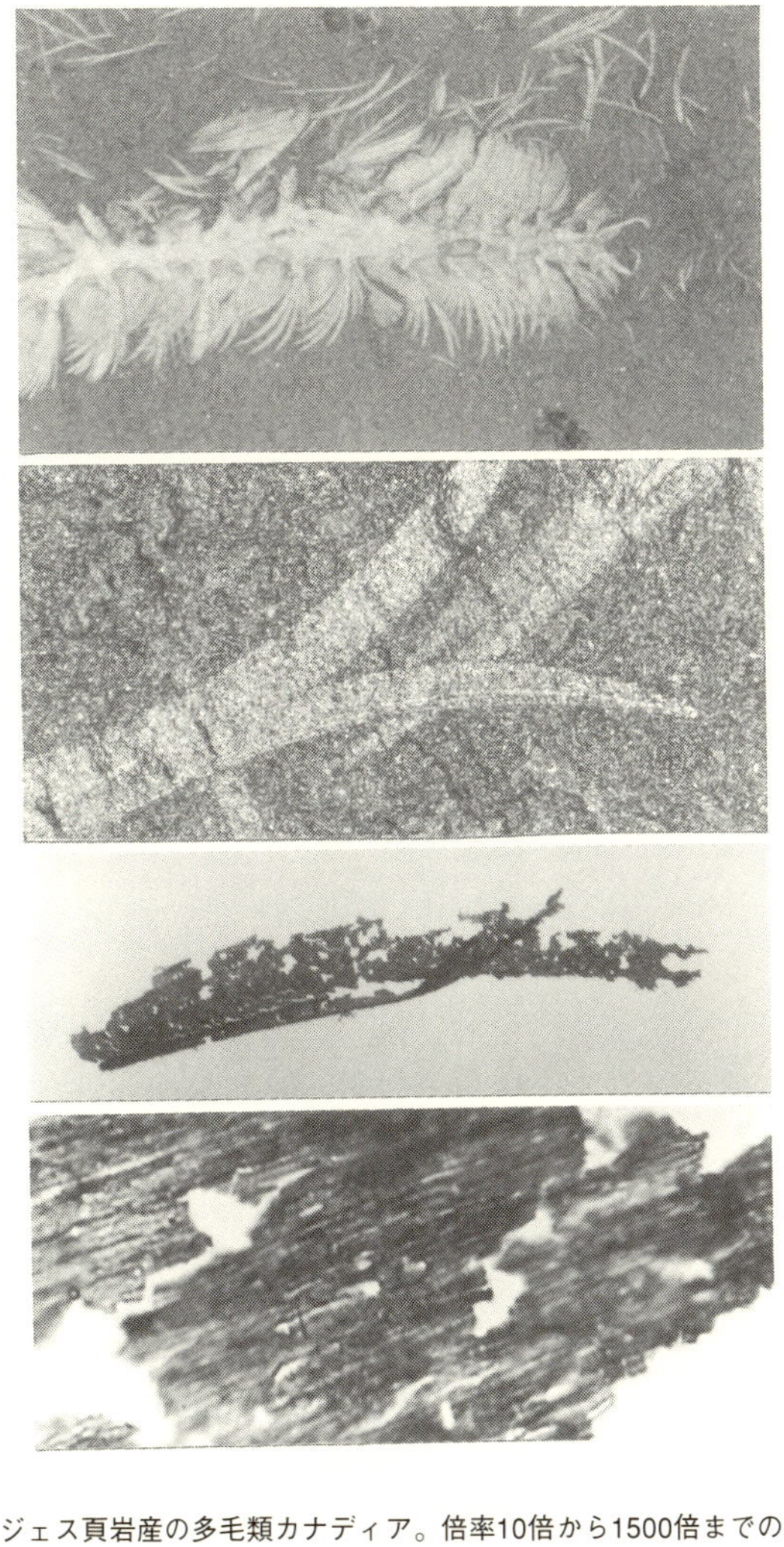

バージェス頁岩産の多毛類カナディア。倍率10倍から1500倍までの顕微鏡写真を順に並べてある。いちばん上の写真は体の前半分。その下２枚は剛毛の部分だけを拡大したもの。いちばん下の写真は、母岩から剥離した剛毛の表面で、山の間隔が0.9ミクロンの回折格子の痕跡が見える。

してみた。第3章で述べたように、以前に同じ手法でヨナクニサンを撮ったことがある。人間の眼は紫外線を知覚しないので、紫外線だけを通すフィルターをつけたカメラをのぞいても、何も見えなかった。ところが、紫外線感光フィルムを現像すると、可視光線では何も映っていない場所に、とても鮮明な画像が現われた。カメラに紫外線を「見て」もらい、その画像をぼくが見るというわけだ。もしウィワクシアが、日光の紫外線領域も届く浅海層に生息していたのだとしたら、可視光線の虹色だけでなく紫外線色にも明るく輝いていたことだろう。しかし残念なことに、バージェス動物が放っていた輝きの全容を知ることは、永遠に望めそうにない。

カナディアやウィワクシアの近縁にあたる現生種にもやはり回折格子があるという事実は、カンブリア紀の回折格子の発見を裏づけるものとなる。現生する多毛類の多く、なかでもとくにカナディアやウィワクシアとごく近縁な種類のとげや毛は、鮮やかな虹色に輝いている。それらも、カンブリア紀の親類たちの体表面を復元して得られた回折格子とよく似た回折格子をもち、同じような色を生ずるのだ。ということは、カナディアやウィワクシアの体色の復元はかなり妥当なもので、SFの世界とは一線を画していることになる。

バージェス動物の体色復元はたちまち話題になった。カンブリア紀の海のなかをコンピュータグラフィックで描いた復元画が数多くの科学雑誌に掲載されたが、それらはこれまで見慣れていた復元画の光景とは、文字どおり異色だった。なんといってもカラーだったし、しかもそれは荒唐無稽な色ではなかった。カンブリア紀の世界が、色鮮やかによみがえったのだ。

自然史博物館には、バージェス動物の色つき復元模型もおめみえするようになった。カナダのロイヤル・ティレル博物館には、カンブリア紀の礁を再現した色彩豊かなくぐり抜けコーナーがあり、そこには、六〇センチもの大きさに復元された虹色に輝くウィワクシアもいる。着色すると、太古の動物にもたちどころに生気がよみがえる。ウィワクシアなどは、生きているのかと見まがうほどだ。

このバージェス・プロジェクトにより、なかなか興味深い事実が明らかになったわけだが、この発見にはどのような意味があるのだろうか。カンブリア紀から回折格子が見つかったことで、興味をそそる生物学上の疑問がいくつか浮上してきた。バージェスの動物たちはなぜ、カンブリア紀に色を反射させていたのだろう。それは、どのような波及効果をともなうものだったのだろう。じつはここで初めて、動物の体色に関する研究とカンブリア爆発とが交差することになった。生前の体色が正確に復元されたのは、単に古い年代の化石ではなく、進化上の大事件にかなり近い時期のものだったことが重要なのだ。

こうした疑問がぼくに研究の方向転換を迫った。カンブリア紀の色彩が見つかったからといって、それだけでカンブリアの謎が解けるわけではないが、そこには重要な意味をもつ手がかりがひそんでいる。

この第6章までは、カンブリア紀の色彩が発見されたあとに浮上する疑問を想定しながら、あらかじめ押さえておく必要があると思うことがらを、研究が進行してきた順に述べてきた。しかし、紹介すべきことはまだまだ残っている。カンブリア紀の爆発の全容を完成させるためのジグソーパズルの最後の一ピースも、これから話すなかに出てくる。いよいよ次の二章でそうした話題をとりあげることになるが、ひとつめの話題は、何を今さらと思えるような話かもしれない。

色彩について検討するからには、色彩を受け取る側についても考えねばならない。現在のわれわれに見える色がこれほど多彩でしかも繊細であることには理由がある。「見える」という言葉には二重の立場が投影されている。見る側であると同時に見られる側でもある器官が存在する。それが「眼」である。

第7章　眼の謎を読み解く

比類のないしくみをあれほどたくさんそなえている眼が、自然淘汰によって形成されえたと考えるのは、正直なところ、あまりに無理があるように思われる。

――チャールズ・ダーウィン
『種の起源』（初版、一八五九年）

「完璧にして複雑きわまりない器官」

ここまでの章では、過去、現在を問わず、動物行動は光の影響を強く受けてきたことを説明し、光は進化の重要な推進力であり、生物を多様化させた原動力であることを明らかにしてきた。本章では眼についてとりあげ、光が動物とその進化にこれほど大きな影響力をもつ理由について考える。つまり視覚のもつ意味が本章のテーマである。

眼は、大気中を透過する光の波を映像に変換する検知器である。太陽から出て地球の大気圏内に入ってきた光の波は、そこらじゅうにあるさまざまな物体にぶつかって反射する。動物に当たると光の波に変化が生じ、それがどんな動物で、環境中のどこにいるのかといった情報を伝える。眼は、そうした情報をもらさずキャッチする。眼は視覚と呼ばれる感覚を生みだすが、それは眼だけに特有の能力である。環境中にはさまざまな波長の電磁波が飛び交っているが、色はない。色は脳のなかにしか存在しない。

第4章で、先カンブリア時代の環境は、今日の洞窟内の環境に似ていたのかという疑問にふれた。本章を読み終えるころには、光、眼、視覚の関係が像を結び、そのような考え方は根拠薄弱であることがわかるだろう。地球は四六億年前に誕生し、太陽もほぼ同じころに生まれた。したがって、先カンブリア時代からすでに、ある程度の日光は地球表面に届いていたはずである。では次なる問いに移り、カンブリア紀の謎の最終解答にとりかかるとしよう。さらなる手がかりがまだ二つ、第7章と第8章に残されており、それがカンブリア紀のジグソーパズルを仕上げる最後のピースとなる。だが、さしあたっては、「眼が視覚を発明したのはいつか」という問いの直接の手がかりを探そう。

この問いへの解答を与える前にまず、化石動物の眼を理解するためにも、現生する動物のさまざまな眼を見ておく必要がある。ダーウィンは眼を「完璧にして複雑きわまりない器官」と称した。「眼」とは、光を利用して物体を識別するための映像を形成する能力を有する器官をいう。「完璧にして複雑きわまりない」構造でないと、効率のよい眼とはなりえない。したがって第4章でも指摘したように、眼はきわめて高価な装置なのだ。ところで、眼そのものは、見るという行為全体の第一幕にすぎない。第二幕で、視覚情報が電気信号として眼から脳に伝達され、第三幕で、脳で像が結ばれる。視覚を得るには、眼と脳の両方が必要なのだ。

本章のねらいの中心は、眼が地球上に出現した経緯を追うことにある。化石には眼しか保存されておらず、見るという行為の第二幕、三幕に関する情報はない。したがって本章では、主要なハードウェアである眼そのものの構造を中心に論じる。精巧な光学装置をもつ眼は鮮明な像を結ぶ脳につながり、粗末なデザインの眼は粗末な像しか結ばない脳につながっていると考えていいだろう。つまり、ハードウェアが複雑ならばソフトウェアも複雑と考えられる。立方クラゲ（アンドンクラゲ）類だけがこの説に逆らっているのだが、いずれにしろ立方クラゲ類は変わりものである。

光の波から像を形成する視覚は、きわめて複雑な光受容の様式だが、光受容の様式はこれだけではない。先カンブリア時代の生物と関連が深く、本書にとってもとても重要なのは、もっと単純で初歩的な様式である。初歩的な光受容様式は「光感知」、これを行なう受容器は「光感知器」と呼ぶことにしよう。本章ではまず、「見るべきか、見ざるべきか」という興味深い問題をとりあげる。本書ではこの後もずっと、この二つの選択肢とそれに関連する器官とをきちんと区別することが肝心である。

光を感じることと見えることとは別

バクテリア、動物、植物の違いを問わず、光感知とは、結局のところ、光子という光の「かたまり」がぶつかったときに有機分子が示す単純な反応である。光感知はさまざまな単細胞生物で見られる。たとえばアメーバやミドリムシなどは、細胞内の物質に光感受性がある。そうした動物は、光を利用して上下を識別し、運動の方向を決める。

多細胞動物では、独立した感光細胞あるいは器官が光感知の役割を担っており、その複雑さの度合いは動物によってまちまちである。もっとも基本的な光感知器は眼点である。眼点は、黒い色素に裏打ちされた感光面をもつ小さなくぼみであり、原始的なレンズがかぶさっているものもある。眼点をもつもっとも単純な多細胞動物はクラゲである。

クラゲの縁弁《えんべん》器官には、重力、触覚、化学物質、圧力、温度などを感知する受容器に加えて眼点が含まれていることもある。しかし、一般に眼点はクラゲの感覚器官のなかではもっとも未発達で、大部分のグループはレンズをもたない。ほとんどのクラゲの色素細胞は光を検知するものではなく、む

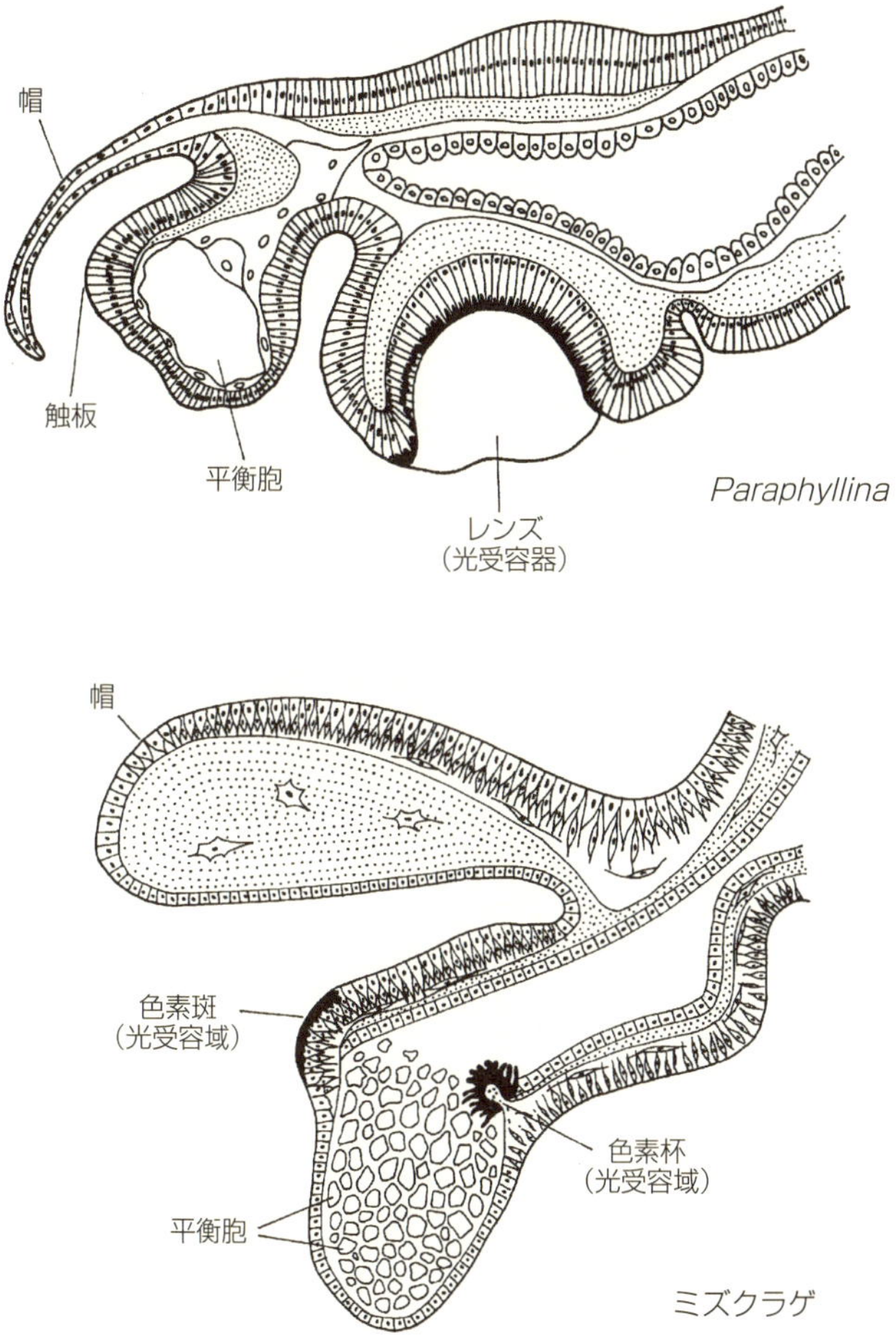

2種類のクラゲ *Paraphyllina intermedia* と *Aurelia aurita*（ミズクラゲ）の縁弁器官。複雑さの度合い（とくに光受容器）が異なっている。

しろ光をさえぎるために進化したものと考えられる。すなわち、光を吸収して、その下にある、他の刺激を検知するための感覚細胞を保護するためのものらしい。しかし、レンズで覆われた杯状の感光面をもつある種のクラゲには、光の有無に反応する能力がある。

同じような杯状の眼点は、扁形《へんけい》動物門、紐形《ひもがた》動物門、多毛類（環形《かんけい》動物門）、ヤムシ（毛顎《もうがく》動物門）、軟体動物門、ホヤ（原索動物門）など、多くの動物門で見つかる。扁平ではなく杯状になっている光感知器の利点は、その湾曲面にある。半球状の湾曲面に当たった太陽光線は、湾曲面全体ではなくその一部分にしか当たらない。それに対し、平面の場合は、面全体が太陽光線に照らされる。つまり、湾曲面であることにより、光源の方向を感知できるというわけである。扁平な光感知器しかもたないある種のハエの幼虫（蛆《うじ》）は、それでもなんとか光源を見つけようとして頭を左右に振る。こんな方法をとる動物は、当然ながら、それほど多くはない。

ここまで述べてきた基本的な光受容器は、像を結ばないので、眼とは呼べない。眼が誕生するのは、光受容細胞が本格化して「網膜」を形成したとき、すなわち、眼の内側が神経細胞の薄い層で覆われたときである。網膜は、そこに投影された像ならば何でも正確に検知するため、何らかの装置をつけ足して、網膜上に鮮明な像を結ぶことが肝要である。カメラに高感度フィルムを装塡しても、レンズがなければ意味がない。こうした条件がすべて満たされて初めて、眼をもつにいたる。つまり、「見る」ことが可能な段階に到達する。ただしそこにいたるまでに経るべき関門は高く、そのことはいくら強調してもしすぎることはない。

光の採り入れ口の数によって、眼は単眼と複眼の二種類に分類できる。

見るための光の入口

単眼

単眼は、光の入口がひとつなのでこう呼ばれる。眼として、理屈上は、もっとも単純なデザインである。軟体動物には多種多様な光感知器すなわち「眼点」が見られるが、眼の種類もきわめて多様である。とはいえ、軟体動物の眼はどれもみな単眼である。単眼は、名前こそ貧相だが、ちゃんとした映像を形成し、意外に手の込んだハードウェアをそなえている例が多い。動物には三種類の単眼が認められるが、そのすべてが軟体動物で見つかる。

第2章で古生物学上の謎を解くために使われたオウムガイは、レンズの助けを借りずに網膜に像を結ぶユニークな単眼をもっている。二〇〇〇年以上も前から中国人は、壁の小さな穴から暗室に光が入ると、反対側の壁に倒立像が結ばれることに気づいていた。レオナルド・ダ・ヴィンチが発明した「カメラ・オブスキュラ」は、この原理を復活させたものである。しかし中国人とてやはり、オウムガイがはるか昔から使っていた原理をそうとは知らずにまねたにすぎない。

オウムガイの「窩眼《かがん》」の結像機構は、黒い虹彩に囲まれた小さな瞳孔《どうこう》、いわば「ピンホール」にある。ピント調整はせずに、ピンホールを通して採光するだけだが、ある程度の調節はできる。光の方向を正確に知るために、網膜のモザイクが非常にこまかく、一点から出た光が一部の光感知細胞だけに当たるようになっている。しかし、このタイプの眼には深刻な欠点がある（だからこそ、この手の眼をもつ動物はごく少数なのだ）。明るい像を得るには大きな瞳孔を必要とする一方で、くっきりと鮮明な像を結ぶには瞳孔を小さくする必要があるのだ。オウムガイは、瞳孔すなわちピンホールを大きくする方式を採ったため、ぼやけた像でがまんするはめになった。

　アイザック・ニュートンは、一七〇四年に出版した著書『光学』のなかで、レンズの代わりに凹面鏡を利用した望遠鏡の構想を明かしている。現代の衛星放送受信用パラボラアンテナが電波を集めるように、凹面鏡に当たった光は焦点に集まる。焦点の位置に小さな平面鏡を四五度の角度で置き、集まった光が望遠鏡側面の穴から出るようにして接眼レンズで観測するのだ。この「ニュートン式」反射望遠鏡は今でも広く使われている。

　凹面鏡は、立派に眼のレンズの代わりにもなる。ホタテガイは、殻の縁のすぐ内側の外套《がいとう》膜にたくさんの眼をもっている。それらの眼は、まるで小さな鏡のように銀色で、実際に鏡をそなえている。一個一個の眼の、像を結ぶ網膜の後ろ側に、車のヘッドライトの反射板に似た半球状の凹面鏡が組み込まれているのだ。ほとんど集光されることなく透明な網膜を通過した光は鏡で反射され、ちょうど網膜上に焦点を結ぶ。すると網膜が光線を吸収し、その像をとらえる。この鏡はメキシコの洞窟魚の皮膚と同じしくみで、さまざまな厚さの薄膜が重なった層状構造になっている。この反射鏡式の反射眼は、集光能力をもっている点で窩眼より向上している。しかし、はじめに網膜を通

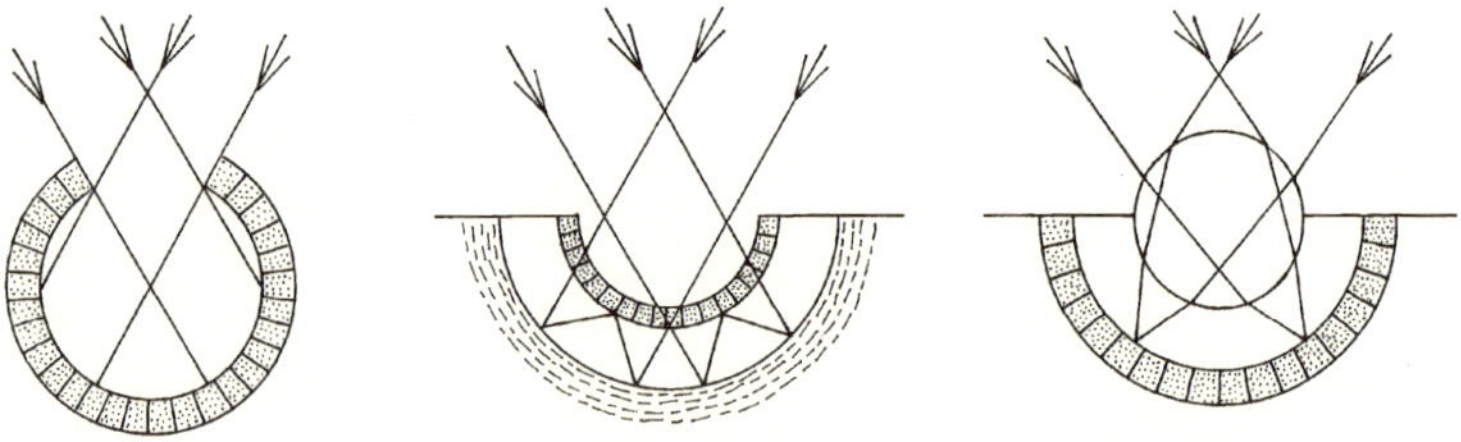

3種類の単眼である窩眼、反射眼、カメラ眼と、それらの像の結び方。網かけの部分が光受容器（網膜）。反射眼には網膜の下に鏡（破線部分）が、カメラ眼にはレンズがついており、いずれも光を焦点に集めて鮮明な像を結ぶ。

る光を集束せずに通過させてしまうため、眼としての性能はそれほど高くない。そのこともあってか、反射眼は、主としてホタテガイとその近縁の二枚貝に限られている。

軟体動物の単眼の第三のタイプは巻き貝に見られる。巻き貝は、皮膚から離れたところに、大きな球面レンズをそなえた眼をもっている。このような眼をカメラ眼と呼ぶ。しくみはカメラと同じで、一個のレンズで光をフィルムすなわち網膜上に集束させ、虹彩《こうさい》を調節して「瞳孔」を通る光の量を変化させる。全体のデザインはとてもシンプルだが、像を見るには理想的な眼であり、他の動物門にも多様なカメラ眼が見つかることで、その出来のよさがわかる。

多毛類のなかでもっとも性能のよい眼は、ウキゴカイ類と呼ばれるグループの眼である。このグループで海面を浮遊して生活する種はカメラ眼をもっていて、緻密な構造をもつ二層の網膜、二種類の「液状」物質の層からなる眼球、よく発達した球面レンズと「角膜」（眼の外被）がそろっている。網膜には約一万個の光受容細胞が並んでおり、レンズが像を結ぶ焦点面に位置している。

脊椎動物では陸生・海生を問わず、カメラ眼が視覚の標準装備となっており、ヒトの眼もカメラ眼である。カメラ眼は多毛類や軟体動物のほか、節足動物門のクモ類や甲殻類、それだけでひとつの門をなす有爪《ゆうそう》動物（カギムシ）、さらに刺胞動物門の立方クラゲ類にも見られる。カメラ眼のデザインは、レンズがどのように形成されるかで決まる。眼の内部で形成されるものと、外部で形成されるものとがあるが、後者の場合、レンズは皮膚や外骨格から発生し、角膜と呼ばれる。

環境中のさまざまな場所からの光線を一点に向けて屈折させることで、焦点は合う。光線の屈折は、境界面を形成している物質（媒質）の違いと、光線に対する境界面の角度によって決まる（プリズムを思い起こしてほしい）。陸上における視覚への適応と水中での適応とでは異なっている。第3章で述べたように、空気中と水中とでは、媒質が異なるせいで、光のふるまいも異なるからである。水中と角膜中では光のふるまいが似ているので、海生種の角膜は、光線にとってはほとんど境界面とはならない。したがってこの場合は、眼のなかのレンズが焦点合わせのほとんどを担うことになる。一方、空気と角膜とでは光の屈折率がかなり異なるため、空気中から陸上動物の眼に入る光は、境界面で、ある角度をなして屈折する。つまり、陸上動物の角膜はそれ自体が強力なレンズの役目を果たしている。

一九世紀の英国の物理学者ジェイムズ・クラーク・マクスウェルは、朝食に出されたニシンを眺めながら、水中での焦点合わせという問題に興味を抱いた。さっそくニシンの眼にナイフを入れたマクスウェルは、ニシンが球面レンズをもっていることを発見した。

球面レンズは魚の眼では典型的なもので、レンズ面の湾曲が大きく、光と急角度で接するため、薄い両凸レンズよりも光線を大きく屈折させる。しかし球面レンズには問題もある。球面収差である。そのため、カメラに球面レンズを使うことはない。そのかわりに、両凸レンズを何枚か組み合わせて用いる。球面収差が生じるのは、レンズの周縁部を通る光とレンズの中心軸を通る光とで焦点面がずれてしまうからだ。周縁部を通る光が曲がりすぎてしまうのである。いずれから進入した光線も同時に像を結ぶには、網膜が同時に二カ所になければいけない。しかしそんなことは不可能である。では、きわめて鮮明な像を見るために、魚はどうしているのだろう。解決法はひとつしかない。マクスウェルはその答を見出した。

レンズをもっと扁平にして湾曲を少なくし、光線との角度をゆるやかにすると、焦点はレンズから遠く離れることになり、網膜を納めるには巨大な眼球が必要になってしまう。角度を変えられないとしたら、球面収差を解決する方法はただひとつ、媒質を変えるしかない。マクスウェルは、魚のレンズの材質は一様ではなく、中心から外側に向かって徐々に変化しているのではないかと考えた。

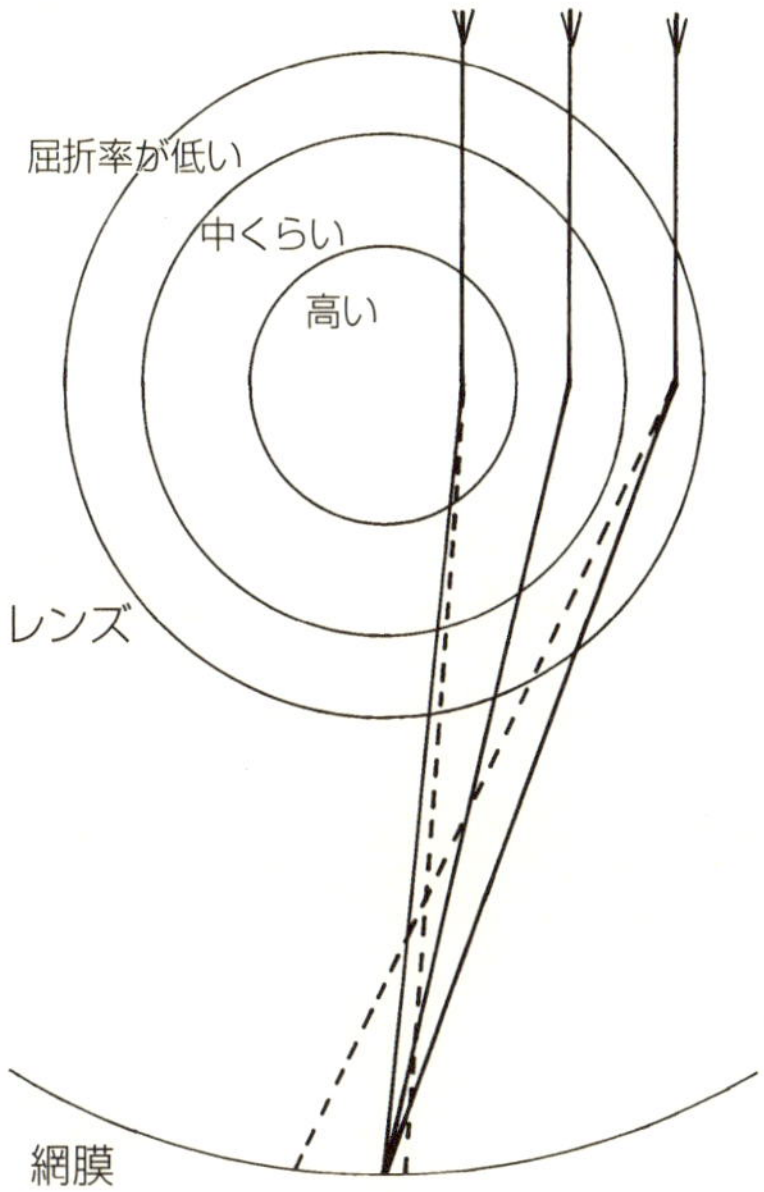

不均一型のレンズ（材質の屈折率は3段階だけしかないことにしてある）を通る光線（実線）が集束するようす。点線は、均一なレンズを通る場合の光線の進路。この場合は、周縁部では急角度で入射するため、曲がり方が大きい。それに対して不均一型のレンズでは、周縁部よりも中心部のほうが屈折率が大きいため、入射角度がもたらす差が打ち消される。

その後、正確な測定がなされた結果、魚のレンズの周縁部分は光学特性が水と似ており、光をわずかしか屈折させないことが今ではわかっている。湾曲しているレンズの周縁部では、光がかなりの急角度で入射するため、本来ならば光の進路は大きく屈折する。しかし周縁部の屈折率は小さいため、光線が実際に曲がる角度はその分だけ小さくなる。一方、レンズの中心軸付近では、光線の入射角度はほぼ直角に近い。そのため、レンズの中心を通る光線と周縁部を通る光線とが網膜に同時に届くように、レンズ中心部は光学特性が水とはかなり異なる材質でできており、光の屈折率を大きくすると同時に網膜までの到達時間を遅らせている。レンズ中心部を通る光は最短コースを進むこともあって、光の速度を遅くすることは重要である。こうした工夫が総合されて、ある瞬間に眼に当たった光線は、すべて同時に網膜上の同じ位置に焦点を結ぶ。なんともすごい！　鮮明な像が、どの方向からの光に対しても同じようにくっきりと結ばれるのだ。

当然のことながら、不均一型レンズは水中における進化において大成功をおさめた。海生哺乳類やオタマジャクシ、タコやイカ、タマキビガイ、ホラガイ、淡水生巻き貝などの軟体動物でも、このタイプのレンズが見られる。現生動物の眼の権威である、英国サセックス大学のマイケル・ランドは、もしオウムガイが窩眼ではなく同じサイズのカメラ眼をもっていたとしたら、感度は四〇〇倍、解像度は一〇〇倍になると計算している。感度とは、受容器細胞に十分な光を取り入れる能力のことで、解像度とは、異なる方向からの光線を別々に識別して（ぼやけずに）受け取れる正確さをいう。

陸生脊椎動物の眼では、角膜が屈折の二〇〜六七パーセントを担当する。そこでレンズには、ぼけを補正し、距離の差を調整する機能が特別に組み込まれている。さもないと、近くの物体は遠くの物体よりもレンズから遠い位置に結像してしまうからだ。哺乳類、鳥類、そして大部分の爬虫類は、この目的をかなえるために、レンズや角膜の形状を変化させることで、焦点面の位置を調整している。

小さな筋肉を使ってレンズを引き伸ばすのだ。それに対して魚類、カエル、ヘビは、レンズを前後に移動させる。両生類のなかには、レンズを移動させて、水陸両用に調整可能なものもいる。

ほとんどのクモ類には小さな単眼しかないが、ハエトリグモとコモリグモは例外である。厚い角膜つきのカメラ眼をそなえていて、鮮明な像を結べるのだ。ハエトリグモの大きな眼は尋常ではない。猛禽類の眼のように、網膜の表面が大きくくぼんでいて、それが凹レンズのはたらきをする。つまり、拡大された倒立像を結ぶのだ。望遠レンズの後方に凹レンズを組み込むのと同じしかけと考えてよい。

ハエトリグモの大きな眼が尋常でないもうひとつの理由は、網膜が縦に細長くて、垂直方向には約二〇度の視野があるのに、水平方向にはわずか数度の狭い視野しかないことだ。幅の細さを補うために網膜を横方向に動かし、コピー機が画像をスキャンするように、視野をぐんと広げる。同様のメカニズムは、巻き貝や甲殻類の一部でも見られる。虹色に光ることから泳ぐオパールとも呼ばれるホタルミジンコ（サフィリナ）など、ある種の甲殻類では、このしくみがさらに発達している。斑点にも等しい網膜にはわずか数個の光受容細胞しかないのだが、つねにあらゆる方向に動かすことで、その乏しい細胞を絶え間なく活用しているのだ。

虹彩はカメラの絞りのようなもので、瞳孔を大きくしたり小さくしたりすることで、眼に入る光量を調整している。ところが、カメラ眼には明るさを調整するしくみがさらにもうひとつ組み込まれている場合があり、それには網膜の後ろに位置する反射膜が関係している。脊椎動物にも、ホタテガイのように眼の網膜の後ろに鏡をもつものがあるのだ。ただしこの鏡の役割は、光を集束させることではない。レンズですでに集束済みだからである。この場合の鏡は、夜行性への適応なのである。暗順応時には、一度目は網膜細胞を素通りした光線が、反射膜によって網膜に戻される。初回に検知されなかった光に二度目のチャンスが与えられるというわけで、光が最大限有効利用される。夜中に、ヘッドライトや懐中電灯の光線がネコやワニの眼の反射膜に反射して、「眼が光る」ことがあるが、これは網膜が一度目も二度目も取り逃した光である。光量がきわめて少ない場合は、眼に当たる光線すべてが視覚にとって貴重となる。見えるか見えないかぎりぎりの勝負である。しかし、光量が多い場合は、反射膜は無用の長物となり、光を吸収する黒い色素で覆い隠される。これは、カメラ眼をもつ夜行性動物の多くに実際に共通するしくみなのである。

少しばかり寄り道をして、視覚の最低水準を下回る領域について触れると、光感知器のなかにもじつは網膜やレンズをそなえたものがある。サソリや、造網性クモ類の多く、さらには大半の巻き貝類がそうした受容器をもっている。ただしここで重要なのは、サイズが小さい点である。そのような小さな受容器は、網膜があまりにもレンズに近すぎるせいで、網膜上に像を結ぶことができないため、「眼」とは呼べない。そうした光受容器はおそらく、広い角度からの光をとらえて、その平均的な明るさや色を感じとる役割を果たしているのだろう。すでに述べたように、その程度の光感知器は本書で注目するテーマの対象外ではあるが、レンズや網膜をもつ構造の造りやサイズによって、どれほどの情報が得られるかを知る参考にはなる。

本章で現生動物の眼について説明するのは、ひとえに、古生物学の世界を探検する道具を手に入れるためである。単眼によく似た構造の内部を観察することができれば、視覚映像が形成されたかどうか、ほんとうの単「眼」だったのかどうかを推定できる。カンブリア紀の謎との関連で化石を調べる際には、サイズに関する情報がさらに重要となるだろう。とはいえ、内部構造までわかるような眼の化石はごくごくまれである。そのため、化石の眼のなかでもっとも研究が進んでいるのは、もうひとつ別のタイプの眼、すなわち、外表面だけから視覚に関する情報がたくさん得られるような眼である。現在の地球上に生息する動物の少なくとも半数は、複眼をそなえている。

複眼

複眼の話を始める前に、やや下等な眼点に少しだけ触れておく。多毛類の一グループに見られる眼点は、他の動物の眼点とは異なっている。違いはその配置にある。頭部に密生して生えている羽毛のような糸の上に、眼点がグループをなすように存在するのだ。

眼点のひとつひとつには、感覚毛が伸びてできたチューブ状の部分がある。そのチューブは皮膚が陥入したなかに収まっていて、レンズの役目を果たしている。そしてその底に、光受容器のよく発達した部分がある。それが「網膜」なのだ。眼点のグループ中には光を吸収する色素細胞が存在し、同じ光線が二個以上の眼点に作用を及ぼさないようになっている。しかし、個々の眼点が集めた情報は巧みに統合されるため、精巧な複合器官をなしているといえる。こうしたタイプの器官を複眼と呼ぶ（ただしこの眼については、視覚の水準にはまだ達していない）。

複眼は、単眼と違って光の採り入れ口が複数あり（それで複眼という名がついている）、必ず「個眼」と呼ばれる多数の個別ユニットで構成されている。多毛類やサルボウガイなどにも未発達なものが見られるが、複眼はやはり節足動物の特徴である。もっと正確に言うと、現生動物で複眼をもつのは、甲殻類、昆虫類、それとカブトガニ（カニという名前はついているが、サソリに近い）である。複眼は精巧な視覚器官に進化をとげており、貝虫類のなかには複眼が体の三分の一を占めるものもあるほどで、結像様式も多様である。

複眼の原理については、生物学者のジグムント・エクスナーが一八九一年に画期的な説を発表した。これは、生物学者にとっても光学の理論家にとっても特筆すべき出来事になった。エクスナーは、単眼の概念をそのまま複眼にあてはめようとする当時の常識を根本からくつがえし、複眼の焦点合わせ機能は「レンズシリンダー」にあると考えた。通常のレンズは、湾曲面を横切るときの光の屈折を利用して光線を集束させる。それに対してレンズシリンダーは、光がシリンダーの端から端まで進むあいだに徐々にその進行方向を変化させる。形状は文字どおりシリンダー状だが、ちょうどマクスウェルがそのしくみを見抜いた魚のレンズのように、成分組成に勾配をつけて、光に対する効果を違えてある。レンズシリンダーの密度が最大で、光の到達速度がもっとも遅いのは中心軸に沿った部分で、屈折率は周縁部にゆくほど小さくなる。レンズシリンダー全体がひとつとなって、通常のレンズと同じ結像特性をもたらしているのである。ただし、複眼の種類によって、レンズシリンダー以外の方式もいろいろある。

昆虫や甲殻類の複眼は、外見を見たかぎりではどれもよく似ているが、焦点合わせや結像のしくみはさまざまである。複眼は基本的に、連立像眼と重複像眼の二種類に分けられる。連立像眼の個々の個眼は光学的に隔離されており、それぞれが環境の異なる方向の情報を集めている。個々の個眼内で結ばれた小さな像が、ジグソーパズルのように集められて、完全な像を形成するのだ。それに対し、重複像眼の個々の個眼は光学的に統合されていて、個々の個眼に入ってきた光が重ね合わされて、網膜上の同じ場所にひとつの像を結ぶ。焦点合わせや結像のしくみの違いによって複眼をさらに分類すると、連立像眼にも重複像眼にもさまざまな種類がある。

重複像眼は、最大何百個もの個眼が集まってできている。レンズと網膜は大きく離れ、そのあいだを透明な物質が満たしている。個眼は完全なチューブではないため、隣の個眼のレンズから入ってきた光が別の光受容器に届くこともある。エクスナーがこのことに気づいたのは、ツチボタルの角膜が個別ユニットとしてではなく、ひとつの組織として機能することを発見したからだった。ツチボタルでは角膜がレンズを形成しているが、エクスナーはツチボタルの眼の中身を出して、レンズ群をまる

ハエの頭部の走査型電子顕微鏡写真。網目状の構造が複眼。

ごと取り出して調べてみた。その結果、個々のレンズが別々の倒立像を結ぶわけではなく、全体でただひとつの正立像を結ぶことがわかった。ということは、すべてのレンズが網膜上の同じ位置に焦点を結ぶことになる。

甲殻類のなかには、レンズシリンダーのない眼をもつものもある。そうした眼の焦点合わせのしくみが初めて明らかになったのは、一九七五年のことだった。ザリガニの眼を研究していたマイケル・ランドと、深海のエビの眼を研究していたドイツの生物学者クラウス・フォクトは、それぞれ独自に、個々の個眼が鏡で内張りされている重複像眼を発見したのだ。その鏡は、魚の皮膚に見つかる鏡と似たもので、断面が真四角のミラーボックスを形成していた。エクスナーは、個眼の真四角の断面を図に残してはいたのだが、その内面が銀色であることは見逃していた。そのボックスの内側が鏡張りと考えれば、光線は内壁に反射して方向を変え、最終的にすべてが網膜上の一点に集まってそこに像を結ぶことがわかる。つまりミラーボックスが、焦点合わせの役割を果たしているのだ。

一九八八年、重複像眼の第三のタイプが、いろいろな種類のカニで見つかった。発見者は、現代におけるもう一人の眼の権威、スウェーデンのルンド大学のダン・エリク・ニルソンである。このタイプの眼は光学的に複雑で、通常のレンズ、シリンダー状のレンズ、凹面鏡、光ファイバーが複雑に組み合わさっている。結像のしくみも手が込んでいて、三系統がそれぞれ独立にはたらくしくみになっている。ただしこのタイプの眼が像を結ぶしくみはハードウェアを見るだけで予測できることから、化石の眼からでも十分な情報を得ることが可能である。

複眼には光量調整を行なう虹彩はないが、それに代わる別の手段がある。必要に応じて、黒い色素で光の一部を吸収し除去するのだ。ネコやワニなどの夜行性脊椎動物は、余分な光を反射させないために、反射膜を色素で覆う。余分な光を色素で吸収する点は同じだが、複眼では、色素の存在する場

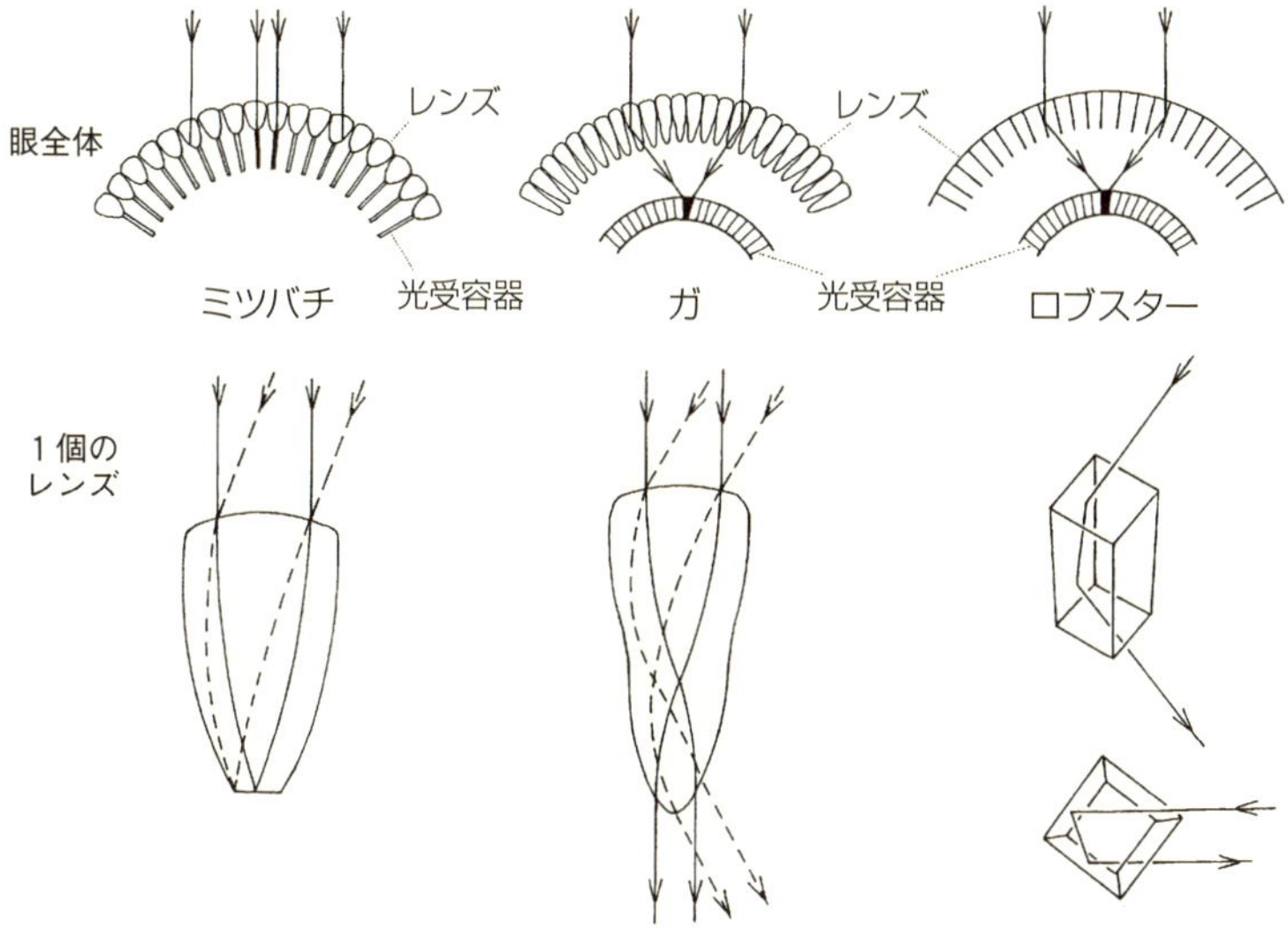

複眼が像を結ぶしくみ。ミツバチ（連立像眼）、ガとロブスター（いずれも重複像眼）の例が示してある。ガでは濃度勾配をなす材質によって、ロブスター（側面図と上面図）では鏡によって、焦点を合わせている。

所が異なっている。重複像眼に強い光が当たると、レンズと網膜のあいだを黒い色素が移動して光線の一部を吸収するのだ。極度に強い光にさらされた場合、光を吸収する色素を高密度に含む襟《えり》というか管で、個々の個眼を光学的に隔て、重複像眼を連立像眼として機能させてしまうこともある。

現生動物の眼の構造や光学特性はおおむねよく理解されており、それをもとに、その持ち主がものをどう見ているかについてはいろいろとわかっている。構造ならば、絶滅した動物の化石にも保存されている可能性がある。さあこれで、化石の眼を調べる準備がととのった。

祖先の眼

コノドントの大きなカメラ眼

コノドントという動物の名前は、ギリシア語で「円錐状の歯」という意味である。そう名づけられたのは、顎《あご》のような構造物と骨の断片しか見つかっていなかった状態がしばらく続いたことによる。コノドントはカンブリア紀に現われて、二億二〇〇〇万年前に絶滅した。地層の年代決定や照らしあわせ（対比）のために便利に用いられてきたにもかかわらず、一九八〇年代はじめまでは、コノドントがいったいどんな姿の動物だったかまったくわかっていなかった。ところが、スコットランドのエジンバラに近いグラントン・シュリンプ層から、約三億四〇〇〇万年前の完全なコノドントの化石が発見された。その化石を見ると、コノドントはウナギのような姿の動物で、尾ひれに鰭条《きじょう》があり、頭部にはなんと大きなカメラ眼がついていた。

体長との相対的な眼の大きさをコノドント類の小型種と大型種とで比較すると、小型種のほうが体長のわりに眼が大きい。これは、一七六二年に発見された、小型動物は大型動物よりも、体のサイズのわりに大きな眼をもつという、眼の相対成長の原理と一致する。現生脊椎動物の研究から、眼の大きさは視覚の鮮明さに影響することが知られている。そして、コノドント類がかなり大きな眼をもっていたという事実は、脊椎動物の初期の進化について重要な情報を伝えている。

コノドント類は「無顎類」の幼生段階であるとする説は、あまり人気がない。無顎類とは、顎をもっていなかった原始的な魚類で、現生動物ではヤツメウナギ類とメクラウナギ類が含まれる。無顎類は、脊索動物門に初めて現われた真の脊椎動物で、カンブリア紀直後（オルドビス紀）のおよそ四億八五〇〇万年前に登場した。コノドント類のなかには、幼生としては相対的に小さな眼と大きな体をもつ種類がいることが、無顎類の幼生であるとする説への反証となる。そういうわけでコノドントは、真の脊椎動物を生んだ系統に近い（ただしその系統には属していない）とする説が一般に有力である。眼から得られた証拠が、大方の見解をこちらに傾けたのである。

現生する無顎類のなかでは、メクラウナギ類だけがコノドントよりも小さい「眼」をもっている。しかし、メクラウナギといえば、深海調査ＳＥＡＳのトラップにかかったあの原始的な魚である。その「眼」は、むしろ光感知器に近い。視覚映像は結ばないのだ。おそらく光が届かない暗闇の環境と海底の泥のなかに潜る習性に適応して退化したのだろう。それとは逆に、ヤツメウナギ類の眼はよく発達しており、コノドントの眼よりもおおむね大きい。しかもヤツメウナギ類には、コノドントがどのような視覚をもっていたかを知る手がかりを与えてくれるグループがいる。体が最小のスナヤツメ類である。

スナヤツメ類の小型種の眼は直径が一・五ミリメートルほどで、コノドント類のクリダグナトゥスの眼と同じ大きさである。いろいろな証拠から考えて、カメラ眼のサイズが同じくらいということは、視覚情報処理システムである細胞や神経系の複雑さも同程度であると見ていい。また、プロミススムというコノドント類は化石の保存状態がよく、眼の筋肉の痕跡も残されている。その証拠から見て、眼のサイズが同じくらいなら筋肉の発達もやはり同程度であると考えてよさそうだ。

小さなスナヤツメとの比較から、コノドント類はパターン視覚をもち、活動的な捕食者の生活を送っていたという、本書のテーマにとって重要な事実が引き出される。しかし、小型のコノドント類ほど、相対的に大きな眼をもっていたとはいっても、彼らの行動にとって視覚の果たす役割が大きかったという意味ではない。そうではなく、「眼」として機能する最低限のサイズに近い視覚器官をもっていたということである。つまり、それ以上小さかったとしたら、像を形成できなかっただろうという限界ぎりぎりだったのだ。現生する最小の陸生脊椎動物であるメキシココビトサンショウウオのカメラ眼は、直径一ミリメートルちょっとしかない。これが、正確な像を結ぶのに必要な最小限の眼のサイズと考えられている。

実際に存在した眼の最大限界は、体長が三〜四メートルはあったイルカのような姿をした爬虫類オフタルモサウルスの眼だった。恐竜が陸上で巨大な体を進化させていったのに対し、オフタルモサウルスは海中でカメラ眼の記録を打ち立てた。なんとサッカーボール大の眼をもったこの魚竜は、深さ五〇〇メートル以上の深海でその眼を用いていたのだ。そんな深さまで潜っていたのは、捕食者を避けるためか、深海にすむ獲物を求めてのことだったと思われる。あわれにもオフタルモサウルスは、ケーソン病（潜水病）をわずらっていた。潜水夫が急に浮上したときによく起こす病気である。急に海面に浮上すると、血中に溶けていた窒素ガスが減圧されて気泡となり、これが血管を塞ぐために組織が壊死《えし》を起こす。ケーソン病は目で見てわかる陥没を関節に残すが、オフタルモサウルスの化石にもそうした陥没が見られる。眼がそれほど大きくなかった祖先種には、ケーソン病の影響はあまり見受けられない。

太古の脊椎動物である初期の化石魚には、頭部に黒い斑点のあるものが多い。この斑点は何を示しているのだろう。ある無顎類化石の眼が、この疑問に答えてくれる。この化石魚は、他の無顎類に斑点が見られるのとちょうど同じ位置に、よく保存された眼球をもつ。斜めに切れ込みの入った、ほとんど球形に近い硬い眼球である。オーストラリア博物館の原始魚の権威アレックス・リッチーによると、斑点は眼球をとりかこんでいた軟組織、おそらく軟骨組織のなごりだろうという。こうしたカメラ眼の最古のものは、四億三〇〇〇万年前のジャモイティウス・ケルウッディの化石から見つかっている。この化石標本の眼にレンズが見つかったわけではないのだが、後に現われた近縁種のカメラ眼と比較すると、まちがいなく何らかの形のレンズがあったはずだとリッチーは考えている。

そういうわけで、眼は四億三〇〇〇万年前の化石から発見されており、現生動物の眼との比較から、どんな視覚をもっていたかも推定されている。では、さらに時計を巻き戻したら、もっと古い眼にお目にかかれるのだろうか。

バージェス動物の眼

バージェス頁岩採掘場に向けて、デズ・コリンズ率いる調査隊のベースキャンプを出発したぼくは、滑りやすい足下に注意しながらカナディアンロッキーの斜面をよじ登り、ようやく岩棚にたどり着いた。そこは昔から続く化石調査で掘られてできた岩棚で、奥の岩壁には採掘面が露出しており、色調の違いで堆積層がはっきりとわかる。狭い岩棚それ自体がテーブルのようなもので、進行中の調査で発掘された化石がところせましと置かれている。

眼下にはエメラルド湖、上方にはバージェス採掘場を望む見晴台に立ったとき、上方の採掘場には何やら青いものしか見えなかった。ほかの見学者たちと並んで望遠鏡をのぞきながら、いったい何だろうと思っていた。採掘場に到着してみると、それはただの古びたビニールシートだったのだが、重要な役目をもつシートだった。掘り出されたばかりの貴重な化石を高山の厳しい天候から保護していたのだ。なにしろいずれも一級品ばかりである。博物館の展示ケースに落ち着くまで、劣化させてはならない。ぼくはそれまで、豪華写真集や有名研究者の講演会で、数々のバージェス化石の写真を見ていたが、ついに、岩石から掘り出されたばかりの本物の標本を目の当たりにした。化石の保存状態はとても良好で、くっきりと輪郭をとどめており、すべての種類を見分けることができた。

薄く平らな頁岩のなかからいちばん大きいのを選んで手にとってみた。大きさは屋根葺《ふ》き用スレートほどもあり、その滑らかな表面には、バージェス動物群集のメンバー中最強のアノマロカリスが、細部まで鮮明に姿をとどめていた。その大きな体は、長さ・幅とも五〇センチ近い。頭部から伸びる摂食用付属肢がはっきりと確認できた。かつては、動物体の一部ではなく、エビの仲間の化石と考えられていたこともある、いわくつきの代物である。体の前端部には、そこが頭部であることを物語るもうひとつの目印があった。見間違いようのない、大きな一対の眼である。

それは、頭部の両側から突き出た二個のボタンのようだった。輪郭がつるりと丸いが、肉眼ではそれしかわからない。しかし、頭部の両側についていることから、眼以外の何ものでもないはずだ。第1章で述べたとおり、カンブリア紀の爆発以降、地球上に新しい動物門は現われなかった。現生する動物門は、カンブリア紀にはすでに存在していたのである（ただし一、二の例外はある）。また、現生動物の生活様式や機能は、カンブリア紀の祖先から変わっていないという通則もある。カンブリア紀の爆発という異例の出来事があって以来、事態を一変させる魔法の時代が訪れたことは一度たりともなかったのだ。ということは、アノマロカリスの頭部からわずかに突き出たボタンのようなものは、眼以外のものではありえない。

スミソニアン博物館の研究室に戻ったぼくは、やはりバージェス動物群集の一員であるワプティアの保存状態のよい眼を調べた。ワプティアは節足動物門に属するエビに似た動物で、おそらく甲殻類だと思われる。現生するふつうのエビと同じくらいの大きさで、眼の特徴もエビに似ているようだった。エビやカニと同じく、ワプティアの眼も柄（眼柄《がんぺい》）の先についている。ということはつまり、頭部とは独立に眼だけを動かすことができたはずである。眼前を横切るアノマロカリスの姿も見届けたにちがいない。眼だけを動かし、巨大な隣人アノマロカリスの挙動を追ったことだろう。昆虫の複眼は坐着眼と呼ばれ、頭部に固定されているため眼だけを動かすことはできない。それに引きかえワプティアのような有柄眼は、頭部を動かさずに視野を変えることができる。

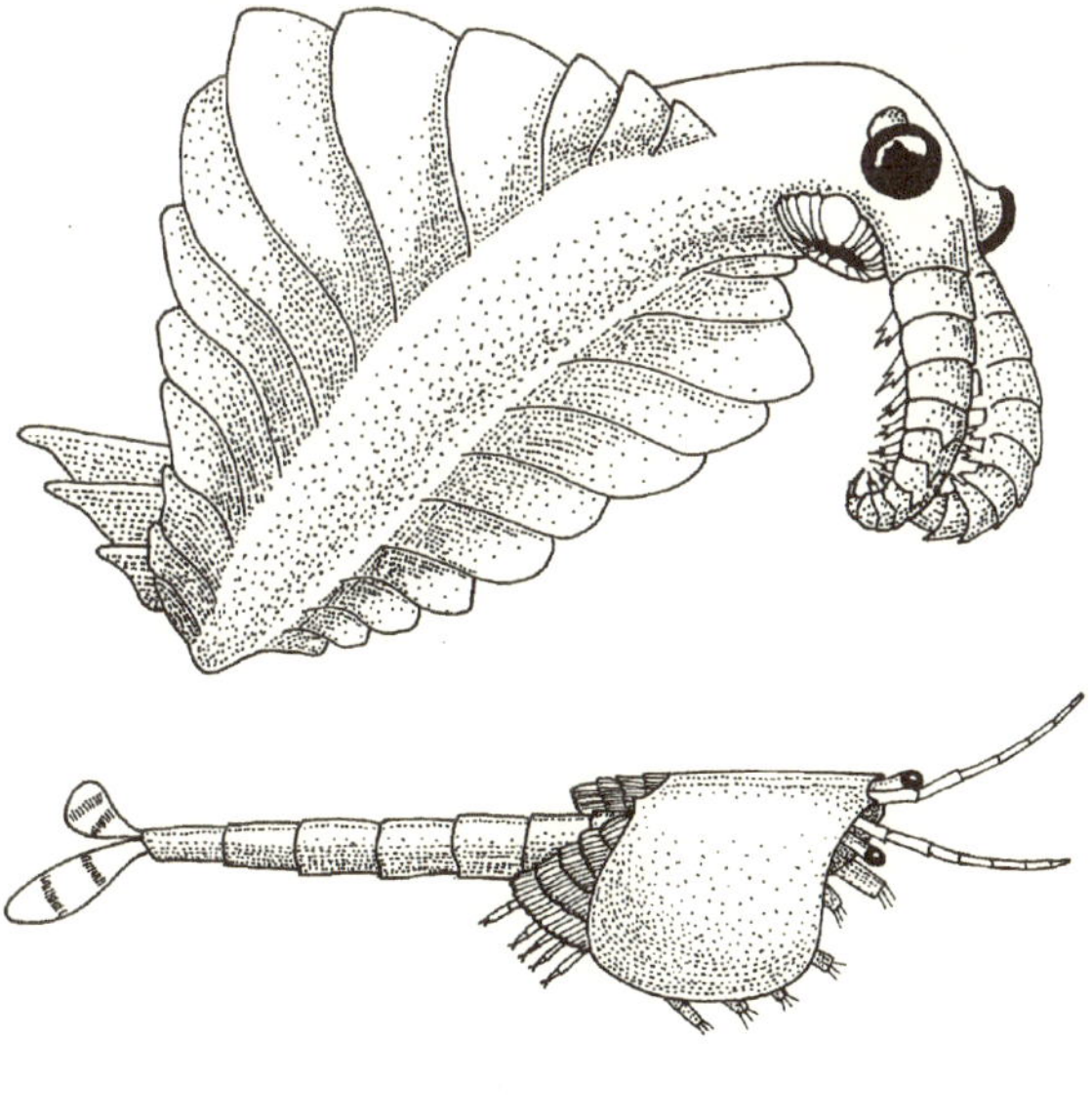

バージェス頁岩産のアノマロカリス（上）とワプティア（下）。体長約 7.5 ㎝のワプティアは、アノマロカリスよりもずっと小さい。

アノマロカリスの眼を顕微鏡で調べても新たな発見はなかったが、保存状態のよいワプティア標本の顕微鏡観察は貴重な情報をもたらした。ワプティアの眼の内部構造が明らかになったのだ。しかもそれは、現生甲殻類の眼の内部構造にそっくりだった。甲殻類であるアミの有柄連立像眼には、今日の海を泳ぐ動物たちの像が結ばれている。ワプティアの眼も、カンブリア紀の海の同じような像を映していたことだろう。ワプティアの複眼は連立像眼だったのだ。

スミソニアン博物館に所蔵されているバージェス頁岩産節足動物を丹念に調べたところ、眼をもち、視覚の恩恵に浴していたのはアノマロカリスとワプティアだけではなかった。まだまだおおぜいいたのである。

スミソニアン博物館のバージェス化石は、大きな金属ケースに納められたうえで、銀行の金庫室のような化石保管庫に収蔵されている。かつてチャールズ・ドゥーリトル・ウォルコットが収集した化石は、今はダグ・アーウィンの管理下にある。そのコレクションには、じつにさまざまな多細胞動物が含まれている。ダグの好意で、ぼくは彼の顕微鏡とバージェス化石保管庫の鍵と大きな木製トレイを借り受けた。

貴重な化石を調べるのは手間のかかる仕事だった。何十もの保管用キャビネットの、何百もの引き出しに標本がぎっしりと詰まっている。その引き出しをひとつずつ調べては、保存状態のよさそうなものを選んでトレイに載せてゆく。肉眼で見極めるのは難しいため、貴重な情報をもたらしてくれるはずの化石を見逃してしまった可能性はある。

ひとつ選ぶごとに、その化石を手元のトレイに移し、引き出しの空いた場所に博物館指定の貸出票を入れてゆく。それぞれの化石の裏には整理番号が記されているので、その整理番号と自分の氏名、標本の名前と産地を貸出票に記入する。こうした保護・監督の厳重さは、バージェス採掘場でもまっ

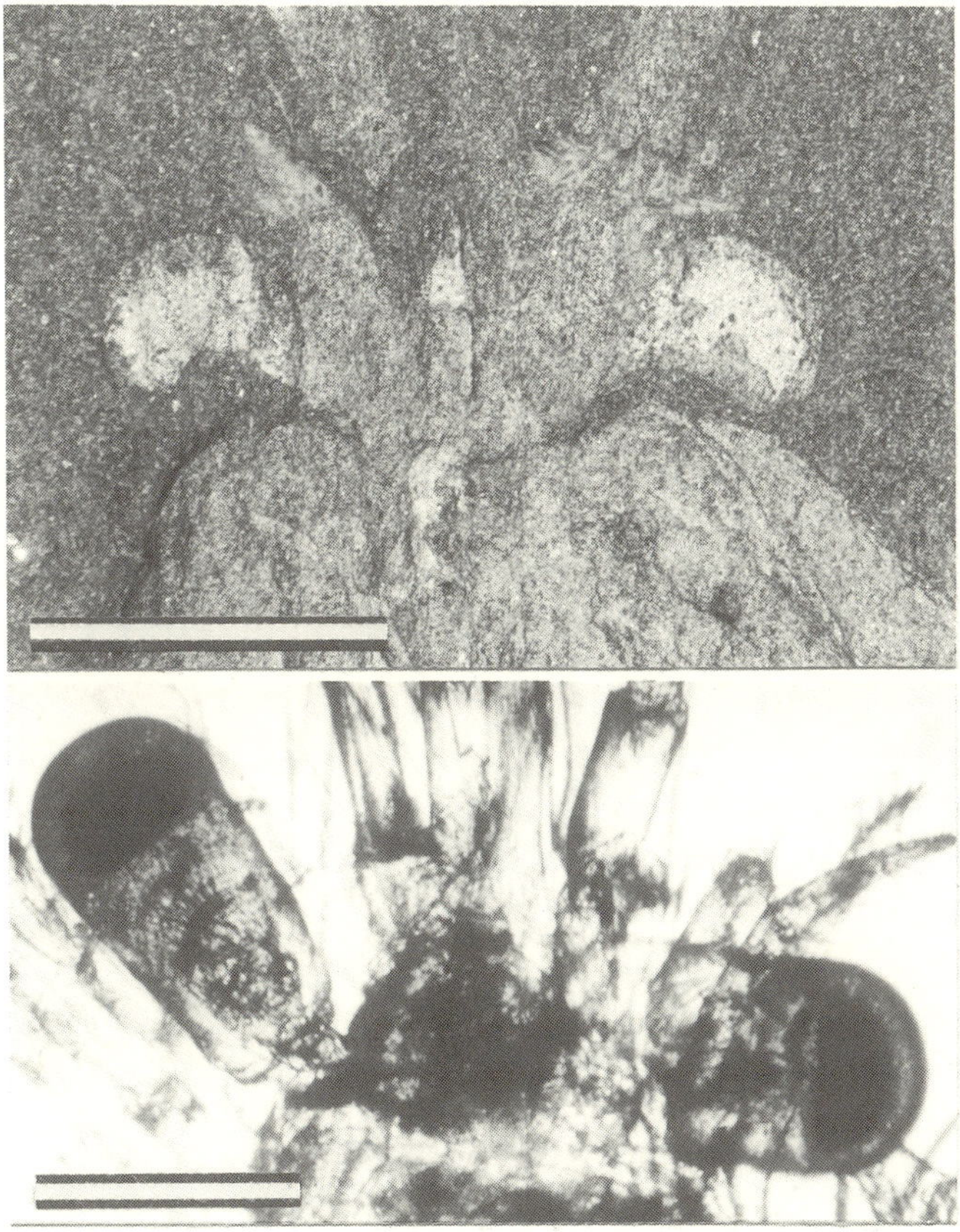

現生甲殻類アミと、バージェス頁岩産のワプティアの頭部の顕微鏡写真。眼の内部構造がよく似ている。図中のスケールバーは２㎜（上の写真）と0.5㎜（下の写真）。

たく同じだった。狭い採掘場に通じる道は一本のみ、切り立った斜面に裏口はない。採掘場の付近では、登山道の一方の端にベースキャンプをかまえているデズ・コリンズの調査隊が、登山道の事実上の警備にあたっている。採掘場から登山道の両方の出口まで、いずれも歩いて三時間以上かかるが、出口付近ではカナダ国立公園局レンジャーがパトロールを行なっている。こうした厳重な警備体制はたしかに成果をあげている。化石はさかんに取引されており、個人のコレクターや化石販売店が世界中にごまんと存在する。ティラノサウルスなど、恐竜の全身骨格標本まで取引の対象になっているが、バージェス頁岩産の標本はひとつたりとも見かけない。

ぼくはバージェス産節足動物、カナダスピス、オダライア、ペルスピカリス、サンクタカリス、サロトロケルクス、シドネユイア、ヨホイアの標本を調べた。そのどれにも眼があった。体長によって眼のサイズはさまざまだが、やはり小さい標本ほど、体のわりに眼が大きいようだった。そして、それらの「眼」は正真正銘の眼であり、現生種の視覚器官との比較からいって、それらの眼はカンブリア紀には像を結んでいたはずである。それ以外の多数のバージェス産節足動物については、保存状態に問題があったり、不都合な向きで岩石に埋まっていたりしていて、眼の有無の正確な確認はできなかった。標本の選び方がまずかったということもある。たとえば、バージェス産節足動物のなかでたぶんもっとも数の多いマルレラの眼を、ぼくは見つけられなかった。最近になって、デズ・コリンズとスペイン人の共同研究者ディエゴ・ガルシア・ベリードが、ワラジムシの現生種の眼とそっくりな眼をマルレラで見つけている。しかしぼくは、ひとつの確信をもつにいたった。眼をもつバージェス産節足動物は珍しくなかったのだ。

節足動物以外の動物門に属するバージェス動物にも眼をそなえたものがいるが、数は多くない。ネクトカリスと五つ眼の珍妙な動物オパビニアくらいではなかろうか。だが、オパビニアはおそらく節足動物と思われるし、ネクトカリスは節足動物より脊索動物に近そうだ。ただ、こうした稀少種を確信をもって分類するには、もっと多くの標本が必要である。ともあれ、節足動物以外のバージェス動物で眼をもつものは、ごくまれか皆無だろう。

バージェス頁岩動物群集は、カンブリア紀、より正確にいうならば五億一五〇〇万年前に生息していた動物群である。本章でいちばん知りたいのは、「史上初の眼が登場したのはいつか」である。およそ五億一五〇〇万年前の地球にはすでに眼が存在していたことはわかったが、カンブリア紀の爆発が起きたのは、五億四三〇〇万年前から五億三八〇〇万年前までのどこかの時点である。そこでバージェス頁岩動物群をいったん離れ、カンブリア紀のもっと古い（と思われる）化石に眼があるかどうかを調べてみよう。

カンブリア紀のほかの動物の眼

カンブリア紀の風変わりな化石といえば、現生甲殻類の祖先にあたる奇妙な節足動物カンブロパキコーペとその近縁種だろう。スウェーデンのオルステン石灰岩から見つか

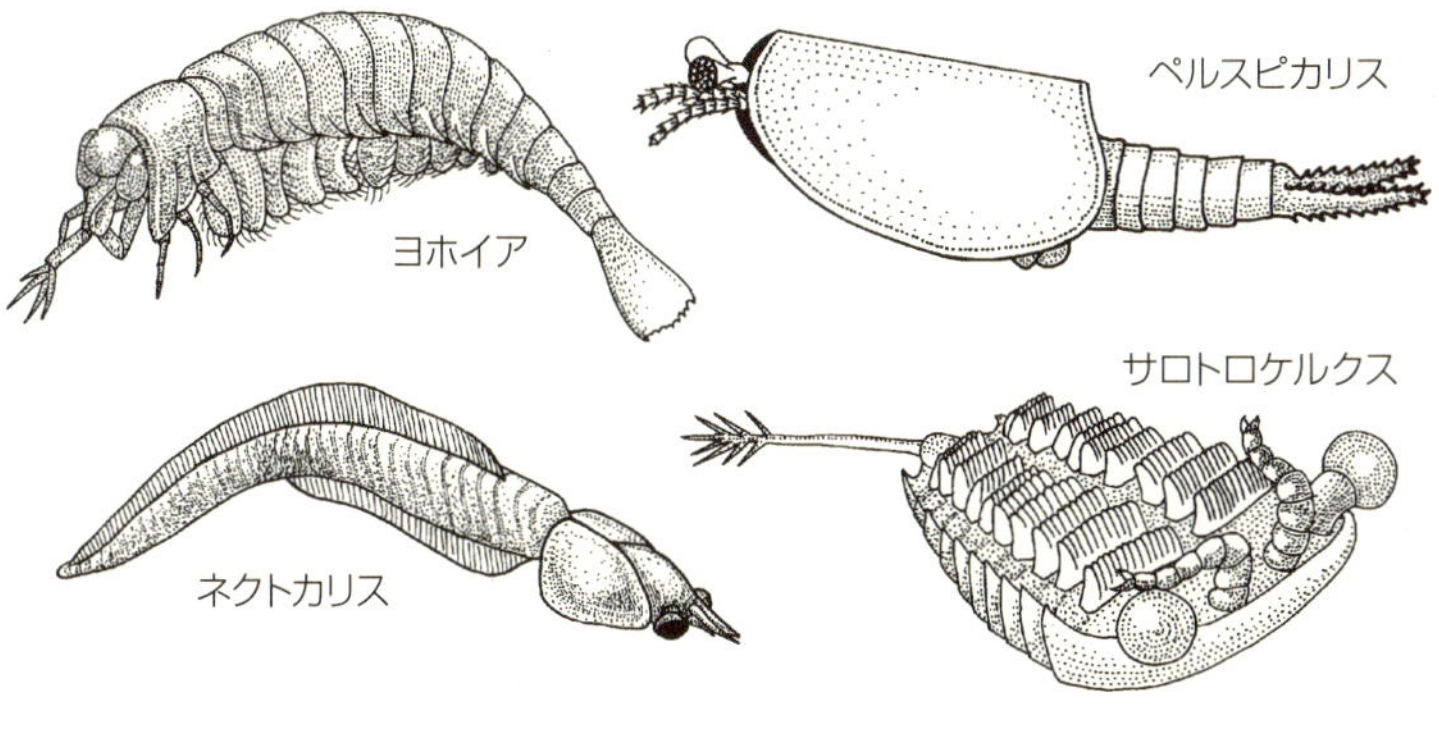

眼をもつバージェス動物の例

るカンブリア紀の化石なのだが、保存状態はそれこそ抜群で、完全な立体構造を残している。それらの化石に関しては、ドイツの古生物学者ディーター・ヴァロセックが詳細な研究をしており、電子顕微鏡観察を希望すると、快くカンブロパキコーペの標本を送ってくれた。この動物にことさら興味をひかれた理由はその眼にある。カンブロパキコーペの視覚器官は体のサイズのわりに巨大で、しかもたったの一個しかないのだ。

カンブロパキコーペは、体長わずか数ミリの小さな節足動物である。きわだった特徴は、大きなパドル状の脚が左右についていることで、おそらく遊泳が可能だった。頭部も尋常ではない。頭部が胴体と合体しており、しかもその合体部の近くに明らかに口とわかる器官がある。ところが、頭部は胴体と口の前方でいったん「くび」のようなくびれを形成してから、ふくらんで巨大な突起を形成している。この突起が、一個しかない複眼なのだ。二個の有柄眼が癒合してできたとも考えられるが、とにかく、前方にあるものなら何でも正確に見えたことは確かなようである。角膜を調べた結果からそう結論できるのだが、残念なことに、この眼には角膜しか残っていな

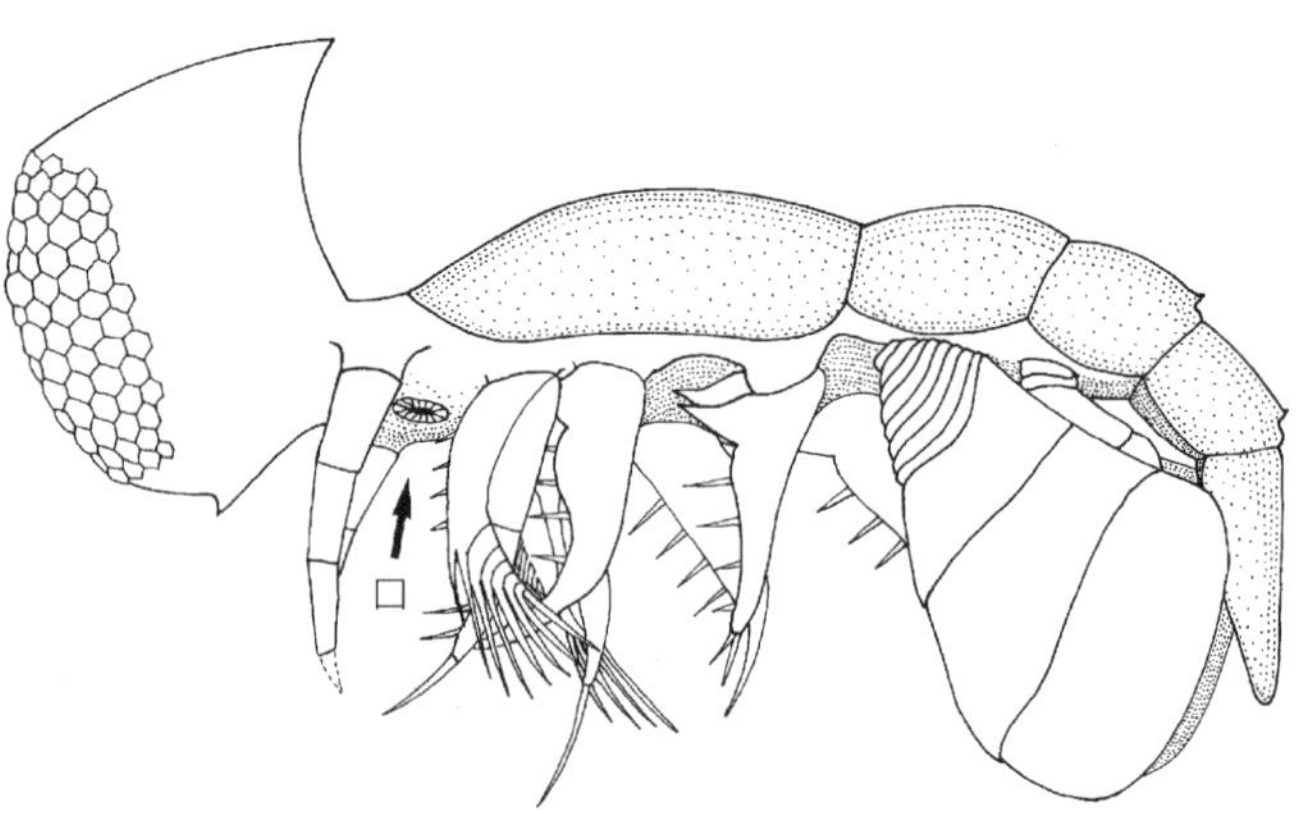

たった一個の複眼をもつカンブリア紀の小型節足動物、カンブロパキコーペ

い。

　カンブロパキコーペその他の、眼をもつオルステン産節足動物は、カンブリア紀のものではあるが、バージェス頁岩動物群よりも古いわけではない。しかし、第1章でも述べたように、中国にはカンブリア紀の化石動物群が抜群の保存状態で見つかっている場所がある。その澄江《チエンジャン》産化石は、バージェス頁岩産よりも一〇〇〇万年も古い。

　澄江化石にも眼のある種がたくさん含まれている。固定されていない有柄眼も見つかるし、いくつか妥当な位置についている坐着眼もある。フクシアンヒュイアやレアンコイリア、イソクシスなど、眼が胴体の下側につき、頭部装甲の下面前縁に突き出ているようなものもいる。しかしレティファキエスの場合は、眼はやはり胴体の下側についているものの、頭部前方に突き出てはいない。また、キサンダレルラのように澄江動物にも、眼が胴体のてっぺんについているものもある。

中国の澄江で発見されたカンブリア紀の節足動物。カナダスピス・レヴィガータ（上）とフォーティフォーケプス・フォリオーサ（下）。

バージェス化石同様、澄江化石動物群で見つかる眼も、すべてとはいわないまでもほとんどが節足動物の眼である。そして、この両化石群を用いて、時間の経過とともに胴体上での眼の位置がどう変化していったかが調べられた。カンブリア紀の節足動物の複眼は、胴体の下側から上側へと位置を移し、やがて頭部を覆う装甲ないし殻に組み込まれていったと考えられる。この読みがどこまで成り立つか確信はないが、同様のことが節足動物の別のグループ、すでに見てきた三葉虫類でも独立に起こった可能性がある。三葉虫についてはあとでまたとりあげるつもりだ。

おもしろいのは、ここまでとりあげてきたカンブリア紀の動物のほとんどすべてが節足動物だという点である。つまり、カニや昆虫など、堅い外骨格をもつ動物門のメンバーばかりなのだ。しかし、本章前半で現生動物の眼について述べたときは、他の門の動物もたくさん登場した。環形動物門（1）のウキゴカイ、刺胞動物門（2）の立方クラゲ、有爪動物門（3）のカギムシ、軟体動物門（4）のイカや巻き貝、そしてもちろん脊索動物門（5）のヒトなどである。これらの動物はみな、像形成を行なう単眼をもつ。そして、節足動物（6）と同じように軟体動物門のサルボウガイや環形動物門のケヤリムシは、像形成を行なう複眼をもつ。しかし、節足動物以外のこうした動物門の祖先で、カンブリア紀に眼をもっていたものはいたのだろうか。

コンピューターではじきだした系統樹（次ページ）を見ればわかるように、その動物門に眼をもつグループが現われたのがカンブリア紀よりあとのことだったとしたら、この問いへの答は当然「ノー」である。軟体動物門の一グループであるイカ類がこれにあてはまる。カンブリア紀にいたものっとも原始的な軟体動物には眼がなかったのだ。同じ理由から、現在は眼をもつ多毛類も、カンブリア紀にはすでに眼をもっていたグループから外される。こうして一通り除外したあとでもなお、太古の有視覚グループに残るのはどれだろう。決勝戦に残るのは、節足動物と脊索動物（この二つの門で眼を

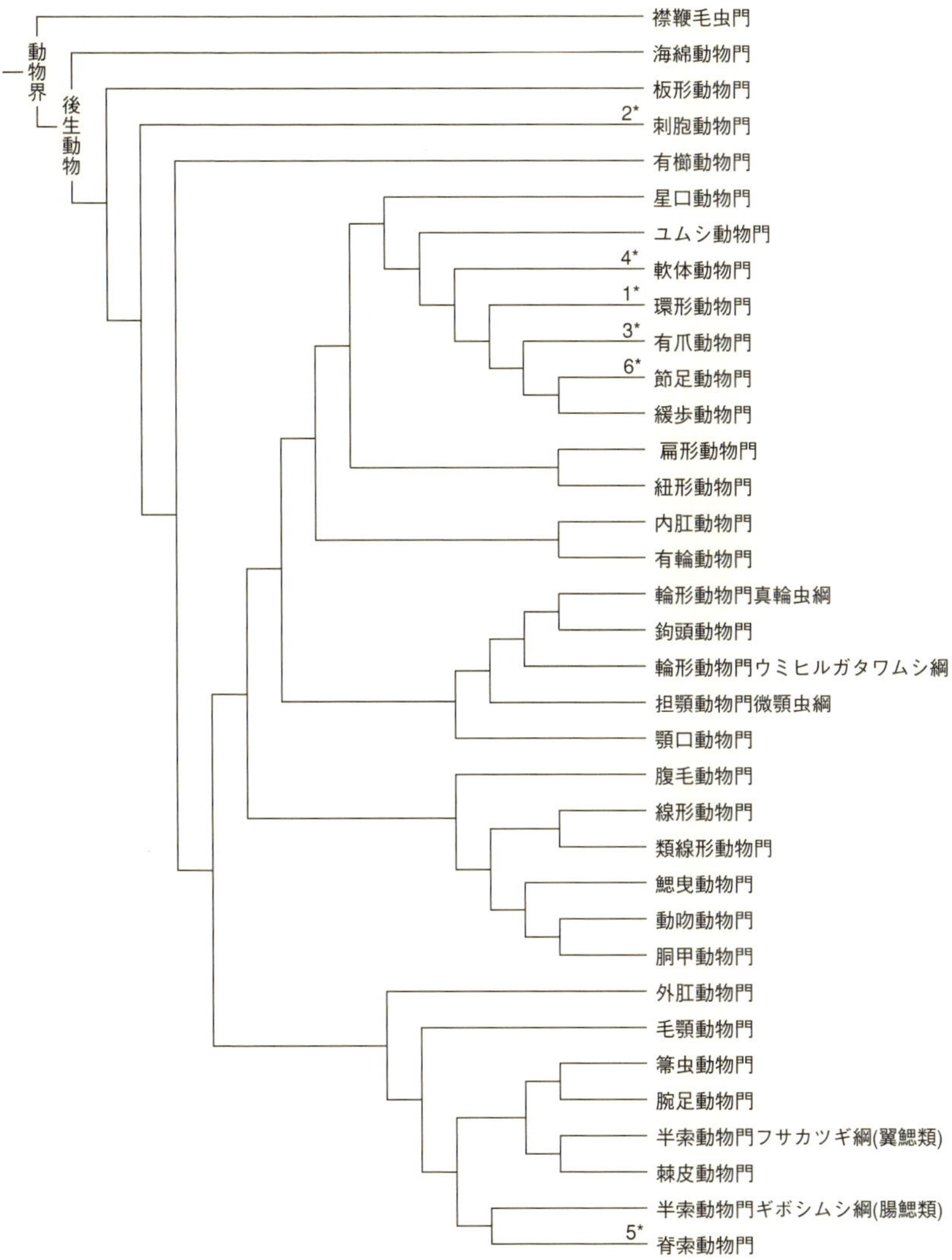

動物門の系統樹（現生種が存在するすべての門を載せてあるが、襟鞭毛虫門は真の多細胞動物ではない)。＊印は、眼をもつ動物門（本文と同じ 1 から 6 までの番号がふってある)。Rouse & Fauchald の論文を一部改変。

もつ現生動物の大半を占める）、カギムシ（有爪類）、立方クラゲ類の四つである。

このうち、カギムシと立方クラゲ類は、カンブリア紀の眼の所有者から除外してよい。というのは、現在、おそらく厳密な意味での視覚はもっていないからだ。どちらのグループも、映画のスクリーンのような像を脳のなかで見ているということは、ありそうにない。立方クラゲ類には眼から入った情報を映像に変換する脳がなく、その単眼がどう使われているのかは謎である。カギムシの眼は、きちんとした像は結ばないが、動きをとらえるのには向いているようだ。何かが急接近してくるのはわかるが、その正体までは識別できないからである。

そのような器官は、事実上ほとんど脳とは関係ないのかもしれない。本物の眼の場合には、脳で映像が形成される。そして脳が、どう反応するかを決定し、体全体を自由に操る。立方クラゲ類やカギムシの場合、その「視覚器官」は多毛類の複眼と同じく、二者択一的な検知器にすぎないのだろう。光信号を読みとって、反応すべきか否かを決めるだけなのだ。環境にまぎれることで危険を回避するカギムシは、高速で動く動物が近づいてきたら、じっと動かずにいればよい。この方式に脳は不要であり、単一の反応をする筋肉と検知器とが直結していればよい。このような検知方式は視覚とは無関係である。これをさらに裏づけるように、立方クラゲ類やカギムシの化石から、カンブリア紀に眼があったという証拠は見つからない。というわけで、リストに残るのは節足動物と脊索動物だけということになる。

眼をもつ現生動物の祖先で、カンブリア紀に存在していたものもいる。そのような祖先、あるいはすでに絶滅したグループのどれかで、カンブリア紀に眼をもっていたものがいたかどうかを知るには、カンブリア紀の化石を調べ、眼の必要最小サイズの原則に照らして判断する必要がある。

カンブリア紀の脊索動物はほとんど見つかっていない。そのなかでいちばん有名なのが、バージェス動物のピカイアであり、最古の脊索動物は澄江動物のハイコウエルラである。ピカイアの化石は、体の輪郭が明瞭なだけでなく、筋肉や脊索（背骨の一種）など、体内器官の詳細までわかる。しかし、体の前端部は顕微鏡なしには見えないほど小さい。こんなに小さくては、当然、眼など存在しえない。同様のことがカンブリア紀の脊索動物すべてにあてはまる。つまり、カンブリア紀の脊索動物はものを見ることができなかった。

　現生する脊索動物で眼が見えないのは、光がほとんど存在しないかまったく存在しない環境に生息しているものばかりである。モグラがそうだ。メキシカンテトラの場合は、光が届く場所にくらすものは眼をもつが、光が届かない洞窟の奥にいるものは眼をもたない。しかし、カンブリア紀からは少なくとも二種の脊索動物が見つかっており、いずれも日光が降りそそぐ環境に生息していた。しかも、当時の同じ環境にいた多くの動物は眼をもっていた。現生する脊索動物のほとんどは眼をそなえているのに、カンブリア紀の脊索動物にはなぜ眼がなかったのだろう。節足動物は、カンブリア紀にたまたま獲得した特徴を現在も保持している。節足動物は現在も視覚をもち、当時も視覚をもっていたのだ。現生する脊索動物のほとんどが視覚をそなえているのに、カンブリア紀には眼がなかったのはなぜなのか。

　今現在も、日光が降りそそぐ環境にくらしながら眼をもたない脊索動

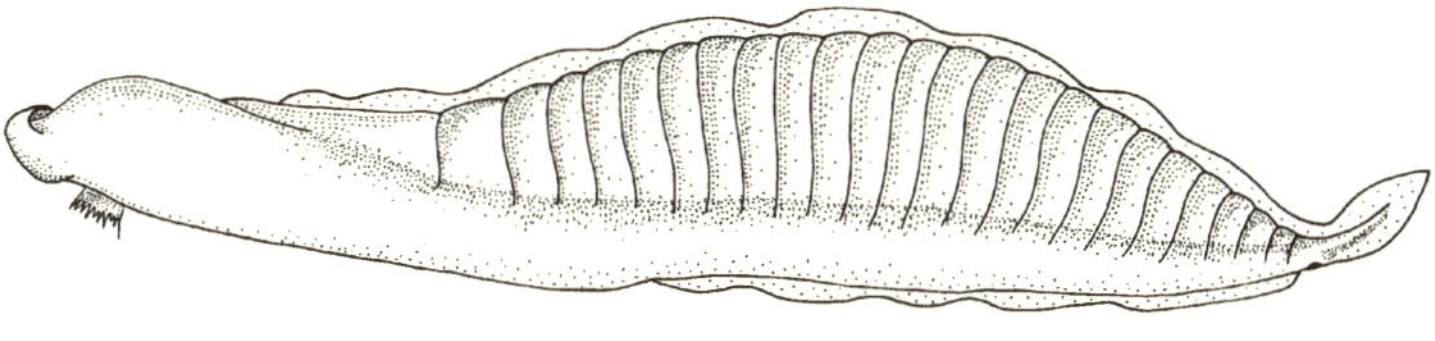

澄江で見つかったハイコウエルラ・ランケオラータ。
今のところ知られている最古の脊索動物。

物が存在する。それらは、脊索動物のなかでももっとも原始的な種類であり、いうなればカンブリア紀にいたタイプの脊索動物である。メクラウナギや、さらに原始的な動物を考えてもらえばいい。もっとも「原始的」な脊索動物には眼がなくて、その後に進化した脊索動物にはあるとしたら、脊索動物の最初の眼は、脊索動物の系統（系統樹のなかの脊索動物の枝）内のどこかで現われたことになる。そう考えれば、カンブリア紀の脊索動物に眼がなかったことにも合点がいく。眼は、動物が進化するなかで何度も起源したのだ。節足動物における眼の進化と、脊索動物における眼の進化はそれぞれ独立の出来事であり、進化史上の別の時点で起きたことなのである。進化の系統樹において脊索動物が初めて枝分かれ（分岐）した時点では、まだ眼はなかった。同じことは他の動物門についても言える。さあこれで、眼は他の動物門に先がけてひとつの動物門で最初に出現した可能性がぜん高まった。それはまぎれもない事実のようにも思われる。最初に眼をもった動物門は節足動物門だったはずである。

節足動物のなかでまだ検討していなかったグループがひとつある。バージェス頁岩からたくさん見つかる三葉虫類である。

三葉虫の眼

本章のはじめのほうで、複眼をもつ節足動物のリストに三葉虫を加えておいた。しかし、三葉虫の尋常ならぬ特徴については述べなかった。三葉虫はほとんどみな複眼をそなえていた。ということはつまり、カンブリア紀には複眼がたくさん存在したということである。となれば、三葉虫の眼について紙幅を割いて当然だろう。

かつて、おびただしい数の三葉虫が世界中の海を支配していたことが知られている。その支配が終わりを告げたのは二億八〇〇〇万年前のことだったが、そもそもの始まりは五億四三〇〇万年前、カンブリア紀の爆発初期のことだった。これまでに四〇〇〇種の三葉虫が見つかっているが、とくに隆盛をきわめたのは、その支配のはじめのころのことだった。

カンブリア紀の三葉虫に関する情報を得るには、必ずしもバージェス頁岩や澄江の化石に頼る必要はない。三葉虫は世界中のあらゆる地域、しかもカンブリア紀のあらゆる年代の地層から見つかる。三葉虫化石が保存されるにあたっては、ことさら良好な条件は必要としなかったのだ。また、カンブリア紀の三葉虫の多様性がきわめて高いことは、三葉虫がカンブリア紀においては群を抜いて重要で、しかもどこにでもいる節足動物だったことを示している。それどころか、三葉虫はすべての節足動物が由来したグループ（幹グループ）であると考えられている。節足動物の特徴である硬い殻すなわち「外骨格」の原型を最初にまとったのが、三葉虫だったと思われる。三葉虫のあるグループからは甲殻類が、後に昆虫類が進化した。また別のグループからはウミグモ類が、その後さらにクモ類が分岐した。

三葉虫の保存状態が並みはずれて良好なのは、殻の成分が化石化しやすい物質だったからである。眼も保存されているので、視覚についてもうかがい知ることができる。

三葉虫の複眼は、現生動物に見られる本物の複眼とは違う。レンズが鉱物の方解石でできているのだ。方解石は地球上に広く存在する。チョークも方解石なのだが、顆粒状なので、光を散乱させて白く見える。光の散乱は構造色を生じる。白く見えるか青く見えるかは、散乱をひきおこす成分の大きさしだいである。チョークの散乱成分である方解石の顆粒は比較的大きいため、白色光に含まれるすべての波長をあらゆる方向に均等に反射させる。ニュートンが実験で示したように、すべての波長で構成された光は白く見えるのだ。それはさておき、方解石がゆっくり形成されると、顆粒をまったく含まない完全な結晶になる。水晶のように透明なこのタイプの方解石こそが、三葉虫のレンズの素材だった。現在、方解石のレンズは、ヒトデ類と近縁なクモヒトデ類にしか見られない。しかも、このクモヒトデ類のレンズは、それ自体が眼の器官の一部というわけではなく、ある種の多毛類の光感知器に似た器官の一部にすぎない。すべての三葉虫が方解石のレンズを用いていたが、その複眼は完全複眼（ホロクロール）と集合複眼（スキゾクロール）の二種類に分けられる。

集合複眼は大きいが、それは個眼の数が多いからではない。個眼の数は驚くほど少ないのだが、個眼ひとつひとつが巨大で、直径一ミリメートルという、現生動物の複眼ですら及ばないような大きさだからだ。個眼どうしは境界部分で隔てられており、レンズは長細いプリズム状か、上下にしっかりと重なった二つの部分に分かれている。

二重レンズというのは興味深い。米国の外交官で科学者でもあったベンジャミン・フランクリンは、雷のなかに凧《たこ》を揚げてその正体が電気であることをつきとめようとした人物だが、一八世紀に二重焦点レンズを発明したことでも有名である。二重焦点レンズの眼鏡だと、近くのものも遠くのものも正確に見ることができる。二重レンズをそなえた三葉虫の集合複眼にも同様の機能があった。捕獲圏内にいる小さな獲物でも、まだ安全な距離から接近中の敵でも、しっかりと見えたはずである。一部の集合複眼からは、マクスウェルが朝食のニシンで発見した、濃度勾配型レンズも見つかっている。そのような三葉虫の眼には、甲殻類のアミに見られるような濃度勾配型レンズつきの重複像眼に似た機能があったと思われる。さらに最近では、ネジレバネという現生の昆虫グループで新しいタイプの眼が見つかっており、これが集合複眼の巨大な個眼の秘密を解く鍵となるかもしれない。

ネジレバネは、スズメバチなどに寄生する小さな昆虫である。雄のネジレバネの眼は、七〇〇個の

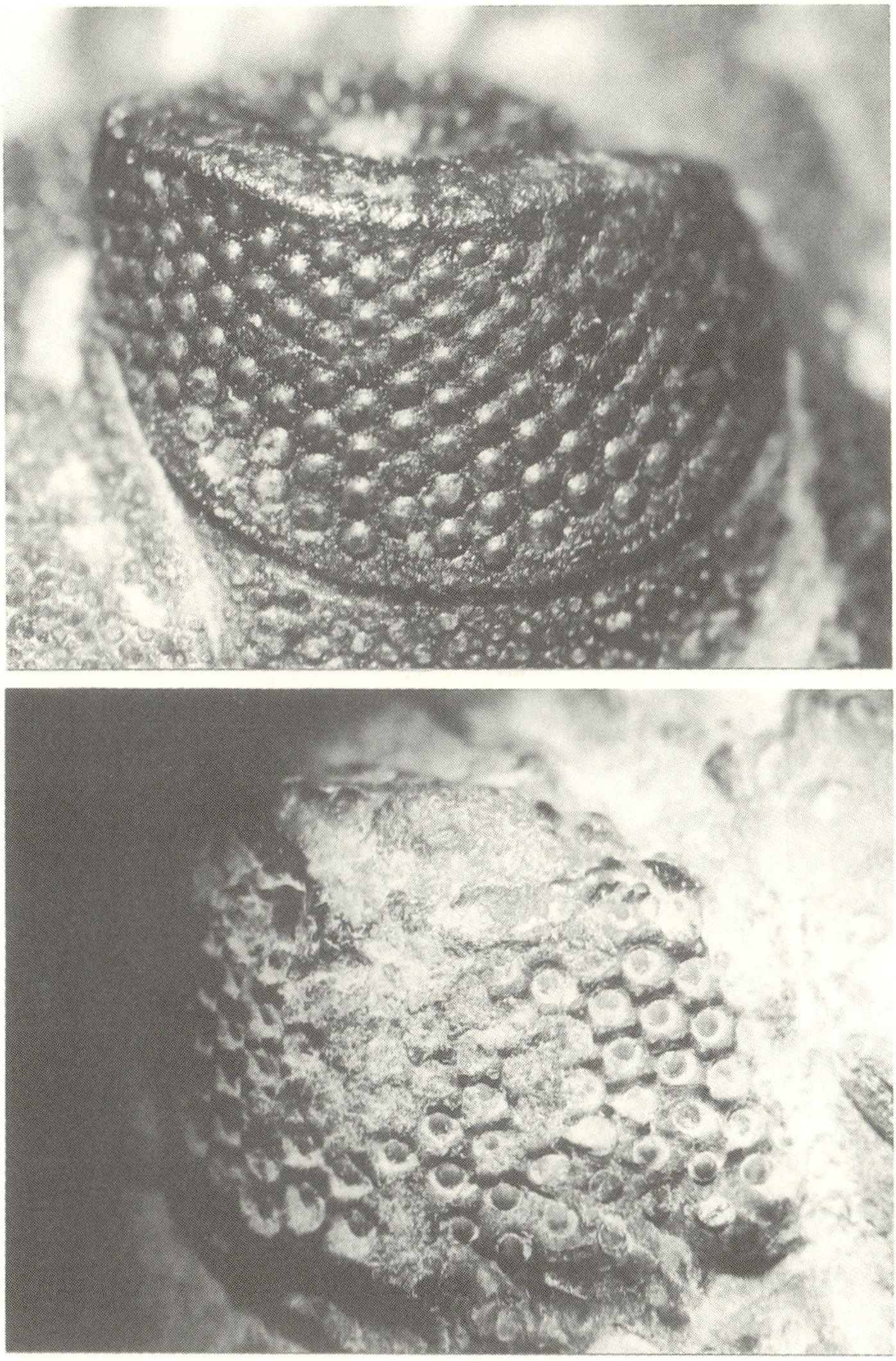

三葉虫の眼の写真。上が完全複眼で、下が集合複眼。

レンズをもつキイロショウジョウバエの眼とほぼ同じサイズでありながら、たった五〇個のレンズしかない。ただし、レンズの一個一個はとても大きい。個々のレンズはそれぞれの網膜とつながっており、しかも個々の網膜から伸びる神経は交叉しているため、すべてが正しい位置にある完全な像を脳のなかで組み立てることができる。三葉虫の集合複眼にも共通すると思われるこの結像方式は、複眼と単眼の中間にあたるものである。

集合複眼でも不自由はなさそうなものなのに、ネジレバネを別とすれば、このタイプの眼はファコプス亜目という三葉虫の一グループにしか見られない。三億七〇〇〇万年前に絶滅したファコプス亜目が初めて登場したのは、五億一〇〇〇万年前ごろのカンブリア紀末になってからのことだった。集合複眼は、三葉虫の眼のなかでも本章でいちばんの関心事である完全複眼から進化したのだ。完全複眼が出現した時期はもっとずっと古い。

完全複眼は、集合複眼にくらべて、一般に小さいサイズの個眼をたくさんそなえている。レンズの形状は単純で、虫めがねのような薄い両凸レンズである。正方形または六角形のレンズは、隣のレンズと互いに接して密に並んでいる。しかし、完全複眼がどのようなしくみで像を結んだのかはちょっとした謎である。問題なのは、化石として残されている眼が、はたして完全なのか、それとも一部が失われているのかである。方解石のレンズがよく保存されているのは、その化学成分のおかげである。しかし、レンズの背後に、成分が化石化しにくいために失われてしまった別の集光部品があったという可能性は否定できない。眼のなかでの位置をよく調べると、三葉虫の方解石レンズは、現生動物の複眼の厚い角膜に相当するものだったという見方もできる。そうだとすれば、それとは別の集光部品すなわちレンズが、そのすぐ下にあったとも考えられる。だがやはり、三葉虫の完全複眼では方解石レンズが唯一の集光部品で、それだけで十分間に合っていたということもありうる。

そういうわけで、現在わかっている三葉虫の眼の内部構造では、現生動物の複眼と比較するために必要な情報は得られない。しかし、外部構造からはある程度の手がかりが得られる。真四角の個眼をもつ完全複眼は、ある理由から真四角の個眼をもつ反射型の重複像眼に相当するものだった可能性がある。そのような反射型重複像眼の個眼は、鏡で内張りされていて、その鏡に反射させて光を集めている。一方、六角形の個眼で構成された完全複眼は、外観が現生動物の連立像眼とまさにそっくりであり、はたらきも同じだった可能性がある。こうした推測が正しいとしたら、三葉虫の生息環境や生活様式の推測も可能である。

現生するエビの一種は、幼生から成体へと成長する過程で眼を変化させる。幼生のときは六角形の個眼をもっており、それは明るい浅海という環境への適応である。その連立像眼は、鮮明な像を形成するのは得意だが、利用可能な光をあまさず集めるのには向いていない。しかし幸いなことに、このエビの幼生が生活する環境には、たっぷりの日光が降りそそいでいる。ところが成長とともに深海へと移動するので、光量が限られてくる。そこで、脱皮して成体になるときに連立像眼を脱ぎ捨て、真四角の反射型レンズつきの重複像眼に取り替えてしまう。その新しい眼は性質がまったく逆で、鮮明な像を結ぶのには向かないが、光を最大限利用することができる。以上のようなことを考え合わせると、六角形の個眼をもつ三葉虫は浅海に生息していたと思われ、真四角の個眼をもつ三葉虫は深海にいたか、夜行性だったとも思われる。

あるいは、真四角や六角形という角膜の形状に深い意味はなく、ただ単にレンズを密に配列させた結果、押しつぶされてそういう形になっただけという可能性もある。ほかにもいろいろな可能性が考えられるので、完全に保存された完全複眼が将来発見されないかぎり、この器官がどのように機能し、結果としてその持ち主が世界をどのように見ていたかについて、確言することはできない。しかし本書の話を進めるには、三葉虫の眼は視覚映像を形成していた、そのような眼をもつ三葉虫はものを見ることができたと確信できるだけで十分である。それでは、もっと重要な話に進もう。

ここでは完全複眼の起源が重大な問題となるが、この問題がまともにとりあげられたことはない。本章がめざすような目標があれば別だが、ふつうはそんな些末なことを厳粛な科学の世界で追究するわけにはゆかない。しかし本章がめざしてきたのは、地球上に初めて出現した眼をつきとめることである。候補をしぼりこんできた結果、三葉虫の完全複眼にたどりついたのである。ここから先は古生物学者の守備範囲となる。最初の完全複眼、すなわち地上に初めて「眼」が出現した年代を知るには、化石に助けを求める必要がある。化石は期待を裏切らない。

見つかっている最古の三葉虫は、下部カンブリア層すなわちカンブリア紀初期のものである。それはいいが、もっとくわしい年代を知りたい。三葉虫が最初に登場したのは、カンブリア紀に入ったばかりの五億四三〇〇万年前ごろのことで、そのときにはもう完全複眼をそなえていた。そのとき以前の地球には、三葉虫も眼も存在していなかった。ではさっそく、問題の元祖三葉虫とその眼を調べてみよう。

見つかっている最古の保存状態のよい三葉虫の眼を調べたのは、エジンバラ大学に所属する三葉虫の眼の権威ユーアン・クラークソンと、その共同研究者で中国の成都地質学研究所に所属する張星岩である。中国の中南部産の化石を調査していた二人は、ネオコブボルディア・チンリニカとシズディスクス・ロングクアネンシスという二種の三葉虫でとても興味深い複眼を見つけた。

張とクラークソンは、カンブリア紀初期の地層から発掘された石灰石の板を、酸を用いて溶かした。三葉虫を母岩から剥がし、電子顕微鏡で観察できるようにするためである。化石は、リン酸塩の層で保護されていたおかげで保存状態が格別によく、眼のきわめてこまかい部分まで観察できた。

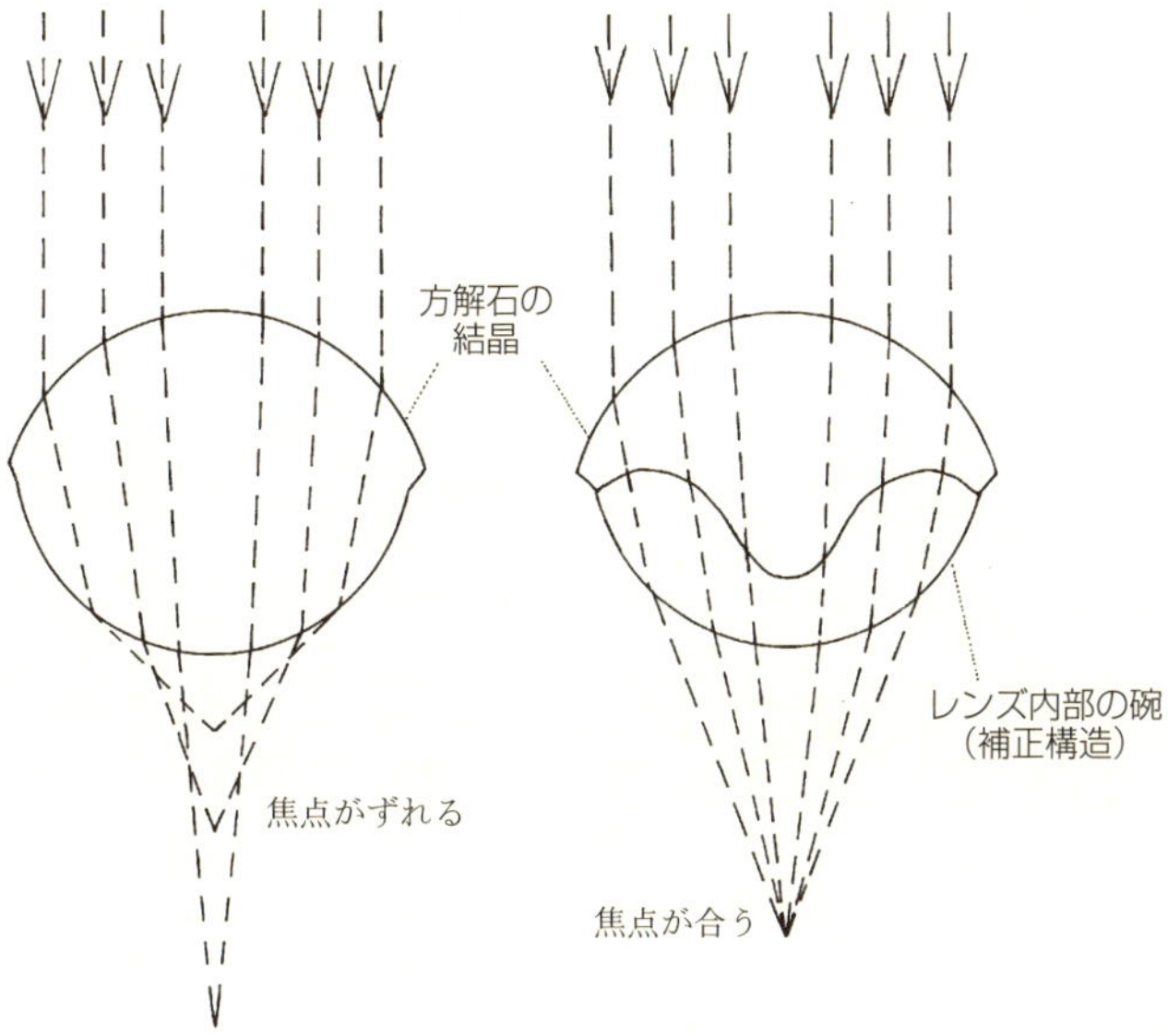

一部の三葉虫に見られるレンズ内部の碗。レンズのどの部分に当たる光線も、すべて同一平面上に集束する。左は、形状が同じで碗のないレンズ。

ネオコブボルディアの眼は、個々の個眼に厚いレンズがついており、そのレンズには球面収差がなかった。つまり、光線がレンズのどこを通っても、焦点面が異なるせいでぼけが生じる可能性はなかった。ただしそれは、ニシンの眼や一部現生動物の複眼のように、濃度勾配型レンズになっているせいではなかった。ではどうやって球面収差を解決していたのか。その答は、レンズ内部が絶妙なカーブで分割されている精巧なデザインにあった。このレンズ内部の「碗《ボウル》」は、光学的には目新しいデザインではなく、一七世紀にすでにホイヘンスやデカルトが似たようなものを発明していた。しかし、三葉虫はそれがほんとうに有効であることを身をもって証明していたのだ。

シズディスクスの眼のレンズも、保存状態はあまりよくないものの、もっと単純なデザインの両凸レンズであることは明らかである。あらゆる点から見て、その眼は完全複眼タイプの特徴に合致しており、カンブリア紀のごく初期にあって、すでに視覚映像を形成していたと思われる。しかもみごとなパノラマ映像だった。三葉虫の視野にはあらゆるものの像が映っていたにちがいない。

じつは、カンブリア紀のごく初期からはたくさんの種類の三葉虫が見つかっており、保存状態はそれほどよくないものの、そのすべてが眼をもっていた。チャールズ・ドゥーリトル・ウォルコットも、一九一〇年の時点ですでに、この事実に気づいていた。また、一九五七年には、英国バーミンガム大学の三葉虫学者フランク・ローが、「カンブリア紀初期の時点で複眼がすでに存在していたとは、なんとも古い話である」と発言していた。ユーアン・クラークソンがこの発言を裏づけたのは一九七三年のことだった。モロッコで発掘された約五億四〇〇〇万年前の三葉虫ファルロタスピスにも眼があったのだ。しかもファルロタスピスの眼はとても大きい。このリストはまだまだ続く。

もう一度繰り返すと、三葉虫の眼のデータから、興味をひく共通した事実が明らかになる。五億四三〇〇万年ほど前に、眼をもったたくさんの種類の三葉虫が出現したのだが、それ以前に三葉

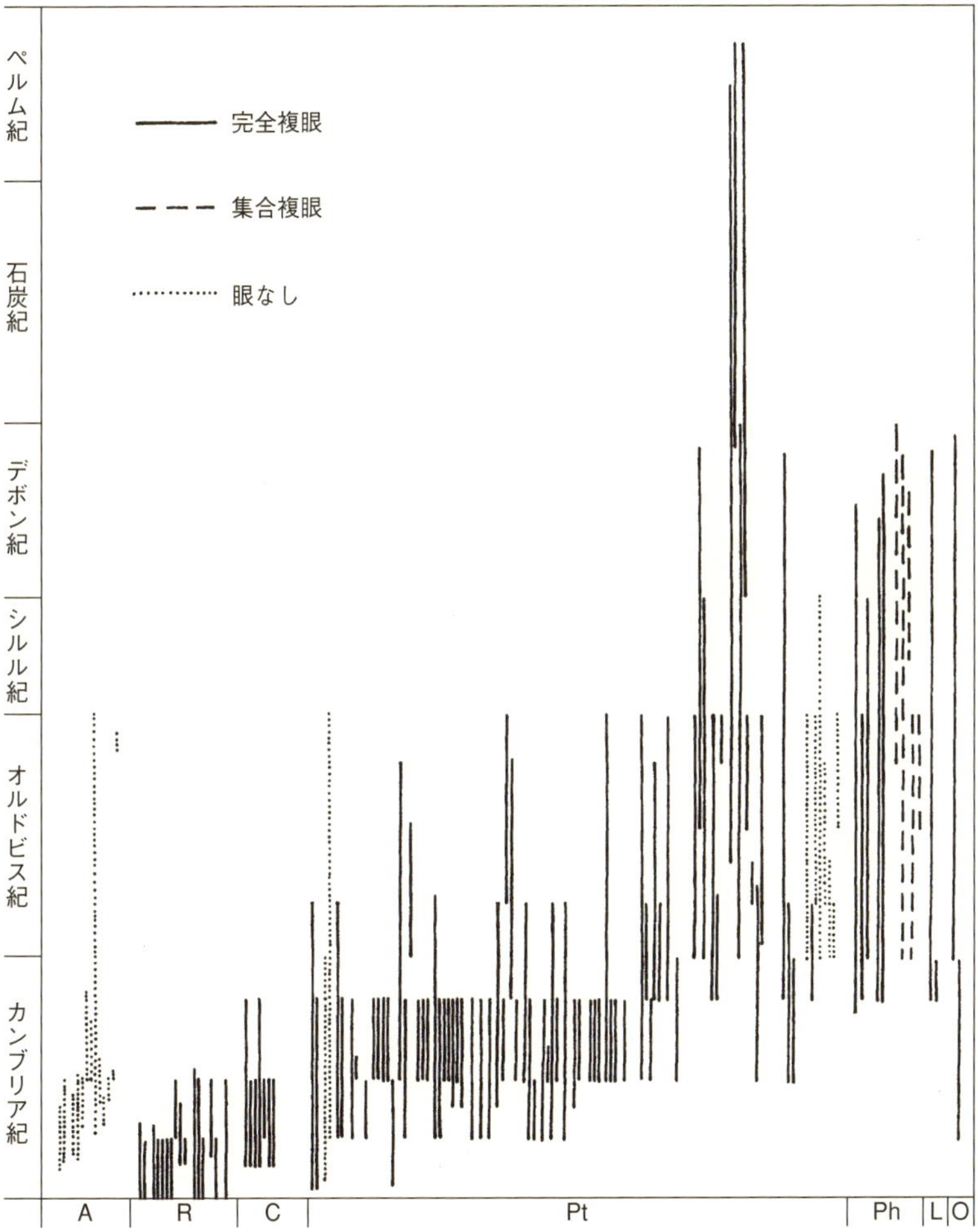

A=アグノスツス　R=レドキリア　C=コリネクソス　Pt=プチコパリア　Ph=ファコプス
L=リカス　O=オドントプレウラ

三葉虫の異なる科の異なる属の生存期間。異なるタイプの眼の出現年代の違いを示してある（ユーアン・クラークソン、1973 年より）。カンブリア紀のはじめに生息していた、最古の三葉虫にすでに眼（完全複眼）があった点に注目。

虫は一種たりとも存在しなかったということだ。眼をもたない三葉虫は、地史的に見るとそれから少し遅れて姿を現わした。つまり、五億四三〇〇万年前の地球に最初の三葉虫が登場し、最初の眼が登場したのだ。五億四三〇〇万という数字が謎を解く鍵になるかもしれない。

この研究を進めるうえで重要なのは、「眼の進化にははたしてどれくらいの時間がかかるのか」という疑問である。化石の証拠からすると、眼が存在したのは五億四三〇〇万年前のことで、それ以前ではなかった。たとえば、五億四四〇〇万年前には眼は存在しなかった。しかしどう考えても、眼が一夜にしてできあがるわけがない。どうしても一連の中間段階を経なければならないはずで、それはおそらく系統樹のなかの中間種を経由したはずなのである。それら中間種は、まったく眼をもっていなかった祖先と、初めて眼をもった子孫とのあいだを埋める存在である。もし、それら中間種のなかに、未熟で不完全なかたちであれ、ものを見ることができた種がいたとしたら、そしてもしその種が、申し分のない眼が初めて登場する何百万年も前に存在していたとしたら、動物は五億四三〇〇万年前よりも前に視覚を獲得していたことになる。ひょっとして、眼の地球デビューはじわじわとなされたのだろうか。視覚の精度は徐々に増したのであって、ぼやけた像から何百万年もたってようやく鮮明な像が映るようになったのだろうか。ルンド大学のダン・エリク・ニルソンとスザンヌ・ペルゲルは、カメラ眼の出現にいたる一連の中間段階を想定した。加えて、進化によって最終段階に達するまでに要した時間を計算した。これこそ、われわれが求めているデータである。

本章の冒頭で、光量の検知はできるが視覚映像は形成しない光感知器について検討した。それは眼とはいえない。とはいえ、光感知器のなかにも効率の良し悪しに差があり、効率の悪いものから効率のよいものが進化によって徐々に起源してきたと考えられる。ニルソンとペルゲルは、この論理を前提にして眼の進化を再現した。

出発点とされたのは、光感受性のある皮膚の斑点である。これが内側にへこみはじめ、さらにどんどん陥入して検知器を形成し、光の方向に対する感受性を増してゆく。この想定はしごく妥当である。なぜなら、どの中間段階も現生動物で現に機能しているのが認められるからだ。重要なのは、連鎖を構成する中間段階のいずれにもそれぞれの存在理由があるという点である。これと逆の考え方が、かつて進化を否定するために利用され、ダーウィン自身の思考にも暗い影を落とした。それを受けての発言が、本章冒頭のエピグラフで紹介したダーウィンの言葉である。

眼は中間段階を経て進化したという考えをさらに正当化するには、すべての動物が理論上最良の眼をもっているとはかぎらない理由を考えればよい。中間段階の視覚器、すなわち水準が劣るとみなせる段階の視覚器が今でも実際に存在するのはなぜか。それは、究極のカメラ眼にいたる途上の一ランク上の眼をもったとしても、その動物にそうした眼が提供する情報を処理する能力がないとしたら、無用の長物でしかないからである。ダーウィンは悩む必要などなかったのである。

話を元に戻そう。進化の段階は、まともには像形成のできない「眼杯《がんぱい》」に達した。そこで道は分かれる。眼杯はそこで袋小路に達し、別の道はオウムガイの窩眼へといたる。そこでまた、今度はレンズを発達させる道へと分かれ、最終的には脊椎動物に典型的なカメラ眼へといたる。

ニルソンとペルゲルの推定にはもっと具体的な仮定も置かれた。眼が一段階ステップアップするごとに、光受容器の長さ、幅、あるいはタンパク質濃度が一パーセントずつ変化すると仮定したのだ。しかしそのような控えめな推定でも、感光性の斑点が魚類の眼に変化するまでの全行程は、仮定したささやかな変化が二〇〇〇回蓄積するだけでよいという計算になった。ほんとうにその程度でいいのかと思うかもしれないが、マイケル・ランドとダン・エリク・ニルソンが指摘しているように、指の長さを一パーセントずつ伸ばすことを二〇〇〇回繰り返せば、大西洋に橋がかけられるほどの長さになる。まさに、塵も積もればなんとやらである。
タンパク質については、まったくのゼロから進化する必要はなかった。扁形動物の眼点（真の眼ではない）と触・化学受容器とに、よく似たタンパク質が存在することが明らかになっている。眼点で見つかるタンパク質は光に反応するもので、眼の網膜で見つかるタンパク質と対応している。つまり、他の受容器のタンパク質を借用して、眼の進化に向けて第一歩を踏み出すことができるというわけである。

いよいよこれで、こうした変化が起こるのに必要だった時間を割り出すという本題にとりかかれる。ニルソンとペルゲルは、ここでも慎重ぶりを発揮して、進化速度として一世代あたりの変化率を〇・〇〇五パーセントに設定した。これは最低限の見積もりで、おそらく実際の進化速度はもっと速いだろう。たとえば、現生甲殻類の光受容器の色素は、予想されるよりもかなり急速な進化を示している。ニルソンとペルゲルの論文タイトルには、「控えめな」推定という言葉が入っているが、そのことが彼らの推定結果をますます際だたせている。それによると、最初の未発達な段階から出発して魚類の眼が進化するまでに四〇万世代もかかっていないというのだ。一世代一年かからないとすると、きちんと機能する像形成眼の進化は五〇万年足らずで達成されうることになる。地史的タイムスケールからすれば、瞬きする間の出来事といえる。

これはカメラ眼の場合だが、すでに確認したように、最初に出現した眼は複眼だった。マイケル・ランドとダン・エリク・ニルソンは、動物の眼の光学特性を論じた名著『動物の眼』のなかで、複眼が現われるまでの進化の過程を再構成している。それによると、節足動物は「おそらく眼点がゆるやかに集合した未発達な複眼をもつイモムシ状の祖先から起源したと思われる」という。それとは別個に、オーストラリアの生物学者リチャード・スミスは、多毛類の複眼が形成されるまでに必要だった

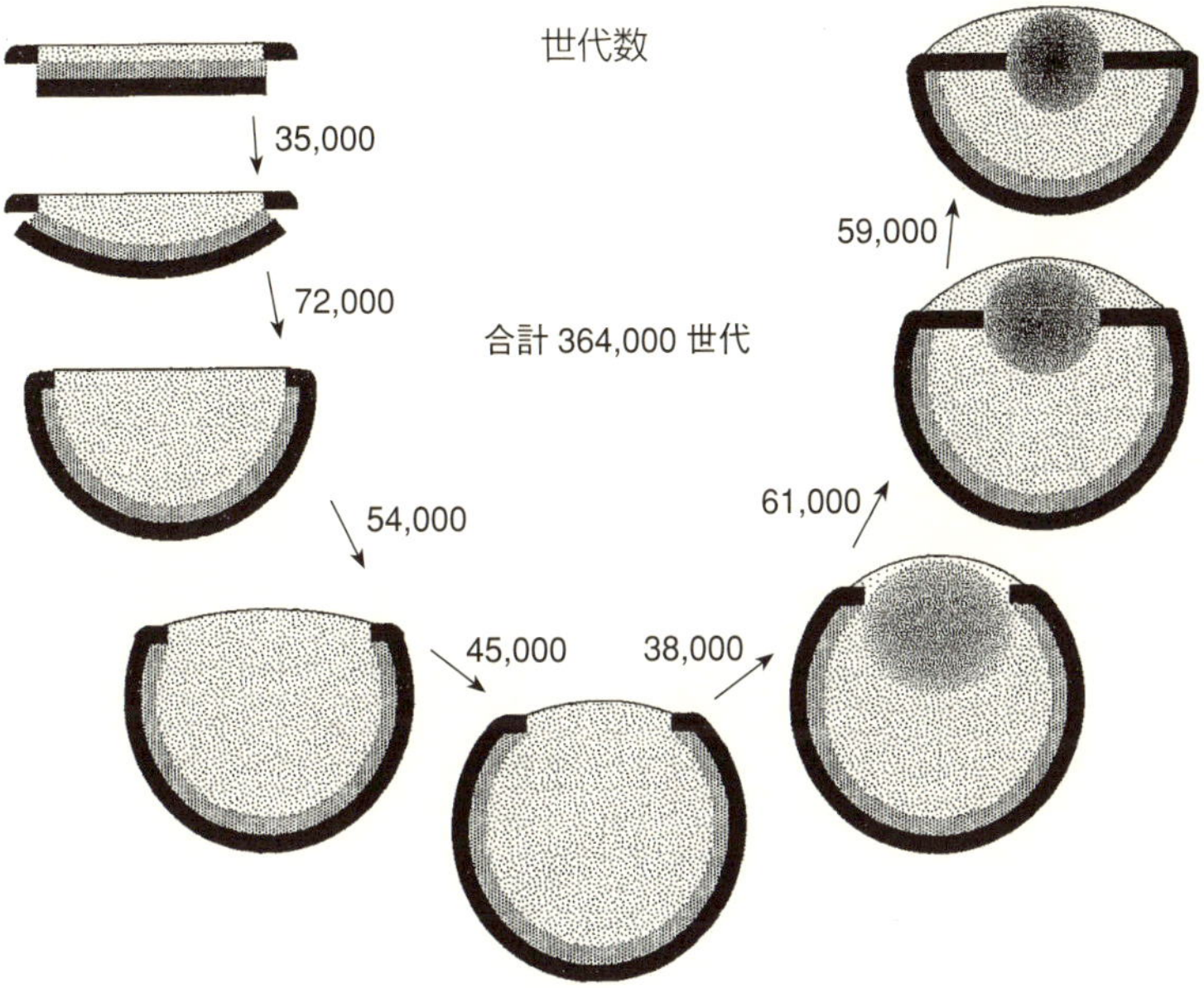

ニルソンとペルゲルの予測した、魚類などに見られるカメラ眼の進化。透明な保護層と黒い色素層にはさまれた、感光細胞の平らな斑点からスタートする。濃度勾配型のレンズは第６段階で現われる（ニルソンとペルゲルの1994年の論文より著者の許可を得て転載）。

変化をくわしく説明している。スミスが想定した進化の道筋にも、眼点がゆるやかに集合したものが現われる。ちなみに完全に機能する眼が進化するまでに経るべき段階の数は、ニルソンとペルゲルがカメラ眼で予測したのと同じだった。

網膜のタンパク質の場合と同じように、光感知機能にかかわる体の他の部分も、眼それ自体のこうした計算結果とよく合致するようだ。脳の視覚中枢の発達が眼の発達よりも遅れをとるとしたら、ニルソンとペルゲルが推定した時間は、それこそ意味をなさなくなる。一九五九年、生物学者のフォン・ベケシーは、音がひきおこす効果は、皮膚を振動させることでまねできることを実証した。これは、耳と皮膚が感覚情報を処理する過程には共通要素があること、すなわち神経を共有していることを実証するものだった。このことと眼の進化には何らかの関係があるのだろうか。じつは、一種類の感覚が利用している神経は、二種類の感覚が利用するために「アップグレード」できるらしいのだ。聴覚と触覚で神経を共有できるならば、視覚と触覚でも可能かもしれない。だとすれば、眼に必要だった神経はまったくのゼロから進化させる必要はなかったはずである。また、脳の側からも助け船が出た可能性がある。脳の一部を触覚担当から視覚担当へと部署替えすることが可能らしいのだ。ダン・エリク・ニルソンは、サルボウガイや多毛類の複眼は、光で阻害される化学受容器から進化したのだろうと考えている。ということは、視覚を獲得するにいたる進化の過程では、眼そのものの進化が制限因子で、いうなれば出遅れていたようだ。ほかのものは、他から借用できた。事実、三葉虫の眼の周囲には他の感覚器官が存在しており、最初の光感知器はそうした器官から神経を借用できた可能性がある。

これで一件落着だ。当初、化石の証拠と一致させるにはわずか一〇〇万年で複眼が進化しなければならなかったと知っていささかあわてたが、どうやら大丈夫らしい。眼が進化するには、一〇〇万年もあれば十分だったようだ。これで私たちは、五億四四〇〇万年前の状況を再現できる。その時点で、カンブリア紀の三葉虫が出現する直前の祖先に感光性の斑点がはっきりと認められる。また、カンブリア紀の境界をまたいですぐの五億四三〇〇万年前の状況も見えてきた。そこでは、三葉虫が得意げに眼をひけらかしている。この間に、感光性の斑点が眼へと進化したのだ。

五億四四〇〇万年前から五億四三〇〇万年前までのあいだに革命的な出来事が進行した。この一〇〇万年間に視覚が生まれた。

さあこれで、フランク・ローの「カンブリア紀初期の時点で複眼がすでに存在していたとは、なんとも古い話である」という発言にコメントできる。イエス、そのとおり。カンブリア紀初期には、複眼も視覚もすでに十分に発達していた。しかしノーともいえる。眼はそれ以前からあったのではなく、できたてのほやほやだった。そして最新の流行となったのだ。

眼が突然、どこからともなく地球上に現われたように見える歴史的瞬間は必ず存在する。私たちはもうその瞬間を特定できる。しかしつねに心得ておくべき重要なポイントは、感光性斑点など、未発達な光受容器の段階にとどまっているものは眼ではないということだ。そうした斑点しかなく、眼が地球デビューを待っていたとき、視覚というものはまだ存在していなかった。

眼はカンブリア紀のしょっぱなから存在していたが、それ以前にはなかった。この二つの事実はどちらがより重要ともいえない。二つ合わせて初めて、ある感覚の出現が浮き彫りになる。既存の感覚に加え、光が降りそそぐ環境にくらす動物の行動や進化に対してもっとも強力に作用する感覚ないし刺激の出現である。光降りそそぐ環境こそ、バージェス動物その他、カンブリア紀の有名な動物たちが生息していた環境だった。それは、カンブリア紀の爆発の舞台ともなった環境である。

さらに踏み込んだ推測をするならば、眼の光学特性をもとに動物たちの生活様式を復元することができる。眼の構造だけから、その動物がどんな生活をしていたかがわかるのだ。たとえば、眼が頭部のどこについているかを見れば、その動物が食物連鎖のどこに位置しているかがわかる。ウサギの眼のように、頭部の両側にあって側方を向いている眼は、広い角度を見渡すことができ、どんな方向からの動きも見逃さない。この場合の動きとは、捕食者の動きである。したがって、このタイプの眼の持ち主は、たいていは植物食だといえる。それに対し、フクロウの眼のように、頭部の前面に並んで前を向いている眼は、見渡せる範囲は広くないが、標的の位置を正確にとらえ、そこまでの距離を判断するのにすぐれている。こうした眼の持ち主は、たいていが肉食である。しかしこれは、次章にゆずるべき話題である。

第8章　殺戮本能と眼

ときおり発せられるささやかな警報に、生きものたちはうかうかしていられない。

——F・バーニー（マダム・ダーブレイ）『カミラ』（一七九六年）

「生命の法則——あらゆる場所で生き延びるために」

〈目次〉

基本原則

生活様式
　1　捕食者
　2　被食者
戦術
　1　誇示
　2　隠蔽／錯覚
　3　真の強さ／能力

眼と「生命の法則」

前章を「物語の結末」と見ることも可能ではある。カンブリア紀のデータファイルを完全に埋められるほどの証拠が集まったからだ。しかし、一気に結論へと走るのはまだ早い。検討すべきことがらは残っている。それは、これまでの各章で、ときには明確に、ときにはひそかに頭をもたげては、あっという間に再び姿をくらましてしまった問題である。カンブリア紀の取調べを終える前に、「捕食者」を証人として喚問する必要があるのだ。

動物が生き延びるための第一原則は、とにかく生きつづけることである。この第一原則が満たされないかぎり、摂食や繁殖などに関する他の原則など、机上の空論でしかない。ところで、最初に心得ておくべき大切なことは、個体と種《しゅ》を区別して考えることだ。自然環境内で交配をする、よく似た個体の集まりが種である。生きつづけて食べることは、直接的に個体に、ひいては間接的に種に影響を及ぼす要因となる。繁殖とニッチ（生態的地位）の占有は、長期にわたる種の存続にかかわっている。

もちろん、動物がこの基本原則を理解しているはずはない。現実問題として、生存のための原則とは進化をうながす淘汰圧のことであり、生存の可能性を高めるようなメッセージを担っている遺伝子に作用する見えざる力のことである。ちなみに、淘汰圧がもろに作用するのは種ではなく、あくまでも個体だ。したがって、種レベルにはたらく生存要因も、個体を介在することになる。

種の存続をもたらす第一基本原則は、とにかく個体が生きつづけることである。この原則が、本章のテーマとなる。もっと具体的にいうと、その原則のもっとも重要な側面である、捕食の回避が話の中心となる。本章の主役は捕食動物だが、これまでの章にならって、主役が活躍する舞台に空間と時間という二つの次元を導入する。

ティラノサウルスなどが跋扈《ばっこ》する世界に話をもってゆく前に、冒頭で概観した「生命の法則」に簡単な但し書きをつけよう。この法則はあくまでも一般原則であり、あらゆる可能性に対応するものではない。とくに、まれにしか起こらない大規模な天変地異には対応していない。隕石の衝突、氷河期の突然の到来、疫病など、進化では対応しきれない事態もある。疫病の伝播は生息密度に左右されるので、種のレベルで作用する要因である。一方、種が繁栄しすぎて自らを滅ぼすこともありうる。見方を変えると、それは、単一の種が世界中にはびこるのを阻止することで、生物多様性を維持している進化現象にすぎないという言い方もできる。

しかし一般には、生物多様性は、進化の系統樹に連なるすべての枝が「生命の法則」に忠実であることによって維持されている。捕食者がその歯を大きくしたからといって、ただちに成功がもたらされるわけではない。立場を変えれば、大きな歯は、食べられる側の種に対する「食われるのを回避せよ」警報であり、もっと頑丈な装甲をそなえさせる突然変異遺伝子の選択を促進する。シクリッドフィッシュのなかには巻貝を食べるものがいる。そういうシクリッドフィッシュが頑強な歯を進化させても、巻き貝の側はさらに硬い殻を進化させるだけである。

本書はこれまで、光と視覚を話題の中心にしてきた。「生物の法則」に照らせば、それらの潜在能力が明らかとなる。具体的にいうと、この能力は「戦術」の項目に該当する。尾ひれの近くに目立つ黄色いとげをもつハワイのミヤコテングハギを考えてみよう。このとげが捕食者や競争者から護ってくれるおかげで、ミヤコテングハギは食われずにすむうえに、ニッチの防衛もできる。しかし、ミヤコテングハギがそのとげを実際に武器として使用することはめったにない。じつをいうと、この装備は装飾にすぎない。ここでのメッセンジャーは光である。捕食者や競争相手は、その装備を見て、捕食や挑戦を見合わせるのだ。

視覚への適応として、体色のほかに形状や行動も含めると、自分を誇示したり相手を欺いたりするための方策として、視覚が重要な戦術であることは明らかである。強さや能力の高さが見かけだおしではない動物など、実際にはめったにいない。生態系の支配的地位にいる動物の多くは、視覚的に相手に警告したり、相手を欺いたりという手段に頼っているものが多いのだ。ライオンの雌はセレンゲティ国立公園の捕食者の頂点にいるが、短距離でも長距離でも、獲物の足にはかなわない。したがって、食物獲得レースで優位に立つには、隠蔽色をまとってこっそり忍び寄るという方法に頼らねばならない。その例外が多くの鳥類で見られるが、例外となる理由を考えてゆくと、カンブリア紀の謎を解くためのもうひとつの手がかりが得られる。鳥類については、次の章で検討する。

動物が自分を誇示したり相手を欺いたりするのに使える戦術は、視覚だけとはかぎらない。前述したように、ほかにもさまざまな感覚が関与しうる。それでもなお、一般に光への適応が「生命の法則」にかなう主要な戦術となっているのは、光はいたるところに存在するという、光以外の刺激とは一線を画している特異な要因に負うところが大きい。好むと好まざるとにかかわらず、光は存在している。現生する多細胞動物の九五パーセント以上が眼をもっている。したがって、自分が食われないためには、生息環境に充満している光に適応しなくてはならない。では、光や視覚に関する知識をもとに、捕食について考えてみることにしよう。

食べる側の眼、食べられる側の眼

第７章では、網膜に像を形成する装置としての眼の光学特性を中心に紹介した。それは、現生動物の眼と絶滅動物の眼とを結びつけるためだった。現在のような眼の光学的起源を化石記録でたどり、カンブリア紀に出現した最初の眼までさかのぼることができた。しかし、そのほかにも、過去に形成されていた像のタイプ、すなわち化石の眼を通して見た世界から、本章にとって重要なことがわかる。第７章でもしたように、まず現生動物で証拠を探すことにしよう。

すでに述べたように、像を形成する方法は何通りもあり、さまざまなタイプの眼が存在している。しかし、眼のタイプは、現存する種類だけにとどまらない。眼が頭部のどこに配置されるかというバリエーションのつけ方もある。配置が違うと、世界の見え方も違ってくる。

脊索動物門に属する脊椎動物には、カメラ眼しか存在しない。人間の眼は、頭部の前面に二つ、前方を向いて並んでいる。しかも、二つの眼がつねに同じ物体に焦点を合わせている。ひとつだけでも見ることはできそうなのに、なぜわざわざ二つもあるのだろう。こと人間の眼に関しては、過剰な進化が起こったのだろうか。

ウサギの眼のように、頭部の両側面に眼がついていると、視野が広くなり、ほとんど全水平方向の視界が開ける。一見すると、これが視覚の理想型にも思えるのだが、そんなふうにパノラマを楽しむには、二つの眼が別々の場所を見ることになる。それぞれの眼がほぼ一八〇度ずつ分担しており、両眼で同じ物体を見ることはない。ひとつの眼で見ると、像は二次元にしかならず、距離の見当をつけるのが難しい。

二つの眼が頭部前面についていると、自分が進む方向や距離の判断がしやすい。つまり、物体を三次元的に知覚することが可能となる。ステレオグラムを用いた実験からわかるように、結像位置の差が奥行の感覚を生む。それぞれの眼は、同じ物体を異なる角度から見ている。ステレオグラムが立体的に見えるのは、おそらく、左右の網膜のやや異なる部位から出た視神経が、脳内の同じ「両眼視」細胞に集まるからだろう。二つの異なる角度から見た物体の像がそこで重ね合わされ、平均化されて、その奥行が知覚される。つまり、二つの眼がともに前方を向いている動物は立体視が可能で、三次元の像を見られるといってよいだろう。

ステレオグラムはちょっとした遊びだが、ウサギにはこのような立体視はできないし、人間も片目を閉じると立体視ができない。つまり、二つの眼が頭部前面にあって前方を向いているのと、頭部の両側面にあって全景が見渡せることには、それぞれ一長一短があるわけである。そのどちらがよいかは、どのよ

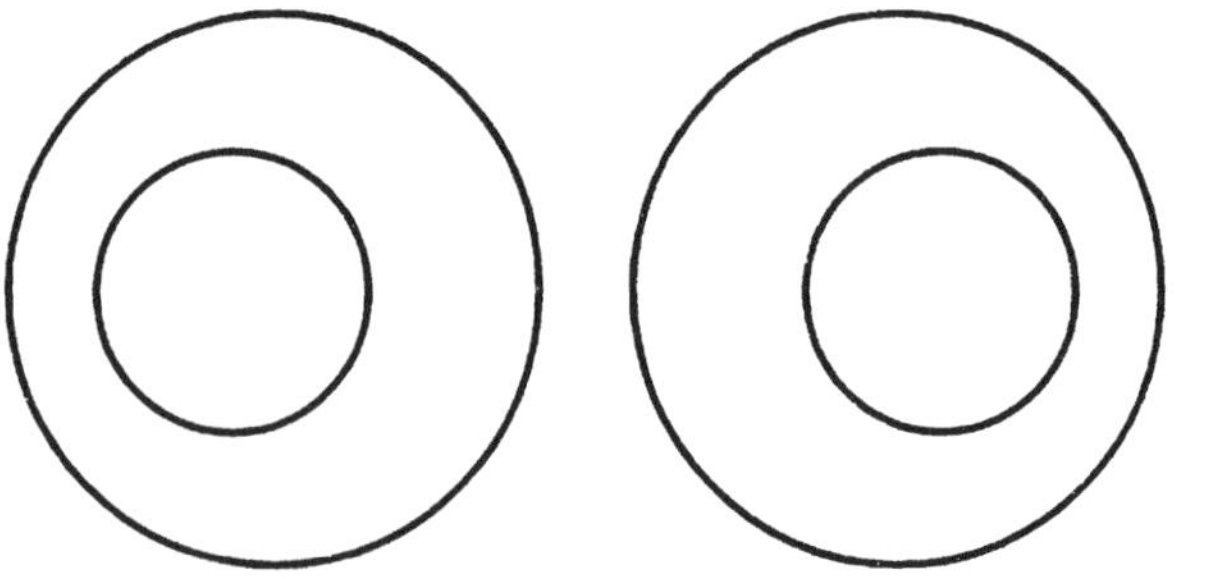

1938年につくられた最初のステレオグラム。眼の焦点をぼやかして、2つの絵が中央で重なるようにすると、内側の輪が飛び出して見える。

うな視覚を得たいかしだいだろう。周囲三六〇度で起ることがらを二次元で観察したいのか、前方にある物体を三次元で知覚し、そこまでの距離も知りたいのか、いずれかによる。ここでいったん生命の法則に話を戻し、食べる側と食べられる側の立場の違いを考えてみよう。

食べられる側の種が生きつづけるためには、捕食者の餌食にならないことが先決で、自分の食事は二の次となる。したがって、そういう種にとって理想的なのは、周囲にさえぎるものがなく、できるだけ奇襲を受けにくい場所だろう。つまり、周囲三六〇度が見渡せる場所が理想的である。視界に盲点があるのは危険なことなのだ。たとえばアナウサギは、たいてい広々とした野原のまんなかで草をはんでおり、藪に近い野原の隅っこにいることは少ない。ご承知のように、ウサギの眼は、全水平方向を見渡せる位置についている。頭部の両側面についている眼は、捕食者がいないかどうか見張るのに好都合なのだ。

それに対して、捕食動物が生きつづけるためには、通常は食うことが最優先で、自分が食われることや競争相手の存在を危惧するのはその後の話である。生きている動物を食うには、狩りをしなければならない。狩りには、距離の見積もりが欠かせない。たとえば、雌ライオンは、機先を制する戦法が通用しないほど離れたところにいる獲物に対しては、攻撃に出られない。同様にキツネも、ウサギが全力疾走に移る前に追いつける距離まで近づかないことには、ウサギを捕まえることができない。したがって、視覚を主要な感覚とする捕食者にとって、頭部前面に位置する二つの眼が欠かせない。距離を正確に測れるかどうかが、食えるか飢えるかを左右するからだ。ライオンの眼にしても、キツネの眼にしても、まさにそういう配置になっている。

これと同じ傾向は、眼をもつ他の動物門でもよく見られる。しかし、水中となると話がややこしくなる。水平方向だけでなく、上方にも下方にも注意を払わなくてはならないからだ。なにしろ水中では、危険はあらゆる方角から迫ってくる。複眼をもつ海生の大グループである甲殻類は、この問題に対する解決法を進化させている。多くの甲殻類は、自在に動かせる柄の先端に眼をつけた。そのおかげで、高性能の眼を動かすことで、身の回りの広い範囲をカバーできる。それゆえ、眼が柄の先についている有柄眼をもっているからといって、その動物が食べる側か食べられる側かは一概にいえない。ただ、甲殻類の多くは、陸上にすむ昆虫と同じように、食べる側であると同時に食べられる側でもある。今日の甲殻類は、食物網のまんなかあたりに位置し、捕食を避けながら獲物を探すという微妙なバランスを要求されている。しかし、カンブリア紀の捜査官にもっと協力的な、別のタイプの複眼もある。

本章の後半では、摂食行動について眼の構造からわかる情報を、カンブリア紀の動物にあてはめてみる予定である。その際、眼柄は、指紋を残さない手袋のごとく、本来ならば使える情報を隠してしまう。それに対して、体に固定された複眼はかなりの手がかりを与えてくれるし、そのような眼は化石としてもたくさん見つかる。

トンボは、空中の凄腕のハンターである。刃のように鋭い口器の近くに三対の捕獲用付属肢をそなえており、スピードと機動性を生む大きな翅《はね》も装備している。しかし、なによりもまず、捕まえられそうな獲物を見つけてねらいを定め、それを追跡するのが先決である。そのために使われるのが視覚であり、頭部に固定された巨大な両眼である。トンボの複眼は獲物に照準を合わせるが、「照準器」となるのは複眼の一部だけで、個眼のすべてではない。このことが、古生物学的推理の素材となる。

トンボの複眼は七〇〇〜一〇〇〇〇個もの個眼で構成されているのだが、すべての個眼が同じというわけではない。複眼には、個眼面が他よりも大きい部分が一、二カ所ある。そこが「照準器」にあたる部分で、個眼面が大きいほど、倍率も解像度も高くなり、他の部分よりも分解能がよい。分解能のよい部分のひとつは眼の最上部に位置しており、空中を見渡し、上空を飛ぶ獲物を見つけるのに使われる。獲物となる虫が見つかると、トンボはその虫が飛んでいる高度まで上昇し、複眼の前方に位置する「照準器」にとらえて追跡する。これで獲物は、ミサイル発射装置でロックオンされたも同然である。それはともかく、ここで重要なのは、個眼のサイズと複眼中でのその位置が、摂食行動――この場合は捕食行動――に関する情報を与えてくれるという点である。食べられる側は、これとはまったく異なる眼をもっていたりする。

視覚を必要とする理由が、敵に食われないためだけだとしたら、眼を二つもつことは、ひとつの選択肢でしかない。周囲全体を見渡せる一対の高性能の眼を進化させるよりも、性能は劣るが数で上回る眼を、体のあちこちに進化させるという手もある。像の質を落としてでも、眼の数を多くしたほうが、動く物体を検知するのには適している。上方を何かが通過するのを、影の動きで感知することもできる。海中を魚が通過したせいで環境中の光に変化が生じると、その変化をキャッチすることが可能なのだ。実際、多数の複眼をもつ動物が実在する。サルボウガイ（軟体動物）やケヤリムシ（多毛類）がそうで、多数の複眼を用いて捕食者を検知している。

多数の眼をそなえることがそれほど有利であるならば、それは「進化」の守備範囲だろう。進化には変化がともなう。たとえば、ある構造から別の構造への変化である。ここで、ダーウィンが眼について抱いたそもそもの疑問に立ち返ってみよう。ダーウィンは、きわめて複雑で特殊化したわれわれの眼は、いったいどのようにして進化したのだろうかと頭を悩ませた。皮膚と耳が神経を共有しうることや、動物の脳の一部がある段階で触覚から視覚に転用されたらしいことは、すでに述べた。ダン・エリク・ニルソンによると、サルボウガイやケヤリムシの複眼の光受容細胞は、光によって阻害される化学受容細胞から進化したものらしい。そうした化学受容細胞は、もともと体の広い範囲に分布していた。したがって、それが眼に変わったということもありそうなことだ。言いかえると、体中に眼が進化したとしても、不思議ではない。

サルボウガイやケヤリムシは、魚の餌食になる。両者とも、採食器官は無防備だが、サルボウガイの場合は貝殻、ケヤリムシの場合は硬い管のなかに収納できる。したがって、これらの動物にとっては、捕食者の接近をいち早く知らせる探知器が役に立つ。彼らにとっての探知器は眼である。水中で何らかの動きが探知されたならば、それは魚であり、サルボウガイは殻を固く閉じ、ケヤリムシは棲管のなかに引っ込む。つまり、防御装置を発動させて要塞に閉じこもるのだ。サルボウガイやケヤリムシにとって、すでに存在している材料から進化させられるもっとも安価な外敵探知器が、多数の複眼だったというわけである。

これで、眼の構造や位置は、その動物がどのようにものを見ているかだけでなく、食物網におけるその動物の位置、つまり食べる側か食べられる側かも明かしてくれるということがはっきりしてきた。第7章では、化石の眼の構造をもとに、太古の動物の視覚をつきとめた。そこで今度は、必要に応じて化石の証拠を再検討することで、捕食の歴史をたどってみよう。

カンブリア紀の節足動物カンブロパキコーペは、複眼を一個だけもっていた。子孫を残さずに終わった五つ眼の奇妙な試作品とも言うべきオパビニアを別にすると、カンブリア紀の動物がそなえていた眼で、まともな像を形成し、解像度もよい眼は、どれもみな一対だった。オパビニアの眼を切断してその断面を調べた結果、五つの眼のすべてで、複眼に見られる一般的な特徴が確認された。しかし、オパビニアの口器は、頭から生えた自由に曲がるノズル状で、その末端に捕獲用の顎《あご》がついたものだった。五つの眼は、頭部の前面、側面、頂上という配置なのだが、口器は頭部の前方にも、側方にも、上方にも伸びるものであるため、眼の配置からその摂食習性を読みとるのは困難である。オパビニアにとっての「前方」は、どの方向だったのだろう。口にとっての「前方」が複数ありうるせいで、オパビニアの眼が周囲全体を見渡す眼だったのか、それとも一方向だけを集中的に見る眼だったのか判別しがたいのだ。その他のバージェス動物の検討にとりかかる前にまず、カンブロパキコーペについて調べなおす必要がある。

カンブロパキコーペは、甲殻類の祖先にあたる。大きさはわずか数ミリメートルだが、スウェーデンの化石産地からきわめて良好な保存状態の化石が多数発掘されているおかげで、詳細な構造が知られている。第７章で述べたように、カンブロパキコーペは、その先端に大きくふくらんだ複眼をもっている。その眼の角膜を調べると、この動物の先端部のやや扁平になった前面が、すっかり角膜で覆われていることがわかる。端に向かって彎曲している表面には、個眼がはっきりと確認できるが、端に向かうほど、個眼がまばらになっている。重要なのは、湾曲した縁の部分の個眼よりも、複眼の中心部に位置する個眼のほうが大きいことである。このことから、分解能がもっともよかったのは、複眼の中心部分だったと思われる。カンブロパキコーペの複眼は、前方一二〇度の範囲を見渡すことができた。しかも、現在のトンボ同様、複眼中心部の分解能のほうが高かった。ということはつまり、これは捕食者の眼ということである。カンブロパキコーペは、五億一〇〇〇万年あまり前のカンブリア紀に生息していた小型動物を震えあがらせていたのだろう。

残念ながら、バージェス動物の眼を調べても、単眼だけからでは、摂食習性に関して結論を下せるほどには、その光学特性がよくわかっていない。個々の個眼の細部までは解明できないうえに、三葉虫以外のバージェス動物の眼は、そのほとんどが有柄眼なのだ。つまり、眼の方向を自由に変えられるため、視野の中心がどこを向いていたのか推測しにくい。しかし、なかには古生物学者に協力的なバージェス動物もいた。

節足動物であるサンクタカリスの眼は、眼柄が短いせいで、向けられる方向はほぼ前方に限られていた。ということは、捕食者の生活様式ということになる。やはり節足動物のヨホイアの眼は、大きくふくらんだ部分が前向きに固定されており、これも五億一五〇〇万年前に捕食者がいた証拠となる。バージェス化石群からは、ほかにも捕食の痕跡が見つかっており、それは本章後半のテーマとなる。その前に、カンブリア紀の三葉虫について検討しておこう。三葉虫の複眼には、個眼の細部まで調べられるものが多い。

三葉虫の眼、それも地球上に初めて出現した完全複眼のほとんどは、複眼の周縁部よりも中心部の個眼のほうが大きい。初期の三葉虫の眼は、頭部の両側面に位置し、水平方向全域を見渡せるように湾曲していた。つまり初期の三葉虫は、体軸方向と直角をなす側面を正確に見てい

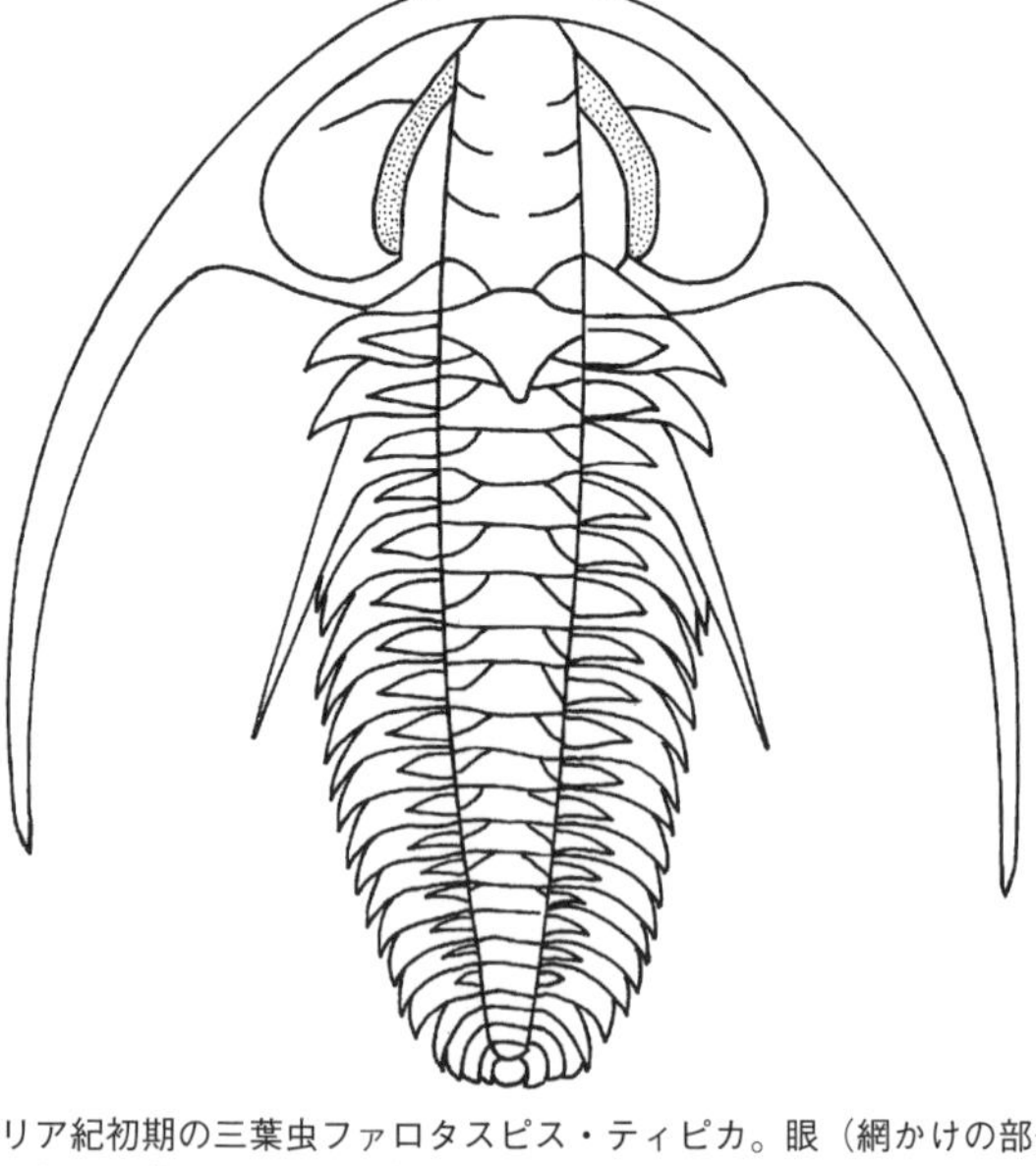

カンブリア紀初期の三葉虫ファロタスピス・ティピカ。眼（網かけの部分）は頭部の両側面に位置するが、照準はやや前方を向いている。

たのである。このような特徴は、現生動物の眼を基準に考えると矛盾しているように思われる。現生動物では、頭部の両側面に眼がついているのは食べられる側であり、複眼中心部の個眼のほうが大きければ食べる側の捕食者と判定できるからだ。しかし、現在の海生動物にも、初期の三葉虫と似た方向特性の眼をもつものがいる。それは魚類である。

魚の眼は、頭部の両側面についており、しかもすべての方向を同等に見ているわけではない。ただし魚の眼は、複眼ではなくカメラ眼である。ならば、一個のレンズしかないカメラ眼について、いったい何を根拠に方向特性を断言できるのか、ということになる。じつは、網膜とその光受容細胞の分布から推測できるのだ。

魚の眼球を「赤道」に沿って切断した後、その下半球を「経線」に沿って切り開くと、平らに開くことができる。こうすると、丸い地球も平らな地図帳で見ることができる。眼球の下半球は網膜、すなわち光受容細胞がある部分で、ここに像が形成される。眼の横のほうにある物体は、網膜の周縁部に像を結ぶのに対し、眼の中心軸方向前方にある物体は、網膜の中心部に像を結ぶ。網膜を顕微鏡で調べると、光受容細胞の分布のようすがわかる。どの魚の眼を調べても、光受容細胞の密度が最大なのは、網膜の中心部付近である。魚は、眼の中心軸方向がもっともよく見えるのだ。つまり、頭の側面方向がいちばんよく見えることになる（眼は頭の側面についているため）。

魚の場合は、眼窩のなかに収まっている眼球がある程度は動く。しかし三葉虫では、眼の感度の高い部分が魚よりも大きいので、水中を動く物体を正確に追ううえで、眼球が動かないことはさして問題ではなかったことだろう。生物が生態系において果たしている機能は過去も現在も同じだったとしたら、三葉虫はカンブリア紀の魚だったともいえそうである。

もっともこうした一般化は、明らかに大雑把すぎる。海のなかを泳ぐ魚にしても、捕食性、腐肉食性、植物食性とさまざまだし、いうまでもなく、大半の魚は食べられる側でもありうる。そういうわけで、残念ながらこの路線に沿った調査は限界に近づいたようなので、この続きは次章にゆずり、本章ではいったん打ち切ることにする。眼の構造と配置を調べても食物網内でのその動物の位置が判然としない以上、カンブリア紀における捕食実態調査の矛先をよそに向ける必要がある。そういう場合は、いちばん目につく場所を探すに越したことはない。つまり、カンブリア紀の動物の化石化した体である。

剣と盾と刀傷

カンブリア紀後の直接証拠

ここまでは、捕食の間接的な証拠を探してきた。では、直接証拠を探すとしたら何だろう。刀のような武器なのか、かじられた跡そのものなのか。銃の照準器や犯人の頭のなかを探るよりは、凶器や犠牲者を化石記録から探し出したほうがよいかもしれない。あるいは、そうした凶器から身を護るために使われた盾でもいいかもしれない。それらは探すに値する証拠だろう。

世界の博物館が収蔵している数ある標本のなかで、オーストラリアのクィーンズランド博物館の呼び物となっている「オオトカゲの死」は異彩を放つ代物である。それは、体長一メートルもあるオオトカゲの死に様を保存した標本である。あろうことか、大きく開けた口でハリモグラをくわえた状態で、悶絶死をとげた姿なのだ。くわえられているハリモグラは、体長三〇センチほどで、背中が長いとげで覆われた単孔類である。ハリモグラのとげがオオトカゲの口の中に突き刺さり、両者とも二進《にっち》も三進《さっち》もいかなくなったというしだい。なんともそそっかしいオオトカゲではないか（カラー口絵12

参照）。

シカゴのフィールド自然史博物館にも、これと似たような標本が展示されている。こちらの場合は、スズキのような捕食魚の口から、ニシンのような魚の後ろ半分が突き出ている。ニシンに食らいついたものの、口に入りきらず、こちらも進退窮まったというしだい。ただしこちらは、五〇〇〇万年前の湖で起こった出来事である。ワイオミング州の海抜二五〇〇メートルの場所から発掘された巨大な石灰岩の板に化石として保存されていたのだ。

太古の摂食の現場がそのまま化石として保存されている例は珍しいが、捕食者や獲物の直接証拠が封じ込められた化石ならばたくさん存在する。その格好の例は恐竜だろう。ティラノサウルスの歯列（歯の形状と並び方）は、こいつは肉食だったというただ一事を物語っている。ただし、生きている獲物を自分で殺して食べたのか、それとも死体の肉をくすねたのかまでは、歯は語ってくれない。ティラノサウルスの足跡から計算された走行速度からは、生きた獲物を追いかけて捕まえられる速さだったことがわかる。しかしこの問題は、まだ完全には決着がついていない。

米国サウスダコタ州で、あるアマチュア化石ハンターが、三〇〇〇万年前に生息していたブタの仲間ヒラコドンの骨の一部を発掘した。それまでにもこの絶滅種の骨はたくさん見つかっていたのだが、新たに見つかったその骨にはいささか変わった点があった。ふつうではなかったのだ。

骨自体は、ゴルフボール大の、何の変哲もない骨だったのだが、深さ一センチメートルにおよぶ明瞭なへこみが、何カ所かに認められたのだ。次いでその化石ハンターは、ヒラコドンと同じ地域に生息していたネコの仲間ホプロフォネウスの顎を見つけた。その「ネコ」の歯列は、「ブタ」の骨に残る傷跡とぴったり一致した。三〇〇〇万年前に、その「ネコ」がその「ブタ」を食っていたことは疑う余地がなさそうだ。では、その「ネコ」が食事にありついた時点で、「ブタ」はすでに死んでいたのだろうか、それとも「ネコ」が「ブタ」を殺したのだろうか。その答は永遠に謎のままだろう。一方、アンモナイトの殻に残るへこみは、もっと多くのことを教えてくれる。

第2章や第6章でもとりあげた絶滅動物のアンモナイト類は、硬いらせん状の殻のなかに体を収め、触腕を水中に突き出していた。アンモナイト類は、現在のイカと同じようなしかたで狩りをしていたものと思われる。吸盤のついた触腕で獲物をしっかりとつかんでおいて、嘴《くちばし》のような口器で切り刻み、やすりのような歯ですりつぶしていたのだろう。しかし、アンモナイトをめぐっては、アンモナイトが関与する食事について別のこともわかっている。ただしそちらでは、アンモナイトが食べられる側になる。

全盛期のアンモナイトは、古代の海を巧みに遊泳していた。しかしときおり、海のなかを落下して海底に突っ込むものもあった。そういうアンモナイトは、すでに死んでいるか、あるいは死にかかった個体だった。いや、話はそれほど単純ではない。アンモナイトが死ぬと、腐敗中の体から放出されるガスが殻のなかに充満する。すると、浮力のついた殻は海面に浮上し、波間を漂って岸辺に打ち寄せられ、浅海の墓場に埋葬されたはずなのだ。ところがなかには、海底に沈んでからさらに深海の墓場をめざしたアンモナイトもいた。どういうことなのだろう。

ときおり、かつての深海底からアンモナイトの殻が見つかる。中層の生息域から深海底へと沈んだものもいたということである。ただし、そのような化石は、浅海の墓場から見つかる化石とは様相が異なっている。本来の生息場所から遠く離れた浅海で見つかる殻は無傷なのに、もといた場所の底から見つかる殻には刺し傷がついているのだ。

そういう刺し傷はほぼ円形で、大きさはコイン大である。傷跡を中心に放射状に割れ目が入っていることも少なくない。刺し傷がでたらめについている殻もあれば、一定のパターンでついている殻もある。ランダムに並ぶ傷跡の成因については二つの説がある。そのひとつは、カサガイの仕業とみる説だ。

カサガイは陣笠状の殻をもつ巻貝で、岩石などの硬い表面で藻類などをかじりとっている。食事のあとはいつも同じ休息所に戻るので、やがてそこに浅い円形のへこみができる。アンモナイトの殻がおあつらえ向きの硬い面だったために、太古のカサガイがそこを休息所にしたのだろうというのがひとつの説なのだ。もしそうならば、傷跡から放射状に広がる割れ目は、深海の墓場に沈んでいった結果、ものすごい水圧のせいで生じたものだろう。一方、もうひとつの説はもっと劇的なもので、傷跡が規則的なパターンをなす理由も説明がつく。

アンモナイトと同時代の海には、モササウルスという大型海生爬虫類も生息していた。クロコダイルに似たその歯列は、太古の海を悠然と泳ぎまわる捕食動物だったことを示している。歯列のパターンからは、モササウルスはアンモナイトを捕食していたという推測も成り立つ。

アンモナイトの殻に残る規則的な傷跡の成因を説明してくれる、モササウルスの顎の骨が見つかっている。あるサイズの顎のあいだに殻をあててみると、歯列と傷跡とがぴたり一致する。つまり、モササウルスの顎に生えている歯のサイズと配列が、アンモナイトの殻に残る刺し傷跡と完全に一致するのだ。これで一件落着。さあこれで、アンモナイトが遊泳する太古の海で、そのアンモナイトにモササウルスが嚙みついている光景が復元できる。

ランダムな傷跡がカサガイの仕業なのか、モササウルスに何度も嚙みつかれた跡なのかはともかく、傷跡のあるアンモナイトが深海底に埋葬された理由は説明できる。殻に孔があくと、アンモナイト自体はまだ生きていても、殻のなかに海水が侵入してしまう。ふだんはガスで満たされている殻の気室に浸水すると、アンモナイトは浮力を失い、沈みはじめる。なす術もなく海底にころがっているアンモナイトや、機動性を失ったアンモナイトは、モササウルスからさらなる攻撃を受け、致命傷を負うことになる。そして、犯行現場に残された殻は、やがて深海底に埋葬され、自然死したアンモナイトが浅海の墓場に埋葬されるのとは異なる旅路をたどる。ところで、アンモナイトの悲劇は、そのカムフラージュの覆いが剝《は》がされたときに始まった。モササウルスは、視覚に頼るハンターだった。

最初に第2章で紹介したように、二万三八〇〇年前のマンモスが一頭だけシベリアの凍土のなかから発見され、フランスの科学者たちが、マンモスが絶滅した原因がよもや解明されるのではとの期待を胸に、その標本の死因を調査している。しかし、一体の標本だけからこの難問を解こうとしても、どだい無理な話なのではないだろうか。一方、英国のひとつの発掘場からは何頭分ものマンモスの骨が発見されている。その死骸の多さからは、マンモスが巧みな狩猟作戦の犠牲になったことがうかがわれる。これも、捕食の痕跡である。

英国グラストンベリーに近いウッキーホールには、広大な洞穴群がある。それらの洞穴の入口は、高さ五〇メートルの切り立った崖のふもとにある。崖のふもとには、過酷な気候から護られる、くぼんだ場所もある。その場所から、二体分の骨が見つかった。捕食動物の骨と、草食動物すなわち獲物の骨である。大昔のウッキーホールにいた捕食者は古代のハイエナで、その主たる獲物はマンモスだった。ハイエナの歯がマンモスの骨に残る傷跡とぴったり一致することから、ハイエナがかつてマンモスを捕食していたことが証明される。それにしても、ハイエナはどうやって巨大なマンモスを殺していたのだろうか。どうやってマンモスを、自分の巣穴である崖のくぼみにおびき寄せたのだろう。

マンモスの骨は、崖のふもとの、くぼみの外でも見つかっていることから、どうやらマンモスはそこで死んだようだ。しかし、ほんとうの殺戮現場は、おそらくその五〇メートル上方だったのではないか。ウッキーホール以外にも地球上のあちこちで、これと同じシナリオをうかがわせる場所が見つかっており、それらに共通するパターンをもとに、マンモス狩りの実態が説明されている。

マンモスがただ歩きまわっていて崖っ縁に接近しすぎたとは考えにくい。むしろ、次のように考えるべきだろう。五万年前にハイエナが狩りをしていた広々とした原野には、縁が切り立った崖になっているところもあった。ハイエナに追われたマンモスのなかには、崖の方向に逃げてゆき、縁から転落するものもいただろう。崖のふもとのマンモスの骨は、崖っ縁から墜落するマンモスがいたことを示しており、多数の個体の骨が積み重なっていることから、一回かぎりの偶然ではなかったことがうかがわれる。ということは、崖下の巣穴でくらしていたハイエナは、死骸にありつく格好の場所にいたわけである。理論的に考えても、これはすぐれた狩猟法であり、化石の記録や地層の年代からもそう推測される。だがこの場合もやはり、骨に残された歯形が、太古のハイエナがマンモスを食っていたという実際の証拠なのである。

再びカンブリア紀へ

ここまで、カンブリア紀のずっとあとに起きた出来事について考えてきたが、カンブリア紀そのものについてはどうなのだろうか。カンブリア紀の化石にも、歯と歯形がぴたり一致するような証拠が見つかるのだろうか。いよいよ、バージェス頁岩に証拠を探すとしよう。

バージェス頁岩からは、現在も捕食者として存在している動物グループが見つかっている。クラゲ（刺胞動物）に似たクシクラゲ類（有櫛《ゆうしつ》動物）のファスキキュルスは、カンブリア紀の浅海を脈打つように漂いながら、獲物に行き当たるそばから呑み込んでいたことだろう。鰓曳虫《えらひきむし》類のアンカラゴン、ルイセラ、オットイア、セルキルキアは、カンブリア紀の海底に坑を掘って隠れ、そうとは知らない動物がそのすみかの上を横切るの待ち伏せていたことだろう。それらのすみかの入口に近寄ることは、カンブリア紀のほとんどの動物にとっては地雷を踏むに等しい行為だった。クシクラゲ類の口はただの開口部にすぎないが、鰓曳虫の口器は、出し入れ自在な管状の吻《ふん》と、その先端の「唇」からなる。その構造は複雑で、化石記録にも傷跡を残している。吻は、頭部の内側に引き入れることもできれば、裏返しにめくれさせて外に伸ばすこともできる。伸ばした状態では唇がすっかり露わになり、何列にも並ぶとげや歯で獲物をいつでも仕留められる状態になる。歯ととげで獲物を完全に引っかけたなら、吻をそっくり裏返して頭部に引き入れ、捕まえた獲物を体内に取り込んでしまう。バージェス頁岩から見つかる多毛類の多くも、出し入れ自在な吻をもっていたが、攻撃用のとげで重装備したものはいなかった。バージェスの多毛類の大半は、堆積物中の有機物粒子や死骸を食べていたからである。もっとすごい摂食器官が残した顕著な捕食の形跡も見つかっているが、それらはみな、能動的捕食動物が残したものである。

バージェス採掘場のスティーヴン累層からは、カンブリア紀のヤムシが見つかっている。大部分のバージェス化石よりも深い海底に埋葬されていたものだが、活発な遊泳動物だったので、浅海にも生息していた可能性はある。興味深いのは、今日のヤムシ同様、こちらも捕食動物だったことである。なぜわかるのかというと、口部にヤムシ特有のとげがあるからだ。海中を泳ぎながら、そのとげで獲物を捕らえていたのだろう。このヤムシが捕らえていた獲物は、小さな浮遊生物だったと思われるが、カンブリア紀の海には、大型で活発な捕食動物もいた。それらがそなえていた獲物捕獲装置や口器はすごいものだった。

バージェス採掘場で目にした化石のなかで、いちばん記憶に残っているのは、何といってもアノマロカリスの化石である。その摂食用付属肢を一目見るなり、ただちに「捕食者《プレデター》」という言葉が頭に浮かんだ。アノマロカリスは、少なくとも五億二五〇〇万年前から五億一五〇〇万年前までの期間にわたって広い範囲に生息し、当時の生態系の頂点に君臨する捕食者だった。体長が二メートルにも達し、まちがいなく当時最大の動物だった。

日本のＮＨＫは、特別番組用にアノマロカリスの実物大模型を製作した。その模型は、体の両脇に重なり合って並ぶひれのような葉状体を波打たせて泳ぎ、まるでコウイカのように機敏な動きをする。前方にも後方にも進めるし、ただ水中に浮かんでいることもできた。バージェス頁岩から見つかるアノマロカリスも、中国から見つかるアノマロカリスも、実際に獲物を追って果敢に泳ぎまわることができた。それに対して、どちらかというと不恰好なオーストラリア産のアノマロカリスは、泥のなかにいる獲物を漁っていたと思われる。

しかし、アノマロカリスはどの種もみな、同じタイプの円形の口をもっていた。口をとりかこむ何枚もの硬い顎板が、カメラの絞りのように開閉し、歯がその内側に環状に並んでいる口である。開口部そのものは長方形で、歯が中央で嚙み合わないため、完全に閉じることはできなかった。むしろ、獲物を飲み込むために口をさらに大きく開け、硬い顎板を引き寄せることで、獲物を口のなかに引っぱりこんでいたのだろう。こんな口にかかったら、節足動物の装甲は砕かれ、粉々になることさえあっただろう。しかし、巨大で恐ろしい節足動物として復元される以前のアノマロカリスは、体の各部がそれぞれ別個の動物だと考えられていた。クラゲ、ナマコ、多毛類、カイメン、エビといったぐあいに、さまざまな解釈がなされていたのだ。ときには発掘を続けてみるものである。

五つの眼をもつオパビニアも明らかに捕食動物で、自在に動くノズル状の口器で獲物にくいついていた。水中を遊泳するオパビニアは、アノマロカリスに負けない機動性をそなえていた。実際、類縁関係にあったのかもしれない。オパビニアのノズル状の口器は、アノマロカリスの摂食用付属肢に相当する器官とも考えられる。アノマロカリスの付属肢を、根本で九〇度ひねってノズル状に伸ばせば、オパビニアの口器になる。そのほか、胴体や付属肢の形状だけを見て、バージェス動物群の能動的な捕食動物をリストアップしてゆくだけでも、相当な長さになりそうである。

バージェス動物群の大型節足動物の大半は、まちがいなく水中で獲物をすばしこく追いまわす捕食動物だった。なかにはオダライアのように、大きな捕獲用付属肢をもたず、小型の浮遊性ないし遊泳生物を大量に食べていたと思われるものもいる。しかし、サンクタカリスやシドネユイアなどそのほかの節足動物は、おびただしいとげや爪で武装しており、大部分のバージェス生物にとっては恐ろしい捕食者だったのではないか。では、カンブリア紀のバージェス節足動物を代表するグループ、三葉虫はどうだったのだろう。

カンブリア紀の三葉虫のなかには、取り込んだ食物をとりあえず処理するため

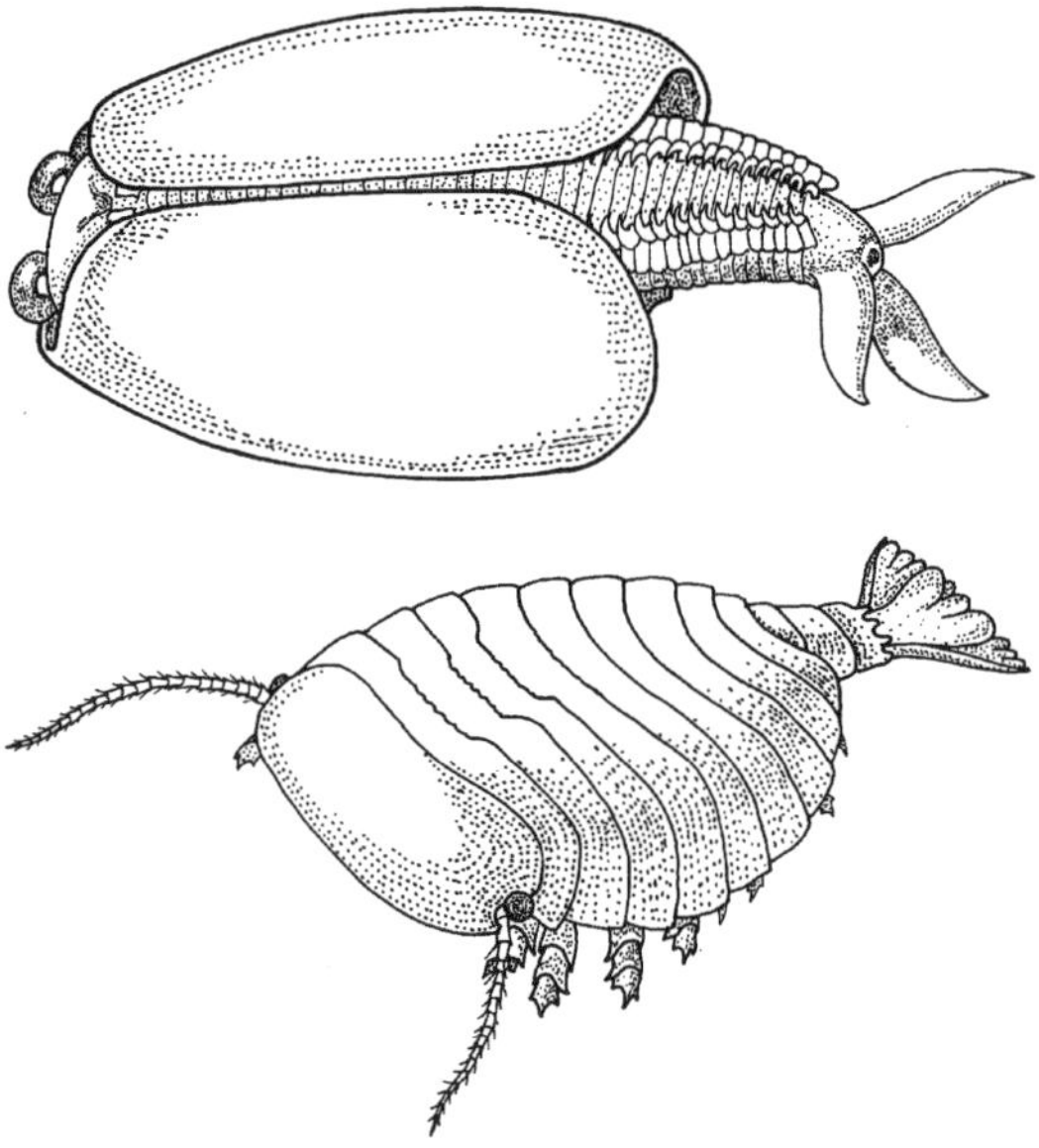

バージェス頁岩から見つかったオダライア（上）とシドネユイア（下）

の、かなり大きな消化室をもつものがいた。そうした三葉虫は、まちがいなく捕食動物だった。大きな獲物をまるごと飲み込んでおかねばならない場合もあったのだ。そのような大きな消化室は、海底に堆積した有機物を食べていた三葉虫の種には見られない。じつは三葉虫には、そうした有機物食のほかに、プランクトン食、濾過食、さらには、バクテリアを殖やして食物をもらうものまでいた。そうした証拠の多くは、化石それ自体の独特の形状から得られる。一例をあげよう。英国自然史博物館の三葉虫の権威であるリチャード・フォーティは、体の両脇がふくらんでいて、口器が小さい三葉虫を見つけた。彼はその形状から、食物は両脇の鰓《えら》から吸収しており、その供給源は鰓に生息するバクテリアのコロニーだったと考えた。現在の地球にも、大洋中央海嶺の熱水噴出口には、鰓にすみついている似たようなバクテリアから栄養を得ている甲殻類がいる。別の証拠とも合わせて考えると、フォーティの三葉虫も、それと似たような環境に生息していたらしい。

現在の生態系で三葉虫に相当する地位を占める甲殻類の習性から類推すると、ほとんどの三葉虫は、捕食性兼腐肉食性だったようだ。つまり、他の多細胞動物の生きた体か死体を食べていたのだ。とげだらけのがっしりした付属肢は、動物をまるごとつかんで引き裂くため以外の何ものでもなかっただろう。本章の最後でもっとくわしく検討するが、初期の三葉虫の大部分は能動的捕食動物で、すばやく動いて獲物を捕らえていた。この見解を裏づけるさらなる証拠が、ナラオイアの化石に封じ込められている。

ナラオイアは三葉虫の姉妹グループだった。つまり、互いにもっとも近縁なグループで、体のつくりもよく似ていた。ナラオイアもやはり、とげだらけの恐ろしげな付属肢と、とがった歯のついた口器をもっている。おそらく、蠕虫状の軟体性の動物を獲物にしていたのだろう。しかし、ナラオイアにはひとつだけ三葉虫と違うところがある。三葉虫ほど体が硬くないのだ。外骨格の背甲は、三葉虫のような石灰化した硬組織ではなく、有機物だけによって硬化したものだった。そのせいで、とげだらけのがっしりした付属肢を支えるために、三葉虫のように背甲を連結させるわけにはいかなかった。そうするには、背面が弱すぎたのだ。体の背面は、筋肉の付着点で、家屋を支える壁のようなものである。ナラオイアの捕食用付属肢は、胴体にとって相当な負担となっていた。

外骨格が炭酸カルシウム、すなわち方解石で強化されたのは、ナラオイアが三葉虫の祖先から進化したあとのことだった。ナラオイアは外骨格が華奢なので、ひしゃげた形で化石化していることが多く、眼も見つかっていない。ナラオイア類と三葉虫の重要な進化史についてはさらに検討を加えるつもりだが、その前にまず、カンブリア紀の捕食の痕跡を調べる必要がある。眼、摂食装置、消化系についてはすでに調査済みである。次は獲物に残された歯形を調べよう。

バージェスの玄関口であるカナダの町フィールドのインフォメーションセンターに、興味をひく三葉虫の化石が展示されている。ここに展示されている化石のほとんどは驚くほど完璧で、岩石に埋まっている向きもよく、バージェ

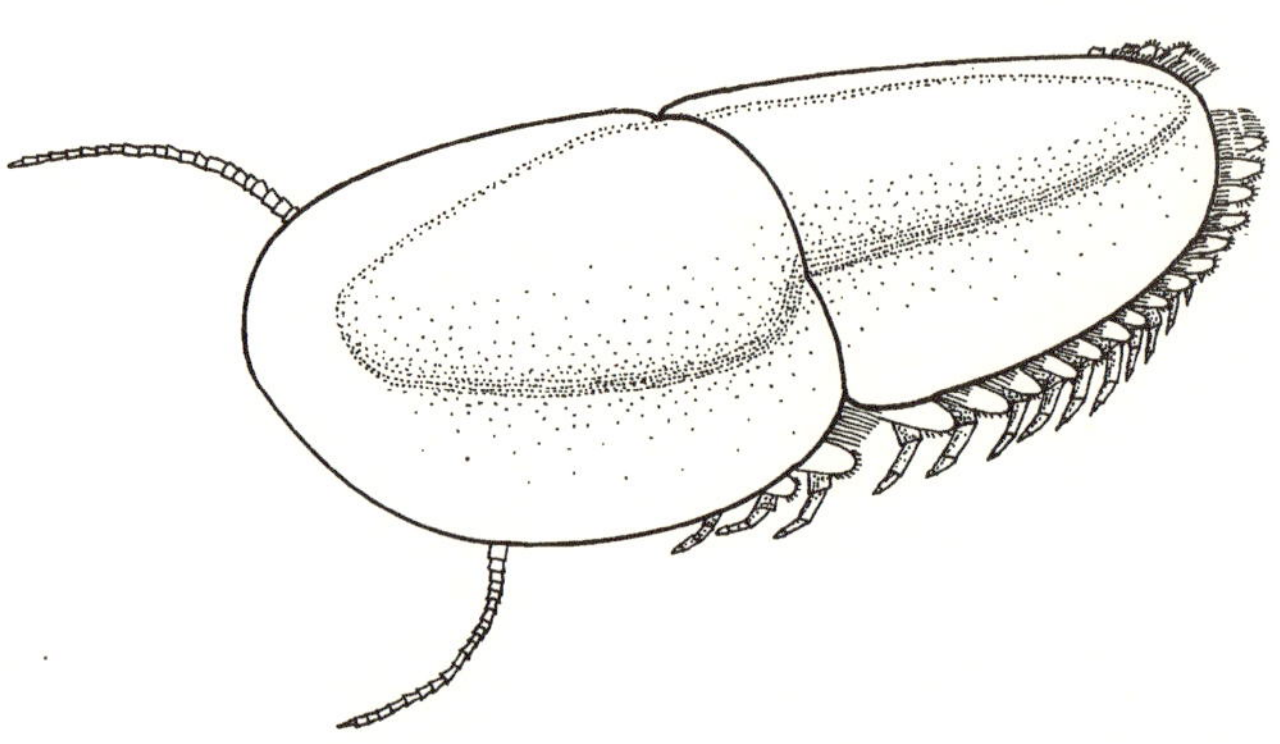

バージェス頁岩から見つかったナラオイア

ス化石の最高クラスの標本も含まれている。そのなかにあって、オレノイデス属の三葉虫化石は特筆に値する。体の一部が大きく欠けているのだが、欠失部分がきれいな半円形であるところを見ると、化石として保存される過程で生じた欠損ではなさそうである。そうなると考えられるのはただひとつ、それは嚙まれた跡ということになる。カンブリア紀の大型捕食動物がこの三葉虫に嚙みついたのだろう。ということは、この化石はカンブリア紀における捕食の被害者なのだ。

このほかにもカンブリア紀の数多くの三葉虫化石で、傷跡が見つかっている。捕食者に襲われて九死に一生を得た跡である。それらの傷は、治癒能力のおかげで、致命傷にはならなかったのだろう。これは、考えてみるとなかなか興味深い。カンブリア紀の三葉虫は、装甲で身を固めることで攻撃に備えていただけでなく、傷口をすばやくふさぐ能力も兼ね備えていたことになるからである。傷口にカルス（肥厚組織）を形成することができたのだ。ヒトの皮膚は薄くて切れやすい。そのため、ヒトの血液には、凝固して、破れた血管をふさぎ、失血や感染を防ぐ能力がそなわっている。それに対し、節足動物の外骨格は頑丈で、ハードな生活様式に耐えられるデザインになっている。ただし、ひどい攻撃を受けたときは別である。カンブリア紀の三葉虫が自然治癒力をそなえていたことは、捕食が確実に進化の淘汰圧となるほど頻繁に攻撃にさらされていたことを示している。現生動物の硬い殻には、捕食者に対する防御以外に、組織の支持といった目的をもつものもある。ところがカンブリア紀の三葉虫は、装甲を進化させただけでなく、捕食者から攻撃を受けたときに機能する自然治癒機構まで進化させていたのだ。三葉虫の硬い殻には、当初から、捕食者に対する防護の役割があったのだ。

カンブリア紀の三葉虫には、嚙まれた傷跡を残すものがとても多い。そのせいで、「利き手」説まで登場しているほどである。大量の三葉虫化石のうち、脱皮中や交尾中の事故と思われる原因不明の傷跡をもつものが七七個体、捕食者の攻撃を受けたことによる傷跡をもつものが八一個体も見つかっている。オハイオ州立大学の研究者たちは、捕食者がつけた傷跡の七〇パーセントは、三葉虫の体の右側に集中していることに気づいた。三葉虫自身か、その捕食者か、おそらくはその両者に、一定の方向を好む傾向があったとも考えられる。攻撃をかわそうとする三葉虫は、たぶん同じ方向に向きを変えていたのだろう。また、捕食者にもおそらく同じ側から攻撃する傾向があったのだろう。そういった左右非対称の行動は現在でもよく見られる。たとえば、ウマには頭を左に向ける傾向があるし、ヒトの九〇パーセントは右利きである。

ともあれ、本章のテーマにとって重要なのは、体の左側であれ右側であれ、三葉虫に残されている噛み傷の形状である。多くはW字型をしており、三角形の顎板が絞りのように開閉する、アノマロカリスの三角形をした口器と大きさも形状もぴたり一致する。

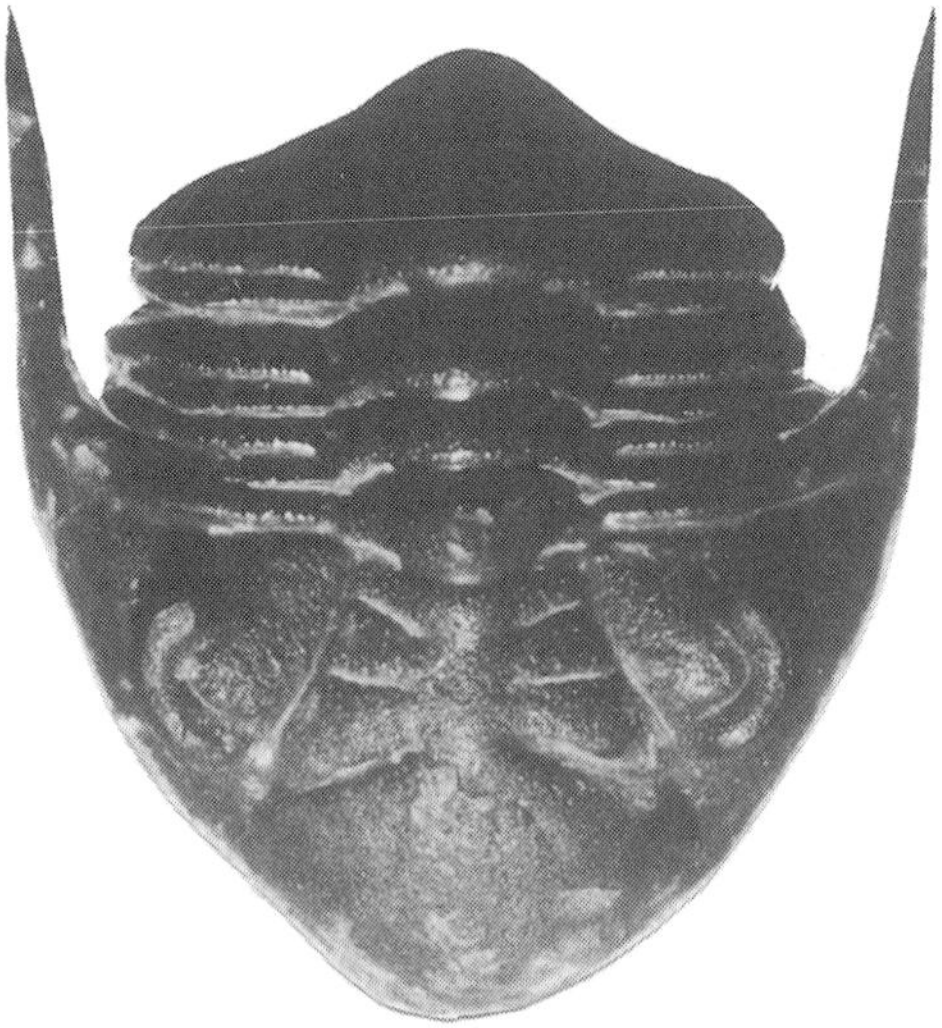

体を丸めている三葉虫の写真。「頭」のとげが胴体から突き出ているように見える。通常目にするような、体を平らにした状態のときは、これらのとげは胴体と並行している。

三葉虫に似て非なるナラオイアのような例外はあるものの、バージェス動物群の節足動物はみな、装甲で身を固めていた。硬い盾が硬いこぶやとげでさらに保護されている種類までいる。三葉虫の多くは、大きなとげをもっていた。その防御上の役割は、三葉虫が体を丸めた防御態勢をとった状態を考えるとよくわかる。丸まった三葉虫は、とげの突き出た硬いボールに変身する。なかには、鋸歯状の刃やスパイクつきの凝ったとげまである。

長くて鋭いとげは、硬い外骨格をもつ多くの種類に見られるが、バージェスの「レースガニ」ことマルレラのような、軟らかくて華奢な体の防御にも採用されている。じつは、とげで武装して軟らかい体を保護するというのは、さまざまな動物門で採用されている防御戦術なのだ。有爪動物のハルキゲニアは、上方に突き出た長いとげで軟らかい体を護っていた。多毛類は、そのもっと典型的な例だろう。たとえばカナディアは、背面と側面に突き出した剛毛のコートをまとっていた。現生する多毛類と淡水性のその仲間は、それぞれ独立に防御用のとげを進化させたと考えられている。似た形状が別々のグループで独立して進化するのは収斂《しゅうれん》と呼ばれる現象なのだが、これはこの防御手段がすぐれたものであることを意味している。しかし、バージェス産多毛類における防護の権化は、なんといってもウィワクシアだろう。ウィワクシアは楕円型の動物で、重なりあう鱗片の盾で体中を覆っているだけでなく、長い剣のようなとげを外に向かって生やしているという念の入れようである。これにくらべれば、ハルキゲニアなんてかわいいものである。ウィワクシア類の祖先と思われるハルキエリア類は、外観もよく似ており、鎖帷子《かたびら》で身を包むという同じような防護手段をそなえていた。

バージェス頁岩から見つかる海綿チョイア、ハリコンドリテス、ピラニア、ワプキアがそなえていた骨片は、支持骨格をなしているだけでなく、外側に突き出して凶器の役目も果たしていた。バージェス産の鰓曳虫は、口器に摂食用のとげをもつだけでなく、その他の部分にもとげがあって、とても恐ろしげな形状をしていた。バージェス産のヒオリテス類であるハプロフレンティスは、大半の腕足動物と同じように、とんでもなく硬い装甲で体全体をとりかこみ、完全にお店を閉めることができた。現在のヒトデ類と類縁のある、バージェス産の棘皮《きょくひ》動物も、やはり、行き交う捕食動物に軟体部分をさらけだすことはなかった。最後に紹介するミクロミトラは、ムール貝にも劣らぬほど硬い殻だけでは捕食を逃れるには不十分だったようで、殻の縁の周囲に長いとげを進化させた。

初期の腕足動物であるミクウィツィアは、一段階進んだ防護策として、化学的防御手段を採用していた可能性がある。殻の隙間から毒を噴出していたかもしれないのだ。それを裏づける証拠は、ミクウィツィアとともに発見される他の化石の殻には、捕食者があけた孔があるのに、ミクウィツィアには穿孔跡がまったくないことである。以上の事実からいえることはただひとつ、カンブリア紀の動物たちは捕食者に対する防護手段をそなえていたということだ。

これまで述べてきた体の硬質部分は、すべて、ある時点で進化したものだった。この進化こそが、カンブリア紀の爆発である。五億四三〇〇万年前から五億三八〇〇万年前までのあいだに、すべての動物門が突如としていっせいに硬組織を進化させたのだ。

すでに述べたとおり、硬組織には捕食者に対する防護以外の機能も考えられる。しかし、すべての動物門がまったく同時に、強度を得るため、あるいは浸透圧衝撃を遮断するための障壁として硬組織を進化させたというのは、あまりの偶然の一致ではないか。それまでの一億年ほどのあいだ、さまざまな動物門の多細胞動物が、軟らかい体をさらしたままで生きていたのだ。第1章で明らかにしたように、硬組織を必要とするような物理的環境条件が、カンブリア紀の爆発をひきおこした原因ではなかった。そうなると、捕食動物、それもとくにきわめて活発に獲物を追いまわす捕食動物が、そもそもどういう類のものだったかが重要となる。カンブリア紀から得られる手がかりをすべて集めれば、

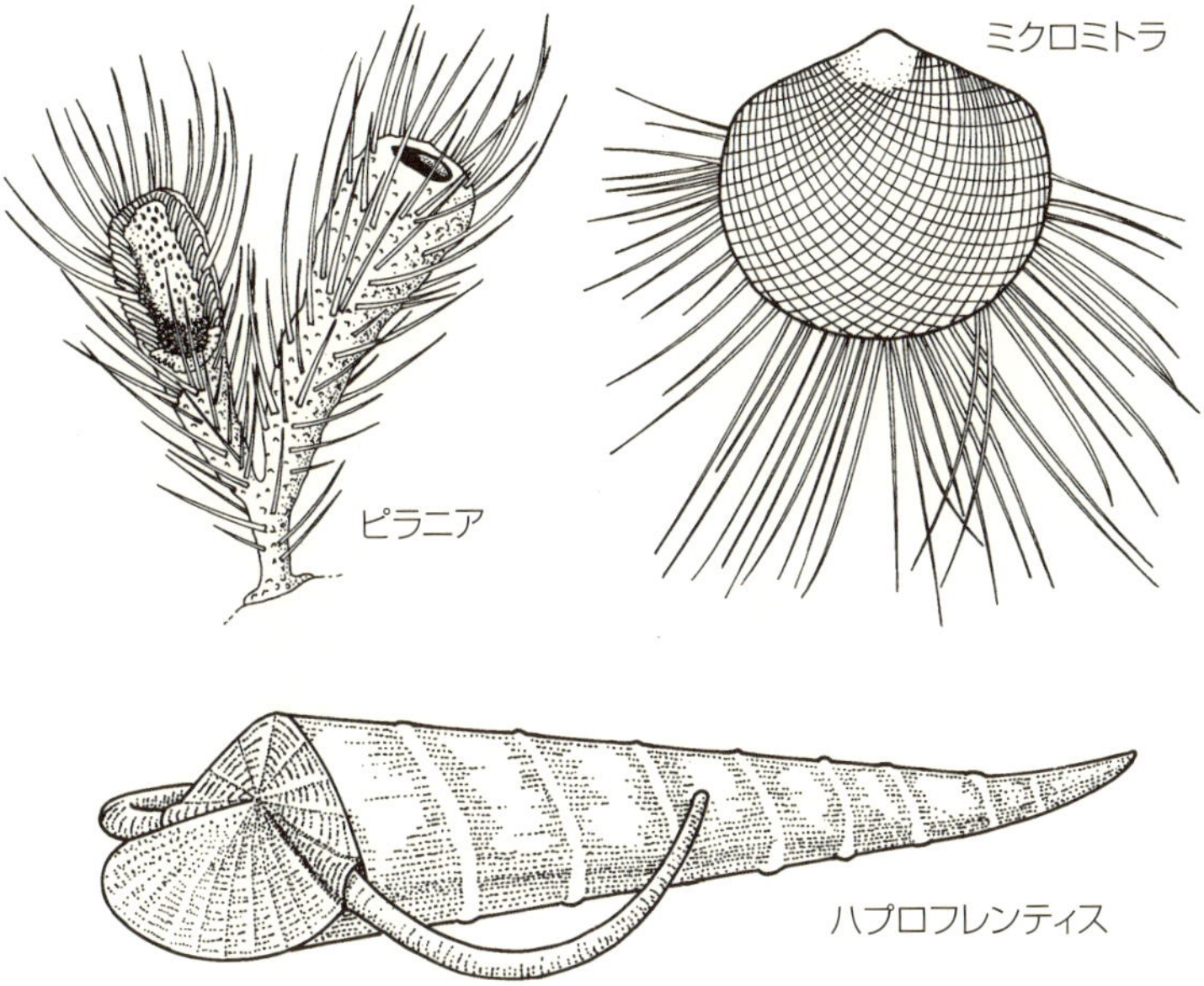

バージェス頁岩から見つかった、ピラニア、ミクロミトラ、ハプロフレンティス

すぐに察しはつくだろう。

バージェスのすべての節足動物が、防護用のとげか、攻撃から身を守るための何らかの防御をそなえていたという事実は、彼らは捕食者であると同時に、食べられる側でもあったことを意味している。捕食者の頂点に立つアノマロカリス（防護用のとげはもっていない）は例外として、それ以外の眼をもつバージェス動物を、それらの眼の特性にもとづいて、捕食者だったのか被食者だったのか推定できなくても不思議ではない。むしろ、眼を調べても明確に区別できないということはすなわち、海の中層に生息していたカンブリア紀の動物の大半は、獲物と捕食者の両方に注意を払っていたということなのではないか。アノマロカリスという共通の脅威にさらされていたカンブリア紀の動物にとって、とにかく生きつづけよという第一原則は、大きな眼をもつ巨人に対する警戒を怠らないことにほかならなかった。カンブリア紀に存在していた眼は、全方位をくまなく見渡すことに適応していたはずであり、アノマロカリスなどの機動性にとんだ捕食動物が猛威をふるっていたせいで、それ以外の眼の変異はごくごくわずかだったはずである。まさにこれこそが、バージェス動物の眼で見つかる傾向である。すなわち、方向特性はごくわずかで、三六〇度の視野に適応しているのだ。

誰が誰を食べたのかということに関しては、大きな遊泳動物が、小さな遊泳動物や硬い殻をもたない底生動物を食べていたと考えられる。アノマロカリスによる捕食を物語る嚙み傷のほかに、この問題にもっとはっきりと答えてくれる生々しい捕食の形跡がある。鰓曳虫オットイア三〇個体の消化管と、大型節足動物シドネユイアの消化管から、ヒオリテス類パプロフレンティスの断片が見つかっているのだ。同じシドネユイアの消化管からは、貝虫類や三葉虫の遺骸も見つかっている。ということは、シドネユイアは、硬い殻をもつ動物を食べることができた。また、あるオットイアの消化管をくわしく調べた結果、別のオットイアの体の一部が見つかった。つまり、この鰓曳虫は共食いをしていたのだ。

　ぼくがバージェス発掘現場のテーブルから手にとってつぶさに観察した化石も、この観点から見て興味をそそるものだった。それは、エビに似た甲殻類のカナダスピスと、小型三葉虫のプティチャグノストゥスとがいっしょになった化石だった。その三葉虫は、カナダスピスの丸い頭部装甲の内側で化石化していた。おそらく、ディナーの最中だったのだろう。これとは別に、バージェス産のある節足動物の頭部装甲の内側から、別のプティチャグノストゥスが見つかっている。この小型三葉虫は、寄生性だったということも考えられる。ただし、プティチャグノストゥスは単独で見つかることが多く、海の中層で生活していたと思われるので、もしかすると寄生もし、餌になることもあったのかもしれない。

　この状況については、別の観点からもっとよく考えてみる価値がある。カナダスピスには眼があるのに対し、プティチャグノストゥスには眼がない。カナダスピスとプティチャグノストゥスは、「生命の法則」の別の側面に進化の命運を託したといえる。カナダスピスは「食う」ほうに投資し、プティチャグノストゥスは「殖やす」ほうに投資した。プティチャグノストゥスは、カンブリア紀にはものすごい個体数をほこっていたが、カナダスピスやその他の大型捕食動物は、いずれも個体数がずっと少なかった。プティチャグノストゥスが種全体として捕食にそなえていたのは明らかである。数を頼みに、存続をはかっていたのだ。別の言い方をするなら、プティチャグノストゥスは、とにかくどんどん増殖するための繁殖戦略を進化させることで、捕食者が食べきれないほどの個体を海中に送り出さねばならなかったのだ。いうなれば、現在、ヒゲクジラに対してオキアミが採っている戦略と同じである。しかし、カナダスピスそのほかカンブリア紀の大型捕食動物で、ヒゲクジラのような大食漢方式を採用したものはいなかった。どれもみな、軍事用語でいう「索敵掃討」という単純な方式にとどまったままだった。

海の中層域は三次元空間である。泳いでいて獲物にばったり出くわすなどということは、二次元空間である海底ほどには期待できない。海は広大で、しかも、プティチャグノストゥスは泳ぎまわる。プティチャグノストゥスを捕まえるには、それを見つけて追いかける能力が必要である。カンブリア紀の爆発のおかげで、付属肢は堅固な支持骨格で覆われ、内側には筋肉もつき、捕食行動に不可欠な機動性が獲得できた。さらに、空中で狩りをする現在のトンボのように、カナダスピスの眼は、獲物を見つけだす手段を与えた。今ここで組み立てようとしているのは、カンブリア紀の生物はどのように機能していたかという図式であり、そのための原則は、現在のそれとほぼ同じである。第3章で示したように、眼をもつ種が必ず装甲をそなえているとはかぎらず、その逆もまた真であることから、眼と装甲とのあいだに直接の関連はない。しかし、行動との関連はあるかもしれないし、進化とも関連しそうである。

第1章では、カンブリア紀の爆発の原因を説明する旧来の説を紹介した。最近になって、マーク・マクメナミンとダイアナ・シュルテ・マクメナミンが再生させた説で、カンブリア紀のはじめに食物網が発達し、すべての種が捕食者と食物を得たことが引き金となったという説である。しかし、完成された食物網が急にどこからともなく現われるものだろうか。あるいは、何らかの要因が引き金となって連鎖反応が起こった結果、立派な食物網が完成したのだろうか。カンブリア紀の爆発直後に生息していた動物グループの多さ、その形態やサイズの多様性は、その時点ですでに十分に発達した食物網ができあがっていたことを物語っている。しかし、その食物網は、カンブリア紀の謎というにふさわしいすばやさで、またたくまに発達をとげたのだろうか。それとも、先カンブリア時代に端を発して、徐々に組み立てられたものなのだろうか。こうした疑問をもつこと自体、カンブリア紀のジグソーパズルが完成間近であることを示している。

マクメナミン夫妻は、動物は捕食者から身を護る盾として殻を発達させたという一〇〇年来の考えを復活させた。それについては、本書でも確認した事実である。本章では、現在の生物の営みにとっても過去の生物の営みにとっても、捕食者の存在がとてつもなく重要であることがわかってきた。それにしても、現在の食物網を成り立たせているこの役割分担が初めて出現したのは、いったいいつだったのだろう。もし食物網が、そして結果的にそれがもたらした「生命の法則」が、カンブリア紀の爆発以前に成立していたのだとしたら、これは、見当違いな問いかけかもしれない。ならば、本章を終えるにあたっては、地球上に初めて出現した捕食者探しをすべきだろう。

最初の捕食者を求めて

カンブリア紀の爆発を越え、「あまり知られていない領域」である先カンブリア時代に入ると、最初にたどりつく寄港地はエディアカラ生物の時代である。エディアカラ生物群をもっともよく代表しているのは、南オーストラリア州で最初に発見された、五億六五〇〇万年ほど前の化石群である。この生物群は、カンブリア紀の爆発が起きる直前まで生存していたのだが、爆発が起きたとたん、忽然と姿を消した。しかし、生存中には多様な生活様式を披瀝していた。それについては、生物体そのものの形状からも、足跡やそれに相当する生痕化石からも知ることができる。

カンブリア紀は、平和な時代だったといわれていたこともあったが、現在はそれが真実ではないことがわかっている。それどころか、捕食者はそれよりもずっと前から存在していたことがわかっている。先カンブリア時代には、海のなかを波打つように浮遊するクラゲ類や、海面を漂うカツオノエボシの仲間がいた。運悪くそうした動物の、刺胞をもつ触手に出くわした生物は、たちまち餌食になったはずである。海底には、イソギンチャクに似た生物が、やはり刺胞をもつ触手を上向きに波打たせ、獲物が来るのを待ちかまえていた。ということは、先カンブリア時代にも食べられる動物がいたわけである。場合によっては、エディアカラ動物のあいだでも、食う食われるということが起きていたことだろう。平たくて細長い動物が体を波打たせながら水中を泳いでいて、うっかり待ち伏せに合うこともあったと思われる。あるいは、触手の網のなかへ突進してしまうこともあっただろう。

そんな原始的な動物に対して「獲物を期待して待つ」という言葉を使うのはおかしいかもしれないが、先カンブリア時代の捕食行動はかなり行き当たりばったりだったことを考えれば、当を得た表現ともいえる。その当時、アノマロカリスのような、高度の探知システムと、獲物を探して仕留める必殺能力をそなえた捕食動物はいなかったのだ。先カンブリア時代の海を巡回していたのは、せいぜい、刺胞の網を張ったクラゲくらいなものだった。しかし、クラゲにとっても好都合だったのは、獲物の側もクラゲの接近を探知できなかったことである。

いや、そのような言い方は、厳密には正しくないかもしれない。小さすぎて化石記録には残っていないが、エディアカラ動物も、きっと何らかの感覚器官をもっていたにちがいない。皮膚に生えた微毛の動きで海水の振動を感じとり、刺胞の弾幕の接近を感知できたかもしれない。実際、エディアカラ動物と近縁と思われる現生動物は、そのようなタイプの微毛をそなえている。しかし、先カンブリア時代の感知能力は、すぐそばまで来ないとわからない程度のものだっただろう。なにしろ、接近してくる捕食者のスピードもおおむねのろかったため、もっと敏感な感知システムの進化をもたらす淘汰圧は抑えられていたはずなのだ。カンブリア紀の捕食行動がネコとネズミの追いかけっこだとすれば、先カンブリア時代のそれは子ネコとネズミの追いかけっこだった。

海底でも、捕食の脅威はそれほど厳しいものではなかったが、やはりあるにはあった。カンブリア紀に入る直前、およそ五億五〇〇〇万年前の海底の泥のなかには、クラウディナという蠕虫型の動物が生息していた。中国の陝西省からは、五二四個の化石が見つかっている。ただしそれは、動物本体の化石ではなく、その棲管の化石である。クラウディナは、硬組織をそなえていたことが知られている最初の動物なのだ。カンブリア紀のスタート前にフライングをしてしまった感もあるが、裏を返せば、大爆発以前の環境条件下でも、硬組織の形成は必ずしも不可能ではなかったことの証明である。

クラウディナの一四個の棲管からは穿孔跡が見つかっている。犯人は海底の捕食者で、硬い棲管のなかに収まっていたクラウディナの軟らかい体を食べることに成功したのだ。これらの化石を発見したウプサラ大学のステファン・ベンクトソンと中国地質学協会のユエ・ジャオによれば、捕食者は軟体動物で、現在の巻貝の近縁ではないかという。といっても、先カンブリア時代の軟体動物は、他の大部分の動物門と同様、まだ「蠕虫」のような姿で、硬い殻などはもっていなかった。後にその子孫は巨大な殻をもち歩くようになったわけだが、当時はその兆候すらなかった。

クラウディナの棲管にあいた孔は、地上初の決定的な捕食の証拠である。どうやら先カンブリア時代には、「スローな捕食」とでもいうべき様式が一般的だったようだ。しかし、先カンブリア時代には装甲をまとった動物がいなかったことから見て、この様式の捕食は、捕食への対抗手段をうながす強い淘汰圧にはならなかったようだ。身を護る硬組織を形成する刺激ではなかったのだ。

とりわけ興味をひかれるのが、先カンブリア時代の海底をうろついていた、ある種の体の軟らかい動物である。一九八四年、モロッコ南部とシベリア東部を調査していた石油会社が、地面に垂直に掘削してコア（岩芯）の採取を行なった。そのコアは、この地域が海底だった六億年以上のあいだに形成された堆積層の細長い標本だった。予想どおり、カンブリア紀の直前に形成された岩石にはストロマトライトの痕跡が見られた。ところが、ストロマトライトのすぐ上に、珍しい層が見つかった。さっそく「トロンボライト」と命名されたそれは、「原始三葉虫」を含む軟体性節足動物の採食跡、言うなれば「草を食んだ」跡と推定された。

それだけでなく、もっとも新しいトロンボライトの数十メートル上からは、硬組織と呼べる最初の化石が見つかった。三葉虫の最古の痕跡である。これは、軟体性節足動物の生痕化石と並んで、節足動物の祖先を復元するうえで重要な手がかりとなる。

それにしても気になるのは、「原始三葉虫」という言葉だ。カンブリア紀の爆発以前に、装甲をまとわないそんな三葉虫が存在したのだろうか。一九九一年、この疑問の答が得られた。信じられないような話だが、エディアカラ生物群が初めて見つかった場所、すなわち南オーストラリア州のエディアカラ丘陵を新たに調査したところ、軟体性の三葉虫が見つかったのだ。

まず最初に見つかったのは、ひっかいた跡のよ

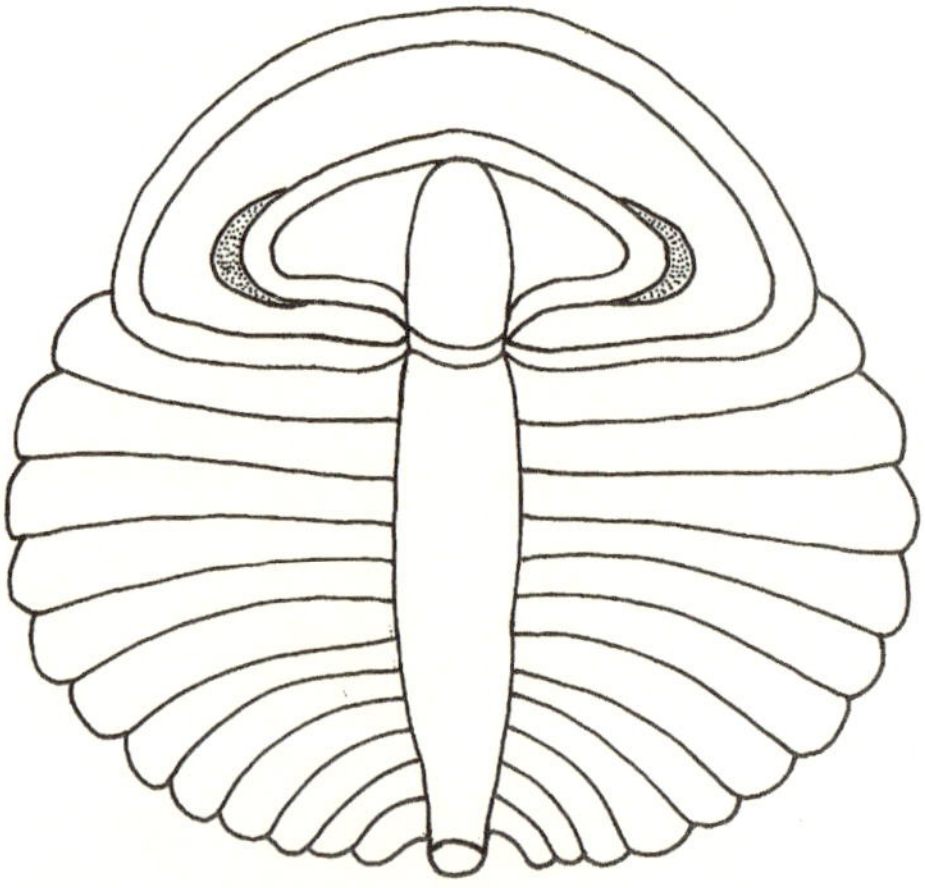

先カンブリア時代（約5億6500万年前）の軟体性の「三葉虫」。
頭部の網をかけた部分は、複眼の前駆体である可能性がある。

うな生痕化石だった。それはおそらく、体長四センチほどで、一二対の細長い脚をもつ動物がつけたものだろうと推定された。そして大発見がそれに続いた。動物体の化石がいくつか発見されたのだ。足跡をつけた張本人である。体は、カンブリア紀の三葉虫にくらべると軟らかかったと思われる。全体を上から見ると円形だが、半円形の頭の縁が明瞭で、胸には一三個の大きな体節と八つの小さな体節があり、楕円形の小さな尾がついていた。なかにはひしゃげた化石もあり、カンブリア紀のナラオイアのように、皮膚にいくらか弾力があったことをほのめかしていた。しかし、硬い外骨格のかわりに弾力のある皮膚で覆われていた点を除けば、全体的な体の構造はカンブリア紀の三葉虫と変わらなかった。また、原始三葉虫で興味をそそられるのは、頭に少しこんもりと隆起した部分があって、それがカンブリア紀の三葉虫で眼が納まっている場所と一致することだった。しかし、眼そのものは、捕獲用付属肢やとげ状の口器ともども、先カンブリア時代の原始三葉虫にはなかった。

先カンブリア時代の原始三葉虫は菜食者で、海底に生える藻を常食していたが、おそらく動物の死骸も食べたことだろう。カンブリア紀の到来とともに登場した大食漢の捕食動物は、まだかなり穏やかな動物だったようだ。むしろ原始三葉虫は、食べられる側だったのではないか。どんでん返しは、カンブリア紀との境界線で起きたのかもしれない。ようするに、先カンブリア時代は捕食の実験段階のようなもので、大半を占めていたのは平和を好む菜食主義者だったが、そうした連中も、たまたま動物の死体に出くわせば、喜んでごちそうにあずかっていたということなのだ。肉の味を覚えつつあったというところだろう。

では、捕食への力点の移行は徐々に起こったのだろうか。どうもそうではないようだ。肉食動物が脚光を浴びるのは、五億四三〇〇万年前のことである。食物網のなかで、突如として捕食が重要な選択肢になっただけではない。新たな捕食様式も選択されていた。先カンブリア時代の捕食者がスローだったとすれば、カンブリア紀初期の海に押し寄せた捕食者第二陣は、まちがいなく活発だった。

前章の最後でも触れたことだが、眼をそなえた最初の動物は、三葉虫だった。しかも、最初に現われた三葉虫だった。最初に現われた真の三葉虫は、捕食動物でもあった。ファルロタスピス、ネオコブボルディア、シズディスクスなど、すべての三葉虫が眼をもっていた。そしてそれらは、カンブリア紀の到来を象徴する存在であり、カンブリア紀の爆発が始まったころに現われた。それら三葉虫の付属肢の形状は、彼らが捕食者だったことを物語る一方で、そのとげだらけの装甲は、同時に食べられる側でもあったことを教えている。おそらく、三葉虫どうし、互いに攻撃しあったのだろう。それは地球上に登場した攻撃の原型とでもいおうか。なにしろ、体を覆う装甲は、まだほんのできたてだったのだ。皮膚は、先カンブリア時代の原始三葉虫ほど軟らかくはなかったが、数百万年後に現われる三葉虫の外骨格の硬さには、まだ遠く及ばなかった。とはいえ、とても活動的な動物だった。すばやく泳ぐことができ、水中での機動性にも長けていた。しかも、とげだらけの頑丈な付属肢をもつ捕食動物だった。そこらじゅうにいた、先カンブリア時代のスタイルそのままの軟体性動物にとっては悪い知らせだった。生命は騒乱の際にあった。

つまり、カンブリア紀の幕開けは、能動的捕食の開始でもあった。このことに、異論をさしはさむ余地はない。ただし、ひとつだけ注意を要することがある。カンブリア紀の爆発と、カンブリア紀の爆発が起こった原因とは、しっかり区別しなければならない。ここで、活発な捕食開始を教えるサインとして用いているのは、三葉虫のとげ状の道具と遊泳用の付属肢、すなわち硬組織である。しかし、硬組織の獲得こそが、カンブリア紀の爆発だった。そこで、次の問いを残して本章を終えるとしよう。「原始三葉虫から数種の捕食性三葉虫が進化し、それが連鎖反応にはずみをつけたのだろうか」。連鎖反応とはもちろん、すべての動物門における硬組織とその外的特徴の獲得のことである。思いだしてほしい、これこそがカンブリア紀の爆発なのだ。数種の装甲型三葉虫の出現だけで、大騒乱の幕が切って落とされたのだろうか。それとも、何か別のことが起爆剤となり、硬組織がいたるところでいっせいに進化したのだろうか。いよいよ自明の結論を引き出すときがきた。

第9章　生命史の大疑問への解答

たった三種類の感覚、つまり三つの基本要素しかないのに、四つめ、五つめを引き出すことなどできはしない。
——ウィリアム・ブレイク
『自然宗教は存在しない』（一七八八年）

世界を一変させた大進化

太陽は、一連の波長からなる電磁波を放射している。その範囲は、水素原子よりも短い波長の宇宙線やガンマ線から、波長が一〇〇〇メートルを越える電波にまでおよぶ。可視光波はこの一連の波長域のなかにあり、太陽エネルギー放射のピーク部分にあたる。可視光に含まれるのはごく狭い波長域にすぎない。物体に当たった光線は、屈折偏光され、その物体に関する情報をかかえて環境中を進む。その屈折光がわれわれの眼に入ると、網膜上に集光され、情報の読み取りが可能となる。「見る」うえで役立つ情報のひとつは、光波が来た方向である。これはすぐに判別できる。眼が二つあるため、光線を屈折した物体までの距離も見当がつく。眼がこなす第三の妙技は、波長がわずかずつ異なる光波をそれぞれ違った色に変換することである。したがって、眼をもたない動物には、そもそも環境中に色などというものは存在しない。

難しいことかもしれないが、ちょっと想像してみよう。どこにいたとしてもわれわれを取り巻いているすばらしい色彩の世界は、じつはいっさい存在していないという事実を。環境中には色など存在していない。実在しているのは、たまたまぶつかってきた各種の電磁波を屈折偏光させている物体だけなのだ。バラの花が赤い色を発しているわけでもないし、葉が緑の色を生みだしているわけでもない。紫外線を例に出せば、納得してもらえるかもしれない。

鳥や昆虫から見ると、環境中ではもっとたくさんのことが起こっている。色ももっと多彩である。彼らのパレットには紫外線まで入っていて、人間には感知できない、秘密の波長でコミュニケーションしているのだ。逆に、必ずしもすべての動物が像を見ているわけでも、われわれが色と呼ぶものを解するわけでもないのだが、だからといって、光や色があらゆる動物の生活にとって重要ではないということではない。「色」という言葉は、光が存在する場所に生息しているすべての動物の辞書に見つかる。光は、あまねくすべての動物に作用する重要な淘汰圧なのである。少なくとも、今の地球上ではそうなのだ。

植物は動物とはまるで異なるルールに支配されているが、それでも、多くの植物の色は、動物の視覚に適応した色になっている。葉がたいてい緑色なのは、葉に含まれる葉緑素が、緑と呼ばれる波長（光合成に利用されない波長）を跳ね返すからで、これは付随的な色と言える。それを別にすれば、やはり多くの植物は色とりどりの花を咲かせるが、それは花粉を媒介する昆虫を引き寄せるためだし、やはり色彩に富んだ実をつけるのは、種子の分散を担う哺乳類や鳥類を引き寄せるためである。それどころか、眼をもつ動物が、ある種の植物グループの進化に大きな影響を与えることさえある。たとえば、オフィリス属のランの花は、カンプソスコリダ属のハチの雌に色や形を似せている。この擬態はすばらしく、雄バチはすっかりだまされてしまい、その花と交尾しようとする。しかし、その願いが果たされるはずもなく、むなしく花粉を運ばされる羽目になるだけである。

英国の物理学者サー・ウィリアム・ブラッグは、一九三三年に出版した著書『光の宇宙』のなかで、「光が宇宙の情報を伝える」という考え方を提唱した。地球上で情報を伝えるメッセンジャー役の刺激は、光だけではない。宇宙の情報を伝えるものはほかにもある。いちばんわかりやすいのは、音や化学物質だろう。したがって、視野を広くとる必要がある。自然界の刺激と、政治ニュースを伝える各種メディア（インターネットを除く）を対比させて考えてみよう。

日々の政治ニュースは、テレビ、ラジオ、新聞から受け取れる。これら三つの異なる形式のニュース制作者は、仕事の処理方法がまるで異なる。歴史的に見ると、まず最初に新聞が登場した。新聞記者がニュースになりそうな現場をまわり、取材したことを紙に印刷して家庭に送り届けた。電報や電話が導入されたことで、新聞記者の仕事は楽になった。というより、新技術の出現によって仕事に若干の変更が生じた。環境の変化に呼応して新聞記者が「進化」したともいえる。

ラジオの登場によって記者のノウハウはさらに変化し、電話の声をそのまま放送するといった新たな方法が加わったが、従来の技術もそのまま利用可能だった。しかし今や、あらゆる印刷物はマイクに向かって読みあげられるようになり、ニュース配信の仕事はさらにまた変わり、「進化」した。ちょっとした技術の向上が、ニュースサービスのさまざまな発展につながってきた。技術が進歩するたびに、ニュース配信会社は、新たな環境への適応に対応した。適応しなければ、ライバル会社に追い越されてしまう。そうなれば、うまみのない少数視聴者をターゲットにするか、マイナーなすきま分野《ニッチ》に撤退するしかなくなる。ニュース放送の世界では「小進化」が進行してきたのだ。

そこに重大な変化が訪れた。テレビの発明である。ニュース制作者の仕事は、またしても、しかし今回は劇的な進化を余儀なくされた。新しい装置ばかりか、それを操作できる技能をもった新たなスタッフが必要になった。古いタイプのアナウンサーに代わり、カメラに向かって喋るのが得意で、しかも、容姿という新たな要求を満たすアナウンサーが採用された。新しい建物や機材運搬車も必要になった。つまり、ニュース制作の現場が一変し、あらゆるポジションに従来とは異なるタイプのスタッフが必要となったのだ。ニュース報道に「大進化」が起こり、それが業界をひっくり返したといえる。この大事件にくらべたら、テレビ以外の諸メディアで徐々に起きてきた変化など、取るに足らぬものに感じられるだろう。

テレビは一夜にして出現したようなものだった。その後も、白黒からカラーへの移行、衛星放送の導入など、いくつか重要な変化が続いた。しかし、人々の眼はすでに、ニュースの時間になるとテレビに向かうようになっており、真に重要なのはそのことだった（この場合もインターネットは除外する）。

もしそれ以前から地球上のすべての人がテレビ受像器をもっていたのだとしたら、報道分野へのテレビの登場はもっと大きな影響力をもったことだろう。それは、突如、すべての人が一夜にして眼を進化させることに匹敵するほどの大事件かもしれない。この想定は、意外とおもしろいのではないか。それに、本書の内容にもあてはまる。とくに、光は（少なくとも、今の地球上では）地球上のあらゆる動物がその影響をこうむる刺激であるという先ほどの見解を考えるうえでの参考となる。

光がもつ力を、あらゆる現生動物の行動や進化と結びつけているのは眼である。眼が存在するからこそ、光がありとあらゆる動物にとっての刺激となっているのだ。それは、眼をもたない動物に対しても同じである。現時点で、光に満ちた環境に生息する動物にとって、たいてい、眼はとても重要な意味をもっている。そのことは、動物の眼のサイズをみれば明らかである。トンボの頭は大きいが、表面積の四分の三は眼で占められている。貝虫類のなかには、眼の大きさが体の体積の三分の一を占めているものまでいる。さらには、眼をもつ動物においては例外なく、脳の広い部分が視覚野に割り当てられている。

眼の起源をたどってゆくと、最初の三葉虫というか、「最後の」原始三葉虫に行き着く。しかもそういう種類が登場したのは、カンブリア紀の爆発のまさに開始時期である。そう考えると、眼は、いうなれば生物進化における「テレビ」であり、登場したが最後、誰にも無視できないものとなったという連想が成り立つ。

捕食も爆発の原因だったのか

前章では、摂食という新しい変数を方程式に追加した。この変数は、完成しつつあった、すっきりした理論をぶちこわすものでもあった。しかしそのおかげで、カンブリア紀初頭に最初の三葉虫が進化したことが理解しやすくなった。その三葉虫は、眼をそなえた最初の動物であると同時に、捕食者でありながら食べられる側でもあった。すでに述べたとおり、捕食行動は先カンブリア時代に少しずつ進化していた。しかし、三葉虫こそが、進化史上最初の活発な捕食者だった。この違いは大きい。つまり、活発な捕食という要素も、カンブリア紀の爆発の開始と結びつけられるからである。

さあこれで、カンブリア紀の爆発をひきおこした原因として、二つの可能性が浮上したわけである。そこでまずは、それぞれの可能性をもっとよく調べたうえで、証拠が結びつくかどうか検討することにしよう。

第8章で用いた、「索敵掃討」という軍事用語について考えてみよう。まずは「索敵」という言葉が先にきて、次に「掃討」がくるが、これこそまさに積極果敢な捕食行動の順序である。掃討するには、まずは目標を捜索し、相手を識別してからこれを捕捉しなくてはならない。積極果敢な捕食者としては、眼、あるいはそれに相当する認識装置をそなえていないことには話にならない。カンブリア紀が始まると、動物たちは猛然と互いに追いかけ合い、食い合いを始めた。こうした行動に不可欠なのが、適切な探索能力である。獲物の居場所をつきとめられないことには、いくらスピードや敏捷性にすぐれていようとも、たとえ獲物を捕らえる鉤爪をそなえていようとも、そうした能力は無用の長物である。はたして、カンブリア紀が始まると、捕食者たちはまず、獲物に照準を合わせるという行動に出た。照準を合わせるというのは、まさに的を射た表現である。カンブリア紀初期の殺し屋たちは、眼という照準器で獲物をとらえていたからである。どうやらこれで、カンブリア紀初期の三葉虫の多くが、体から長いとげを伸ばしていた理由が説明できそうだ。

進化の原動力としての視覚

現時点での動物の行動にとって、光がどれほど重要な意味をもっているかについて強調しながら、ここまで話を進めてきた。実際、おなじみの陸生動物は家畜を除いてみな、体色ばかりでなく行動の面でも、場合によってはその形状においても、みごとに光に適応している。色は、光への当を得た適応であり、光あふれる環境にくらす動物の体色は、たいていは生息環境中の光に対する進化的な対応なのである。クモの場合を例にとると、体色を化学的につくりだすにはかなりのコストがつくのだが、それでも体色が維持されているのは、視覚によって獲物を探す捕食者の存在が大きいと言われている。それに対して形状のほうは、主に体内の化学作用、運動、生殖、摂食機構といった行動面の要因によって支配されている。しかし、そうした活動のなかにも、やはり光の影響が無視できないものがある。そこでは行動が重要となる。待ち伏せ型の捕食者であるオコゼは、体色を石に似せているだけではだめで、形も行動も石そっくりにして、じっとしたままでいなければならない。カマキリもやはり、緑色の葉であれピンク色の花弁であれ、獲物を待ち伏せする植物体にそっくりの色や形をしている。では、ナナフシやコノハムシなど、カマキリの近縁ではあるが、逆に狩られる側の昆虫はどうだろう。ナナフシやコノハムシは、光に適応した色や形をしているが、オコゼやカマキリとは違い、食物を探して動かなくてはならない。そこで、視覚への適応を完璧にするため、風にそよぐ葉や小枝さながらに体を震わせながら歩く。

話が三葉虫からそれてしまったが、やはり話題の焦点は眼である。カマキリやナナフシなどの体色、形状、行動上の特性は、日光に対する直接の適応ではなく、眼をもつ動物がいることに対する適応である。もっといえば、自分をねらう捕食者の眼、あるいは自分の餌となる動物の眼に適応しているのだ。眼と捕食者、あるいは動物の見かけと生存とのあいだには、重要な関係がある。「生命の法則」によれば、死なずに生きつづけるには、食われないようにしつつ食わねばならない。

現在、動物のあいだでカムフラージュがなぜこれほどたくさん見られるのか、これで説明できる。緑色をした昆虫が多いのは、葉にとまっていても目立たないためである。一般に、緑色の体色になるのは難しいことなのだが、エンドウヒゲナガアブラムシは、その捕食者であるテントウムシがいるところでは緑色になる。テントウムシは主に視覚を頼りに狩りをするため、獲物にとってカムフラージュは有効な戦略なのだ。しかし、テントウムシがほとんどいなくなると、エンドウヒゲナガアブラムシはエネルギーが高くつく緑の色素の生成をやめ、あまりエネルギーのかからない赤色になる。

同じように、グッピーも、眼をもつ捕食者への対応として外観を変化させる。トリニダード島や南アメリカに分布するグッピーは、個体群ごとに変化が著しいせいで、進行中の進化を研究する格好の対象となってきた。グッピー個体群は、捕食圧が変化すると、数年すなわち一〇世代ほどで、体色や捕食回避行動の面での変化を起こす。もちろん、行動や進化を考えるうえでもうひとつ重要なのが、性淘汰につながる求愛行動である。性淘汰は、捕食者に駆り立てられて起こる進化、すなわち自然淘汰と連携して作用する。捕食の脅威が弱まると、性淘汰により、グッピーはあざやかな求愛色を進化させる。こうした進化の原動力は、どの場合もすべて、仲間のグッピーの眼か捕食者の眼かはともかく、視覚なのである。

求愛行動では、よく知られているように、カムフラージュの原則に反することが起こる。通常、視覚をいちばんの知覚とする鳥類の場合がとくにそうだ。クジャクを考えてみよう。体色に関するニュートンの分析は、尾のりっぱな飾り羽をもつ華やかな雄にはあてはまっても、尾が短く、全体に地味な褐色をした雌にはあてはまらないが、クジャクの摂食戦略は雄も雌も同じである。しかし、クジャクで重要なのは、捕食の脅威がそれほど厳しくないという点であり、大多数の鳥類がこの贅沢を享受している。飛翔力を得た脊椎動物である鳥類は、陸上や水中にすむ動物の大半が免れられない制約である、カムフラージュの必要から解放される時間を獲得した。そのおかげで鳥類の多くが、やはり重要な活動である求愛行動において派手な色彩を誇示する自由を得ている。その結果、鳥は視覚に訴える優美な求愛ディスプレイを進化させた。眼をもつ捕食者の存在が課す「追いつ追われつ」の世界から、ある程度距離を置くことができているのだ。

ひるがえって陸上や水中では、「生物の法則」がはるかに苛酷に作用している。生存に適応していない体色の動物が、一時的に姿をくらませていられるような魔法の隠れ場所や特別な空間は存在しない。しかし同時に、そこでは光によって、適応放散を促進する道が開かれている。本書ではすでに、アフリカ東部の大地溝帯の湖にすむシクリッドフィッシュや、カリブ海の島々にすむアノールトカゲの例を紹介した。適応放散は、利用可能なさまざまなニッチ（生態的地位）への進出によって起こる。

光は、一般に、利用可能なニッチを増やすはたらきがある。たとえば、日向と日陰、色調の異なる背景などが準備されるからだ。洞窟などの環境よりも、日光が降りそそぐ環境のほうが、多様性にとんだ動物を擁しているのはそのせいである。

以上のような要件をすべてつなぎ合わせると、大半の生態系は光によって成り立っているという世界が見えてくる。海洋生態系を見てみよう。どういう明るさの場所に生息するかで、さまざまな選択肢がある。海底に穴を掘って潜ることもできれば、岩礁やサンゴの隙間に入り込むこともできる。あるいは、カイメンは格好の隠れ場所になるし、イソギンチャクやカツオノエボシの刺胞をそなえた触手も（その毒に対する耐性があるなら）安全なすみかとなる。一方、他人の庇護を断ち切って果敢に海中に飛び出してゆく手もあるが、その場合には敵の砲火に身をさらす危険がともなう。当然、なんとか捕食を免れるための生存戦略を進化させねばならない。体を隠蔽色にしてもいいし、透明にしてもよい。逆に、警告色や防護用の装甲をまとって目立つ格好になるという手もある。あるいは、警戒を怠ることなく機敏であれば、いち早く捕食者を見つけてすばやく逃げればよい。さもなければ、捕食者に降参を宣言し、個々の個体の生存率は犠牲にして、食べられる以上にどんどん殖えるという、ずば抜けた繁殖戦略に賭ける手もある。そうすれば、少なくとも種としては生き残れる（ただし、食べられる側の種すべてがこの戦略を採用すると、この手は使えなくなる。このニッチのための「空間」にはかぎりがあるからだ）。いずれにせよ、眼をもつ捕食者に対抗するための適切な戦略を進化させねばならない。

進化生物学に厳密に則った言い方ではないが、どういう淘汰圧が進化をうながすかということを要約すると、こういうことになる。そしてこれはみな、ひとえに眼をもつ捕食者の存在がもたらす結果なのだ。もし眼が存在しなければ、光が動物に重大な影響を及ぼすということにはならないだろう。

今ぼくは、進化学入門の講義を終えたばかりの大学講師のような気分である。疲れたけれどほっとしている。新たな学習段階に進むために必要な事項は、すべて紹介した。ちょっとほっとしているのは、これからが興味をそそる刺激的な話になるところまで、なんとかこぎつけたからだ。これで、進化史上最大の出来事の謎を解くための準備がととのった。さあ、では、五億四三〇〇万年前のカンブリア紀の始まりまで、戻ることにしよう。

「光スイッチ」説

地質年代を二分して、視覚が出現する前と後とに分けるとしよう。この二つを隔てる境界は、五億四三〇〇万年前にある。視覚が地球上で最大の影響力をもつ刺激であることを考えると、一〇〇〇万年前も、一億年前も、そして五億三七〇〇万年前も、カンブリア紀の爆発以後の世界は、現在と同じしくみで動いていたといえる。それと同じで、五億四四〇〇万年前の世界には視覚がまだ存在しておらず、その意味では六億年前の世界と同じだった。この二分された生命進化史の狭間で、光スイッチがオンになった。光スイッチがオンになる以前は、ずっとオフだったし、それ以後は、ずっとオンのままできた。

現在の動物の外部形態には、視覚による大きな制約が課せられているのに対し、カンブリア紀以前には、そもそも眼が存在していなかったのだから、視覚がそのような役割を果たすことなどありえなかった。したがって当然ながら、光が動物の行動システムに影響を及ぼす重要な刺激たりえることはなかった。ここでいう視覚とは、映像を形成する能力のことであり、動物が眼をもって初めて獲得されるものである。単純な動物でもさまざまな種類が、日光がさす方向を知るために光を利用している。

カナダのバージェス採掘場近くの雪のなかで見つけた藻類がまさにそうで、赤い眼点はあったが視覚はなかった。そうしたものは視覚とはいっさい関係がない。じつは、植物にも単純な光感知器をもつ種類はいて、栄養成長から生殖成長への移行を支配している。しかし、そのような光感知は視覚ではない。視覚とは、光を利用して物体を認知して分類する能力、つまり見る能力である。

先カンブリア時代には、多細胞動物門でも体の軟らかいメンバーしかいなかった。340〜341ページに載せたのは、先カンブリア時代の環境にいた生物を、当時のもっとも進んだ光感知システムでとらえたスナップショットである。

ようするに、先カンブリア時代の環境には、重要な刺激としての光、いやむしろ視覚に映る外観など、存在していなかったということである。なにしろ、当時の動物には眼がなかったのだから。おそらく、先カンブリア時代の動物も、化学受容器や音受容器、あるいは触覚受容器はそなえていたことだろう。カナダの雪のなかで見つけた藻類のように、単純な光感知器もそなえていたかもしれないが、像を結べる装置はもっていなかった。先カンブリア時代にあっては、光はきわめてマイナーな淘汰圧にすぎなかったと思われる。光が、多細胞動物の進化に直接的な影響を及ぼせたとは考えられない(ただし、光合成をする藻類を食べていた動物は日光の当たる場所にしかすめないといった、間接的な影響はありえた)。

先カンブリア時代には、競争や捕食が主要な淘汰圧になることはなかったはずだが、足場を固めつつあったことはたしかである。先カンブリア時代のエディアカラ動物は、徐々に脳を発達させつつあった。環境中の刺激や新奇なものを感知し、その情報を処理する方法を発達させつつあった。また、嚙み砕く能力を進化させている最中で、付属肢には徐々に硬組織の萌芽が現われつつあった。先カンブリア時代の生痕化石として残されている足跡を調べると、胴体を脚で支えて、地面から離していられたことがわかる。しかし、現時点の真っ暗な洞窟内における進化と同じように、先カンブリア時代における進化速度も概してスローだったはずだ。もし、ただ一度の歴史的な出来事が起きなかったとしたら、そのスローなペースは今も続いていたかもしれない。その出来事は、体の一部の変化という点では、他に何度も起こった進化上の革新と、何ら変わりないものに見えただろう。ところがその出来事は、他とは質を異にするものだった。世界を永久に、以後二度となかったほどのスケールで変えてしまったのだ。先カンブリア時代の終わりに、大半の動物門が徐々に進化しつつあった傍らで、軟体性の三葉虫に重大な変化が起ころうとしていた。光感受性をもつ部位が、その精度を増し、しかも別個のユニットに分かれつつあったのだ。個々のユニットから出ている神経がその数を増し、それにつながる脳細胞の数も増えていった。それらの神経や脳細胞は、数を増すか、他の感覚に接続する配線や処理システムが借用されるかしていた。それと同時に、個々のユニットの覆いがふくらみ、集光力をもちはじめた。ある日、そうした変化がクライマックスに達し、複眼が形成された。

映像あれ！　かくして、動物界に、まったく新しい感覚が導入された。しかもそれは、尋常ならざる感覚だった。やがて最強の感覚となるべき感覚は、ある種の（三葉虫になりかけの）原始三葉虫、すなわちこの世で初めて眼を享受した動物の誕生とともに世に解き放たれた。地球史上初めて、動物が開眼したのだ。そしてその瞬間、海中と海底のありとあらゆるものが、実質的に初めて光に照らしだされた。カイメンの上を這いまわる蠕虫の一匹一匹、海中を漂うクラゲの一匹一匹が、突如、映像となって姿を現わした。地球を照らす光のスイッチがオンにされ、先カンブリア時代を特徴づけていた緩慢な進化に終止符が打たれた。

ようするに、眼の出現とともに、動物の外観が突如として重要となったのだ。しかし、周囲の世界とそこにすむすべての生物に対する刺激として視覚を導入するにあたっては、最初にたった一対の眼

先カンブリア時代の動物が、光刺激を利用して「見て」いた隣人たちの映像

が出現するだけでよかった。前見開きページに描かれた先カンブリア時代の光景に視覚が加わると、次の344〜345ページのような動物たちの姿が浮かびあがる。突如として、しかも史上初めて、動物は環境中のあらゆるものを見つけられるようになった。しかも、ピンポイントの正確さで見つけられるようになったのだ。

二枚の絵の違い、すなわち、先カンブリア時代とカンブリア紀における光感知能力の差は、閉じている眼を開けたときに経験する違いに匹敵する。眼を閉じた状態では、日光がさす方向はわかっても、たとえば誰かを見つけてそれが友人であることを認識することはできない。先カンブリア時代の動物のなかにも、光を利用して水面の方向を知ることができたものはいただろうが、仲間と敵の見分けはつかなかったはずである。しかし幸いなことに、潜在的捕食者のほうでも、彼らを見つけることはできなかった。そのため、先カンブリア時代には、やがて光は最強の刺激となるはずだったにもかかわらず、動物を光に適応させる強力な淘汰圧は存在していなかった。それが、カンブリア紀のはじめに最初の眼が進化すると同時に、地史的にはほぼ一夜にして、光は最強の刺激となった。

開眼により、世界は一変する。離れたところからでも、食物を見つけられる。生きものは、臭いを出さなければ嗅ぎつけられないし、音を出さなければ聞きつけられないし、すぐそばまで近寄らなければ触られることもない。したがって先カンブリア時代には、化学物質を出したり、音をたてたりさえしなければ、相手にぶつかりでもしないかぎり、捕食者を避けることができた。ところがカンブリア紀に入ると、生きものたちはライトアップされてしまった。照明のスイッチがオンになったのだ。

眼が開けば、動物の大きさも、形も、色もわかる。さらに、その行動も見てとれるので、逃げ足はどれくらい速いか、捕まえられそうかどうかの判断もできる。動物のそのような特性は、カンブリア紀のはじめ、眼をそなえた最初の積極果敢な捕食者が地上に導入されたとたんに重要性を帯びるようになった。そしてこの時点から、すべての動物が光に、つまり視覚に適応しなくてはならなくなった。先カンブリア時代の終わり近くには、原始三葉虫に対して、眼を進化させるような淘汰圧が作用していた。しかし、それ以外の動物に、眼の出現にそなえた視覚への適応を徐々に進めさせるような淘汰圧ははたらいていなかった。動物は光あふれる環境中に否応なく自分の映像をさらすことになるため、適応した像をつくろうとする競争が始まった。今日も見られる視覚へのそうした適応は、ただちに開始された。ぷよぷよの蠕虫は、装甲や警告色を誇示したり、形状や体色でカムフラージュしたり、敵の追撃をかわせる遊泳能力を見せつけるなどの必要に迫られた。あるいは、視覚環境から逃れて、岩の隙間や泥のなかなどに引きこもれる体を進化させるという手もあった。しかし、当初の大混乱が一息ついた段階で、それ以上の適応は漸進的なペースに落ち着いたはずである。進化は従来のペースに戻ったのだ。

最初に開眼した動物は、一連の新しいニッチが開かれるのを、文字どおり目の当たりにした。それまで区別されていなかった海底に、日向と日陰があることに気づいた。しかし重要だったのは、環境を共有する他の動物たちを簡単に見分けられたことだった。どのくらい遠くにいて、どこに向かって動いているのか、どのくらいの速度で移動するかを見極めることができた。しかしこの時点ではまだ、直接的な結果は少なかった。開眼した個体にとっては、同種の他の個体よりも、食物や配偶者を見つけるうえで有利だったことくらいだろうか。それでもこの利点により、新たに獲得された、眼の形成をコードする遺伝子が種内に広まっていったはずである。そしてまもなく、その種の全個体が眼をもつようになり、新しい種へと分かれたのではないか。しかし、最初の開眼がなされた瞬間、地球上のあらゆる多細胞生物に作用する淘汰圧に変化が生じ、その結果はじきに形となって現われた。次なる淘汰圧は、能動的で活発な捕食の登場と、それへの対抗策の進化だった。

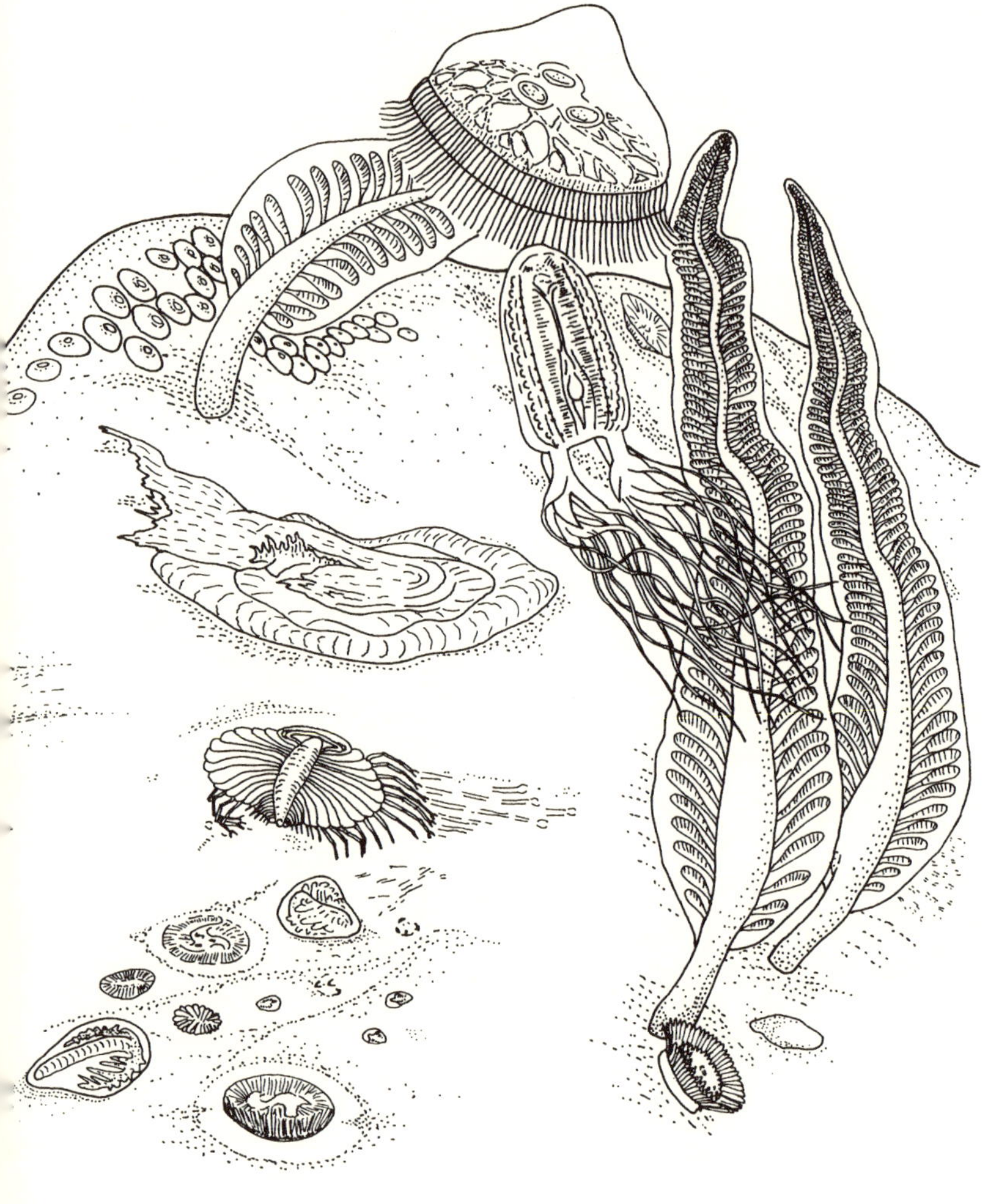

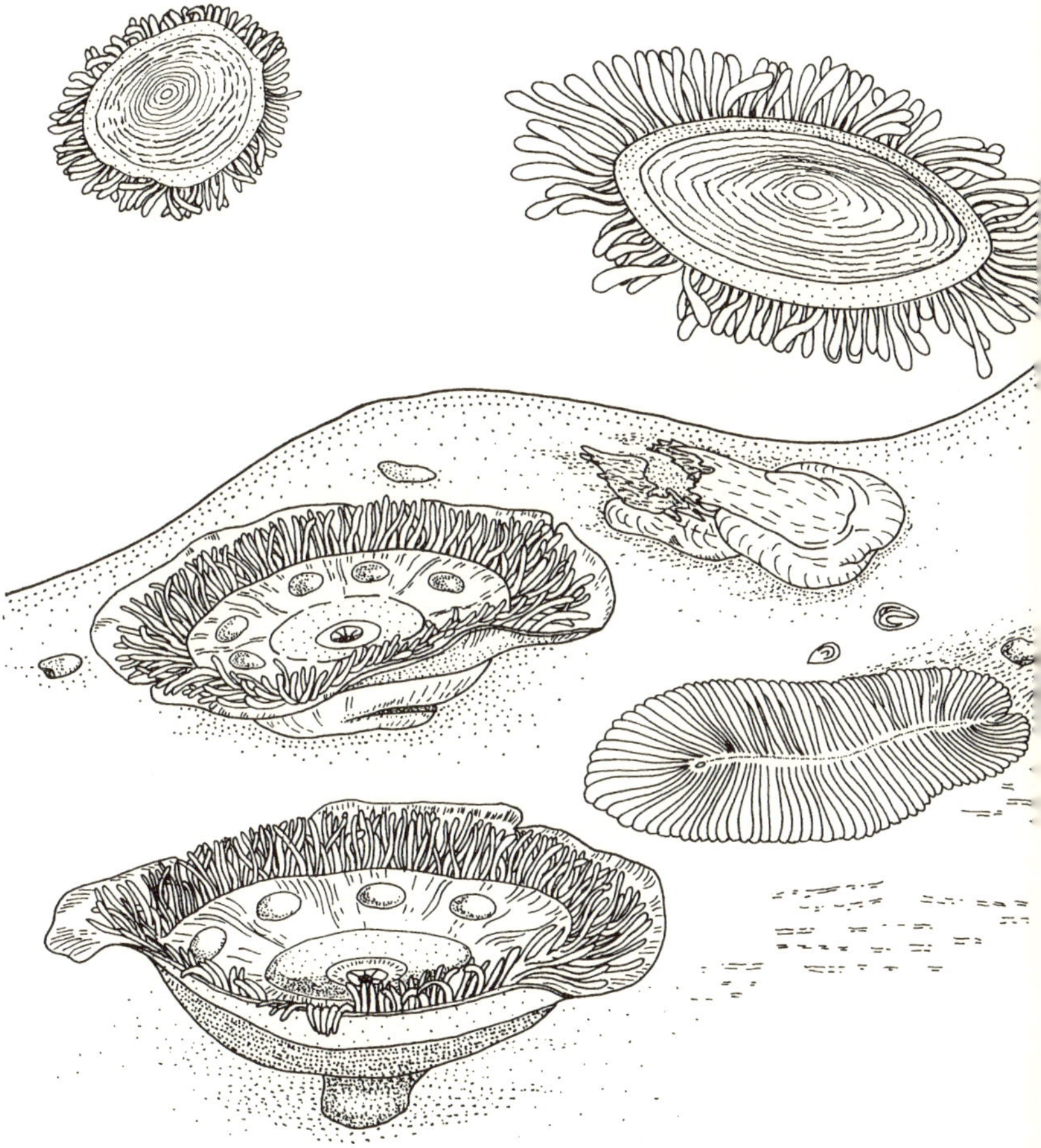

先カンブリア時代末に生息していた軟体性の多細胞動物。当時の最新鋭の光受容器、すなわち眼がとらえた、5億4300万年ほど前の光景。

最初に開眼した原始三葉虫たちは、欲求不満をつのらせていたにちがいない。それまでも、肉が好きで、おそらくは腐りかけた死体から漂う化学物質を検知することで海底で見つけた「食物」を食べてはいた。しかし今や、はるかに大きな可能性が、文字どおり「見える」ようになった。近くにいるあらゆる動物門の軟体性動物が、タンパク質の塊、つまりうまそうな食物として目に映っていた。それなのに、そうした連中を捕まえて殺せるだけの機動性も顎ももっていなかった。そうした浮遊動物を追いかける遊泳能力もなければ、殺戮行為を行なうための鋭い口器も付属肢もない。そうした装備を獲得するには、硬組織が必要だった。しかし、原始三葉虫には世界を支配するための潜在能力があったことを考えると、硬組織形成をうながす選択圧は強力だった。硬組織と能動的な捕食はほどなく実現したことだろう。つまり、原始三葉虫はすみやかに三葉虫へと移行することになった。

カンブリア紀初頭、地球上のすべての海で、眼と捕食用付属肢をそなえた三葉虫が姿を現わした。能動的な捕食の時代が到来したのだ。これで、海中に前代未聞の脅威が出現した。それら三葉虫は、やがて、白亜紀のティラノサウルスや、今日のライオンを登場させる道を開いたのだ。三葉虫がきわめて能動的で活発な捕食動物になりえたもうひとつの大きな要因は、海中への進出を可能にした遊泳能力だった。現在、多毛類のなかでもっとも高性能の眼をもつウキゴカイは、遊泳能力の面でも多毛類の頂点に立っている。高度の機動性がともなえば、眼ほど便利なものはない。先カンブリア時代の海中の捕食者は、主に触覚で世界を感知するクラゲ類だった。触覚を避ける適応手段はないため、このような捕食様式は、食べられる側の進化をうながす選択圧にはならなかった。

世界を震撼させたのは、まさしく三葉虫の出現にほかならなかった。ヤムシもカンブリア紀初期の捕食者だったが、多数派だったという証拠はないし、しかもかなり小さかった。したがって狩る獲物は小さな浮遊生物に限られていたので、カンブリア紀の謎で大役を演じた可能性はない。また、多少には進化しなかった。カンブリア紀の爆発は、ことごとく、視覚に頼る捕食者から身を護るための進化だった。

最初の眼が登場した時点で、原始三葉虫が世界を支配する可能性は、他の動物に作用する淘汰圧として了解された。淘汰圧は、目に見えない力である。それに気づく者はいない。こうすればいいとわかっていても、進化を「せきたてる」ことはできない。原始三葉虫には、積極果敢な捕食という生活様式をうながす淘汰圧が高まる一方で、他の多細胞動物に対しては、それへの対抗策をうながす淘汰圧が高まった。そうした圧力はすさまじいものだった。進化はバランスであり、そうである以上、一方に傾いた状態が続くことはない。絶滅する場合を除き、つねに釣り合いが保たれる。

最初の眼は、実質上、すべての動物に新たなニッチを開いた。ただし、新しいニッチが見えていたのは、原始三葉虫だけだったということはある。現生する魚は、自分たちが銀色をしているのは、捕食を避けるためであることなど、知るはずもない。しかし、魚類が銀色の体色を進化させたのは、利用可能なニッチを埋めるためだった。そのニッチとは、大型動物が、捕食者から見つからずに中層域で生活するという生活様式である。淘汰圧は、そうした利用可能なニッチを目標にした。カンブリア紀初頭に新設されたニッチはみな、日向であれ日陰であれ、誰もが進出可能な状態で開かれていた。そこを埋めるためのルールは、単純ではあるがかつてない目新しいものだった。

三葉虫のやりたい放題の時期はすぐに終わりを迎えた。三葉虫に、新たな淘汰圧が作用しはじめたのだ。それは、自分が餌食にならないようにすることだった。水中を泳ぎまわり、海底を精力的に駆けめぐっていれば、他の三葉虫と鉢合せすることもある。そうした他の三葉虫は、うまそうなごちそうに見えたろう。容赦なき共食いが始まった。三葉虫の進化は、食うことから食われないようにすることへと力点が移行した。空になった蠕虫の棲管の内部から、カンブリア紀の小型三葉虫の化石が見つかっている。自分よりも大きな三葉虫ハンターの眼を避けようとしたのだろう。進化のもうひとつの対応は、三葉虫に遊泳能力を与えた硬い外骨格に、装甲としての機能が加わったことだった。こうして、地球上で初めて、防具をまとう動物が登場した。ここで話をいったん戻し、三葉虫が食べていた軟体性動物が枯渇していったこと、とくにその理由について考えてみたい。三葉虫の食べ過ぎだけが原因ではなかった。

海底で軟らかい体を敵にさらしている動物が少なくなったのは、そういう動物もまた、進化していたからである。それ以前は、危険といえば不活発な受動的捕食だけだった。それはかなり効率の悪い捕食方法だったので、災難にあうのは、おそらく一〇匹中一匹といったところだったろう。捕食性の鰓曳虫に捕まるにせよ、イソギンチャクの触手にからめとられるにせよ、犠牲になる確率は一〇分の一。残る九割の個体は無事で、次世代を残すことができた。鰓曳虫やイソギンチャクが待ち伏せている場所さえ避ければ、つつがなく過ごせた。ところが三葉虫はさにあらず。自分たちを、積極的に探しまわっているではないか。カンブリア紀を迎えた時点で、事態は一変したのだ。

この光さす新世界に適応するための必須条件は、とにかく硬組織をそなえることだったようだ。進化の力点は、まさにここに置かれた。原始三葉虫に強力な顎をつくるための硬組織が進化したように、装甲用の硬組織が進化した。大半の底生動物の装甲は、上方からの攻撃にそなえるためのものだった。これは、能動的捕食者が遊泳動物だったことを裏づけるさらなる証拠となる。第8章で示唆したとおり、おそらく三葉虫は、カンブリア紀の海を遊泳する魚に相当していた。また、眼があると捕食者としての能力が高まるだけでなく、食われるのを防ぐうえでも役立つということで、節足動物門のあいだに眼が広まっていった。

化石記録をよく調べると、カンブリア紀にもっとも多様化した動物門、すなわちもっとも多様な硬組織を進化させた門は節足動物だったことが明らかとなる。節足動物はカンブリア紀の積極果敢な捕食者だったが、ある動物が能動的な捕食者となるにあたっては、眼の貢献が大きい。それ以外の三三の動物門にも硬組織をまとった動物はいたが、節足動物ほどの大勢力ではなかった。軟体動物と腕足動物を除くと、節足動物以外の門では、カンブリア紀の激動期に立ち会っていた種の数はかなり少ないのだ。その時期、眼をもつ活動的な捕食者に対抗するには、泳いで逃げる、岩の隙間に隠れる、穴を掘って潜る、装甲で防御するといった手段を講じる必要があった。そうした適応形態を獲得するには、たいていの場合、硬組織を必要とした。おそらくカムフラージュも重要な適応のひとつだったと思われるが、カムフラージュについてはそれを裏づける証拠も、否定する証拠もない。それでもカンブリア紀の爆発は、硬組織と形態、それと体色が関係した出来事だったことだろう。

しかし、他の三三の動物門がカンブリア紀に眼を進化させることはなかった（遊泳して眼をもつ現在のウキゴカイによく似たカンブリア紀の多毛類、インソリコライファは例外かもしれない）。眼をもっていたカンブリア紀の節足動物にくらべて他の動物門の多様性が低かったのは、もしかするとこのせいかもしれない。やがて他の五つの門でも眼が進化し、脊索動物と軟体動物ではこれが標準装備となるが、それはカンブリア紀が終わったあとのことだった。それら五つの動物門も、カンブリア紀のあいだは眼を進化させなかったのだ。たとえば、軟体動物門のなかで眼をもつグループであるイカの仲間が現われたのは、カンブリア紀からずっとあとだったことが、化石記録や進化の分析からわかっている。

つまりは、いろいろな種類で硬組織が出現し、その結果として多細胞動物の形態進化を後押ししたのは、能動的な捕食者だったようだ。この過程こそが、カンブリア紀の爆発だった。しかし、その引き金となったのは、眼の出現だった。とりあえず探し求めているのは、出来事そのもののくわしい説明ではなく、それをひきおこした原因である。カンブリア紀の食物網の発達に注目するマクメナミン夫妻の修正案は、カンブリア紀の爆発そのものの記載ではあるが、爆発を開始させた原因の説明ではない。現行の「生命の法則」が成立したのは、カンブリア紀の爆発のさなかのことだった。最初の眼の出現は、それまでの「法則」を反故《ほご》にし、原則なしのシナリオを創出したことで、動物たちのあいだに大混乱を生じさせた。そのせいで進化のギアがトップに入り、最低速ギアのときとは打って変わった進化が演じられることになったのだろう。

新しい原則が必要になっていた。あらゆる動物が、視覚に適応するための進化を迫られた。もたもたしていれば食われてしまうし、獲物におくれをとってしまう。かくしてカンブリア紀初頭に、視覚への適応レースが演じられた。新たに利用可能になったニッチの奪い合い、現行の「生命の法則」が成立するまでの大混乱こそが、カンブリア紀の爆発だった。これでようやく、確信をもって答えられる。カンブリア紀の爆発は、視覚が突如として進化したことでひきおこされたのだ。

カンブリア紀の爆発は適応までの混乱だった

バージェス頁岩に埋め込まれていた環境は、水深七〇メートルまでの海中である。水深七〇メートルといえば、日光が射し込む環境であり、色彩や装具がものをいう世界である。ハルキゲニアはバージェス産の有爪《ゆうそう》動物、ウィワクシアはバージェス産の多毛類であり、どちらも大きくて恐ろしげなとげを身につけていた。いずれも海底に生息していた動物で、とげは水中に突き出すように上向きに生えていた。このとげは頭上を泳ぐ捕食者に向けたもので、武装であると同時に装具でもあった（多毛類のとげは、捕食者、それも眼をもつ捕食者から身を守るために進化したというのが通説である)。同じ有爪動物でもアユシェアイアはとげを進化させなかったが、そのかわりにカイメンと「同化する」道を選んだ。カイメン上で生活する現生動物がそうであるように、アユシェアイアもカイメンと同じ体色を進化させたか、カイメンの色素を盗みとるかしたのだろう。現在の海でも、カイメンの上で生活しているクモヒトデや甲殻類は、完璧にカムフラージュしているため、そこにいたとしてもなかなか見つからない。視覚によって獲物を見つけるタイプの捕食者への現在のような適応は、おそらくカンブリア紀に急速に進化したものなのではないか。カンブリア紀初頭から今日にいたるまで、さまざまな生物が、視覚をそなえた捕食者に適応してきた。それがいかに強力な原理であるかは、同じ基本原理がおよそ五億四〇〇〇万年にわたって変わることなく続いてきたという事実が雄弁に物語っている。それは、強力でしかも安定した原理なのだ。

バージェス産のウィワクシア、カナディア、マルレラの虹色に輝く光沢には、おそらく、捕食者をひるませる効果があったのだろう。ハルキゲニアやアユシェアイアと同じく、これらの動物はのろまなごちそうに見えたかもしれない。しかし、捕食者が近づくと、その防護用のとげは七色の光を反射したはずである。色彩の変化や輝きは、ただの光よりもよく目立つため、とげという形状が視覚に訴える警告の効果は、よりいっそう高められたはずである。すでに述べたように、とげの形状と色彩は、ともに捕食者の視覚に対する適応であり装具なのだ。

南アメリカにすむヘビクビガメ類は、眼で見ただけで、周囲にいる獲物の栄養価をすばやく判断する。ところが、襲う相手は、栄養価とは関係なく、無防備な動物だけである。つまり、栄養価が高くても捕まえにくい動物は無視して、のろまで仕留めやすい獲物をねらうのだ。ウィワクシアは、バージェスの環境中に存在したすべての波長を反射させていたと思われる。ということはつまり、捕食者は全波長のなかの一部を感知し、ウィワクシアが発する虹色を見ていたことだろう。それは、ウィワクシアはたやすく捕まる獲物ではないぞというシグナルだった。カンブリア紀の環境下で光の誇示と視覚が果たしていた役割は、基本的に、現在の同じ水深の環境において果たしている役割と同じくらい重要だったはずである。

カンブリア紀は過渡期だったと述べたが、実際に混乱状態が続いたのは、カンブリア紀初頭のせいぜい五〇〇万年間だけだったようだ。その期間が、カンブリア紀の爆発だったのだ。すべての生物が視覚に適応し終えて「爆発」が収まると、混乱にかわって安定が訪れた。

節足動物のイソクシスやワプティアは五億一五〇〇万年前のバージェス頁岩からよく見つかる属だが、中国の五億二五〇〇万年前の澄山化石層からも見つかる。ということは、かなり長い期間、少なくとも一〇〇〇万年は生きていたことになる。アノマロカリスは、カンブリア紀のもっと長期にわたって生存していたことが知られている。カンブリア紀の爆発以後も長く生きつづけた動物はほかにもまだまだたくさんいる。

視覚は、明かりが点灯されると同時に爆発的に地球に登場したが、事態はまもなく落ち着きを取り戻した。視覚の出現は、その結果として開かれた新たなニッチをめぐる争奪戦をひきおこした。しかし、そうしたニッチがすべて満たされたあとは、再び小進化の出番となった。恐竜のことを思い起こしてみよう。恐竜が捕食者の頂点にあたるニッチを占有していたあいだ、哺乳類は食物ピラミッドの底辺に追いやられていた。哺乳類が頂点に立てたのは、恐竜が一掃されたあとのことだった。つまり、ニッチが埋められているあいだは、生態系は安定な状態を保ち、めったなことでは変化を受けつけないのだ。

なぜ視覚だけがスイッチになったのか？

光は、現在の環境中にあるさまざまな刺激のひとつにすぎない。他の刺激についても、これまで光について考えてきたのと同じように、カンブリア紀の爆発との関連を検討すべきなのかもしれない。「光スイッチ」とはいったものの、じつは感覚全般のスイッチであって、カンブリア紀の爆発開始時にすべての感覚が地球上に出現したということはないのだろうか。それとも、現在の動物がもつ視覚以外の主要な感覚は、カンブリア紀の爆発以前と以後に、少しずつ進化してきたもの、つまり大進化ではなく小進化によって出現したものなのだろうか。

その前にまず、視覚以外の感覚にはどのようなものがあるか、考えてみよう。ここで問題にする感覚とは、外部環境を感知し認識する能力である。感覚は、刺激と受容器によって成立する。とりあえず眼と視覚を別にすると、通常、受容器は化学受容器か機械受容器のいずれかである。そのほかに地球磁場の方向を感知する磁場受容器もある。磁気感覚の存在がいちばん知られているのは昆虫と脊索動物である。たとえば伝書バトは、「磁場の地図」を使って自分がいる位置を決定することができる。サメなど、ある種の魚は、磁気感覚を利用して獲物を狩るが、ふだんは定位のためにその感覚を利用している。ただし、磁気感覚が食う食われるの関係に一役買うようになったのはカンブリア紀よりもあとのことなので、カンブリア紀の爆発をひきおこした要因として考える必要はない。

ほかの感覚の小進化

化学受容器は化学物質を検知して味覚や嗅覚を生じる。この受容器を構成する神経繊維は、特定の化学物質に触れると電気インパルスを発生する。もっとも原始的なタイプの受容器は、神経繊維の末端が体の外表面に露出しており、体に触れた化学物質によって刺激されるようになっている。これをもっと複雑な受容器にするにあたっては、さまざまな方法がある。露出している神経繊維の密度を増せば、特定の化学物質に対する感度は高くなる。そこに、他のさまざまな化学物質に感受性をもつ神経が組み合わされれば、一連の化学物質を感知できるようになる。さらに、神経繊維を体表面から離して環境中に突き出すと、化学物質に対する感度がいっそう高まる。なぜなら、体の表面を覆っているねばねばの層で化学物質が遮断される機会が減ることになるからである。また、体表面から離れることで、その動物自身に由来する化学物質が、いわゆる「ノイズ」として影響しにくくもなる。環境中に突き出した神経は、毛で保護することも可能である。受容器には、孔がひとつ空いているだけの毛の内部に一本の神経繊維が入っているものから、多孔性の毛の内部に神経繊維の束が入っているものまである。体表面に生えているそうした毛の密度を増せば、全体としての複雑さや感度はさらに高まる。しかし、いかなる方法で感度を高めようとも、生じるパターンは同じである。パターンが決まっているため、化学受容器が進化の大爆発の起爆剤となることはない。

どんなに複雑で感度の高い化学受容器であろうとも、それが徐々に進化してきた道筋をはっきりとたどることができる。毛の束の形をとる受容器は、数本の毛から進化したものであり、さらに元をたどれば一本の毛から進化したものなのである。その一本の毛は、体表面の一個の突起から進化したものであり、その突起は、それ以前の祖先の平らな体表面を貫いていた一本の神経に起源をもつ。しかしここで重要なのは、この道筋はまあまあスムーズに移行したという点である。つまり、嗅覚や味覚の進化は地質年代を通じて連続的だった、多数の移行段階を徐々に経ることで進行したという点である。進化の道程もスムーズだった。

もっとも、「直線的」で「スムーズ」な進化というのはいいすぎかもしれない。たとえば毛には硬組織があり、すでに検討したとおり、硬組織は突然、地史的には一夜にして現われた。したがってその時点で、臭いや味を知覚する感度が飛躍的に高まった可能性がある。しかし、飛躍的とはいっても途方もなく大きい飛躍ではなかったはずである。なぜなら、神経繊維がもたらす情報が急激に何倍にも増大したわけではなかったからだ。それに、そのときの飛躍は化学受容器にとって最大の飛躍だったはずだが、カンブリア紀の爆発のさなかに起きたことなので、起爆剤ではありえなかった。ともかく、嗅覚や味覚が進化してきた道程にも、ちょっとしたでこぼこはあったということだ。

機械受容器は、環境中の物理的運動を検知する。この受容器を構成する神経繊維は、それ自体が動かされることで電気インパルスを発生する。何かの物体に接触したり、周囲の水や空気が動くと、そういうことが起こる。機械受容器は、触覚、聴覚ないし振動、重力、温度、圧力などを感知する。化学受容器と同じく、機械受容器も形や大きさはさまざまだが、やはり進化のパターンは同じである。機械受容器も段階を追って徐々に進化してきたとされているのだ。

地史的に見た場合の化学受容器や機械受容器の進化は、光受容器の進化とはくらべものにならない。その他の感覚受容器の進化にしても、レンズの出現に匹敵する出来事も、それに迫る出来事すらなかった。化学受容器や機械受容器の感度がカンブリア紀の爆発のあいだに高まったことはまちがいないが、動物の行動システムを全面的に変えてしまうほどではなかった。光感受性をもつ班点が視覚映像を結べる眼に変化したように、効率がいきなり「一〇〇倍」になった受容器など、他に例がない。これが、光受容器と他の刺激受容器との根本的な違いである。他の刺激受容器は、複雑さや感度が中途半端でも機能する。したがって、視覚以外の刺激受容器の進化は、理論的に直線的な向上をとりうる。ところが光感知器の場合には、中途半端なレンズではレンズがないのとほとんど変わりない。レンズの進化において想定される中間段階では、光感知の向上は微々たるものでしかないが、完全な集光機能をそなえたレンズが形成されたとたん、性能は途方もなく向上する。その場合の感度の飛躍的向上がすさまじいせいで、ダーウィンにとって眼の進化が悩みのたねだったのだ。しかしひるがえって考えると、あるタイプの受容器の進化がカンブリア紀の爆発を起爆したのだとしたら、その受容器は眼をおいてほかにはない。未熟で不完全な光感知器から眼への進化は、第7章で述べたように「見えない」状態から「見える」状態への一足飛びの飛躍だった。それは、形態上ではほんの小さな一歩だったが、動物の行動にとっては途方もなく大きな一歩だったのだ。

借用できた神経ネットワーク

受容器で集めた情報を処理するための脳の能力や神経系の進化史からは、それなり

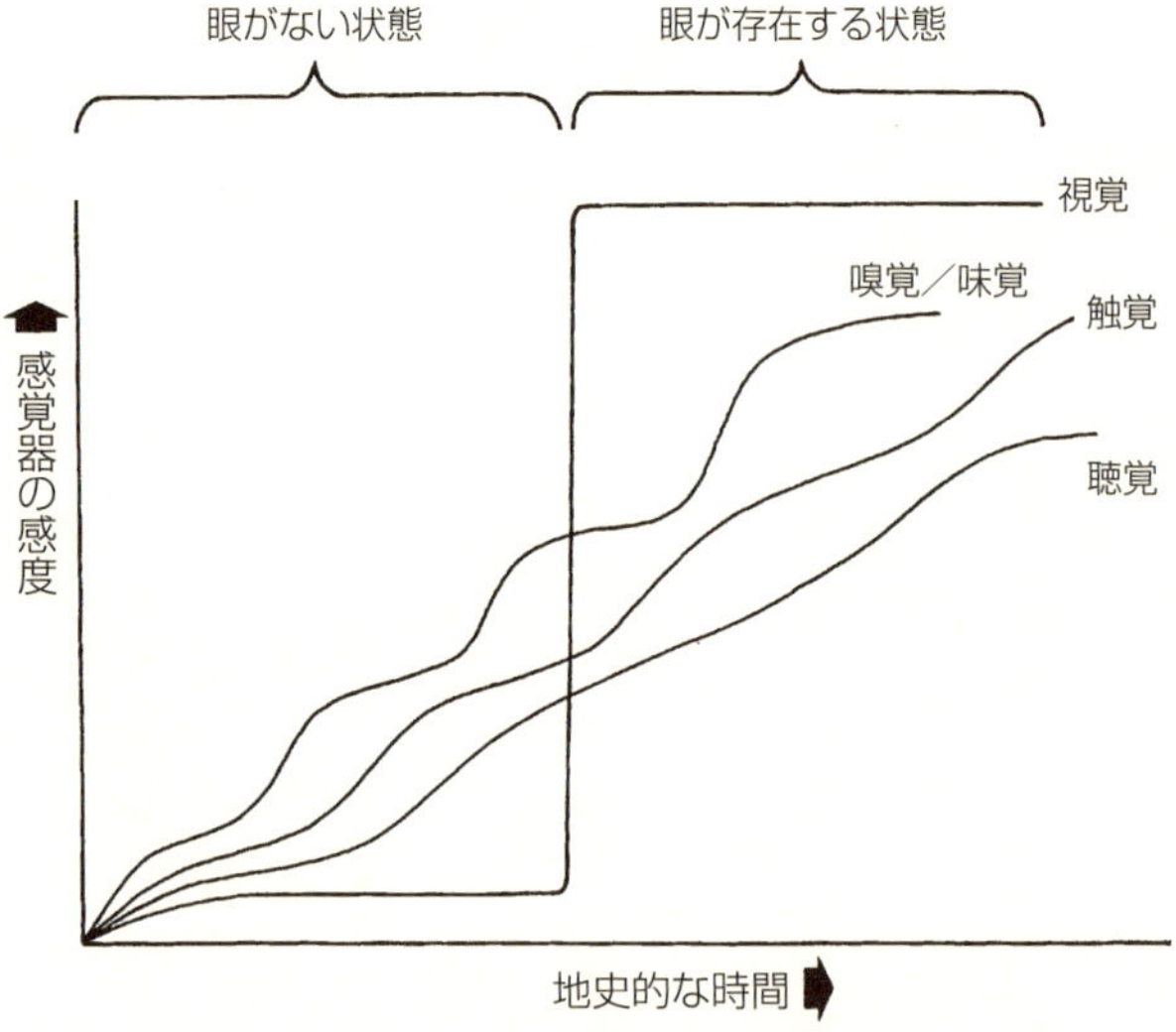

さまざまな刺激受容器が地史的に進化した道程の概略。地史的に見てフェーズが明確に二分されている感覚は視覚だけである。

の証拠が得られる。すでに述べたように、眼はカンブリア紀初頭に突如として出現し、たちまちにして普及した。カンブリア紀の節足動物の相当数が眼をそなえていたことから、当時の眼も今日の眼と同じように機能していたにちがいない。眼が機能するには、かなり大きな脳と神経ケーブルが必要なわけだが、それらの一部は他の感覚から借用したものだった。単純な前駆体である光感知器から一足飛びに眼になったとたんに視覚を獲得したことを説明するには、借用したと考えるのがいちばん妥当なのだ。借用が可能だったということは、カンブリア紀になる前の時点で、少なくともすでに何らかの感覚がそれなりのレベルにまで進化し、脳の内部まで続く神経ネットワークを確立していたのだろう。となると、そうした感覚がカンブリア紀の爆発を起爆したわけではないことになる。ならば、視覚以外の感覚はどのように進化したのかという興味深い問題が浮上する。その答は、さまざまな動物門を比較することで明らかになる。

進化史からの証拠

これまで、感覚が進化してきた地質年代に焦点をあててきた。しかしここではひとまず年代のことは忘れ、多細胞動物の進化の系統樹を検討しなおすことにしよう。系統樹は、遺伝子の突然変異が起きて、体内の体制（ボディプラン）が確立されていった順序を表わしている。それを見れば、どの感覚系が、どの時代かではなく、どの動物門で進化したかがわかる。一般に、系統樹から最初に分岐した門は、単純な神経系をもつ現生種が属す門であることも判明する。

海綿動物の機械受容（この場合は触覚）は、細胞の興奮によって生ずる。それよりも進化した門である扁形動物の機械受容は、自由神経終末が刺激されることで生ずる。さらに進化した門はさらに敏感な機械受容器をそなえており、遠くの物体の低周波振動によって生じた圧力波を感知できる。もっとも進化した門は、特殊な音受容器で音波や高周波振動を感知することさえ可能である。

他の感覚も、似たようなパターンで徐々に進化してきた。海綿動物は、化学受容に特化した器官はないが、やはり体表面の一般的特性として味や臭いを感知している。化学刺激を感知した海綿動物は、内腔の開口部を収縮させ、体内への海水や刺激物の流入を制限する。その際、刺激物に対して反応するのは、開口部をとりかこむ収縮細胞であり、特化した受容器は関与していない。進化の系統樹で海綿の次に分岐したのは、イソギンチャクやクラゲを擁する門である。イソギンチャクやクラゲは、口や触手に単純な化学受容器をそなえていて、食物の種類を区別できる。彼らには、食物の好き嫌いがあるのだ。軟体動物、棘皮《きょくひ》動物（ヒトデなど）、節足動物、その他さらに進化した門の化学感覚はさらに発達しており、食物のありかを見つけるのに使っている。

温度差を識別する能力は、大半の動物門ではほとんど発達していない。しかし、高度に進化した門のひとつである脊索動物門では、大多数のメンバーが鋭い温度覚をそなえている。脊索動物門において、圧変化に対する感受性をもつことでもっともよく知られた海生動物は魚類だが、他の動物門の遊泳種のほとんども、圧変化に反応することがわかっている。そのなかには、多毛類や節足動物のほか、いちばん古く分岐した動物門に属するクラゲ類やクシクラゲ類も含まれる。重力に対する反応も、ほとんどの動物門に共通して見られる。多毛類、棘皮動物（ナマコなど）、腕足動物、節足動物に加えて、クラゲ類の一部やクシクラゲ類もこの感覚をそなえている。

音波は、空気中よりも水中でのほうがよく伝わる。速度も速いし、減衰もしにくいのだ。しかし、聴覚と呼べる適応をそなえているのは、脊索動物だけである。他の動物門のメンバーにも音波や、水中の何らかの振動くらいなら感知するものはいるが、そのための器官はあまり複雑なものではない。多毛類のなかには水中音に反射運動を示す種類もいるし、ある種のカニは音を発することが知られている。それらの動物がどのようにして音を受容しているかは、ごくごく限られた方法だと思われるが、まだわかっていない。とにかく、聴覚に特殊化した大きな器官は認められない。カニの場合は、重力受容器が関与している可能性がある。昆虫類は、もともとは聴覚がなかったため、セミ、コオロギ、キリギリスといった鳴く虫は、発音装置だけでなく、音受容器も進化させる必要があった。この二重の進化は、受容器と発信器双方の微調整を必要とする長いプロセスである。重要なのは、この感覚は周囲にいる他の動物門のメンバーには直接の影響をほとんど与えないという点だろう。それに対して、視覚の影響は、光受容器をもつものにとどまらず、あらゆる動物門におよぶ。だからこそ、眼はカンブリア紀の爆発をひきおこす引き金となったのだ。

門レベルで見てゆくと、光受容器を除き、感覚の感度と系統樹上で分岐した順序とのあいだには、はっきりした関係が認められる。最初に分岐した動物門である海綿動物は、単純な機械受容器と化学受容器しかそなえていない。その次に系統樹から分岐した動物門である刺胞動物（クラゲ類など）と有櫛動物は、やはり単純な触受容器と、やや感度が増した化学受容器、さらに、そこそこの感度をもつ圧受容器と重力受容器をそなえている。次に分岐した動物門のひとつである扁形動物は、さらに発達した機械受容器をもっている。

ところが、最近になって分岐した動物門では、ほとんどの種類の感覚受容器に全般的な向上が見られる。これは、当然予想されることだ。体のつくりが複雑になるにつれて、感覚知覚の鍵をにぎる脳や神経系も複雑になるため、感覚知覚のレベルも高まる傾向があるからである。こうしたことからもやはり、視覚以外の感覚は、カンブリア紀の前からすでに少しずつ進化しはじめていたことがうかがわれる。どうやら眼は、感覚器としては型破りの進化をとげたらしい。

避けようのない光

最後に、すでに何度も触れた問題に戻ろう。光受容という感覚は、そのもとになる刺激の特異性ゆえに、他の感覚とは質を異にしている。日の光はたいていの環境に存在しており、どんな動物も自分の視覚サイン、つまり像を環境中に残すことになる。その像が、探知される絶好の対象となる。したがって動物は、視覚への適応として、自らの視覚的外観に適応するかたちでの進化をとげなければならない。ようするに、形状や色彩による警告を発したり、カムフラージュしたり、物理的障壁の背後に身を隠したりしなければならないのだ。

視覚以外の感覚のほとんどは、動物が出す刺激がもとになっている。したがって、動物がその刺激を出さなければ、探知されるおそれもない。また、化学受容器、それとある程度まで機械受容器も、それらが感知する刺激は、ある一定の狭い領域に限定されている場合が多い。そのため動物は、その特定範囲の刺激だけを出さないように進化すればよい。

しかし、視覚への適応はそう簡単にはいかない。なぜなら、たいていの眼は、その環境中にある光刺激のほとんど、つまり光のスペクトルのほぼ全領域を感知してしまうからである。これはまったく偶然の話なのだが、本章を書いている最中に、ぼくはこの原則がはたらく現場を目の当たりにした。ハエトリグモが、大きさが二倍もあるハエを捕まえようとしていた。壁にとまっていたクモは、背景とそっくりの色をしていたため、ほんの一〇センチメートルしか離れていない場所にとまったハエは、クモの存在にまったく気づいていなかった。ハエはすぐれた化学受容器をもっているが、ハエトリグモの臭いは感知しない。しかも、クモの姿は背景にまぎれていたため、ハエには見えていなかった。しかし、クモがハエに跳びかかれる射程範囲にとらえるには、どうしても動かざるをえない。動いたせいでクモの外観に変化が生じたため、ハエがクモの存在に気づき、飛び立ってしまった。ハエにとっては幸いなことに、太陽はつねに輝いており、クモとしては可視光でサインを残す羽目になる。この問題には、進化をもってしても満足な解決策は編み出せないのだ。

結論として、すべての動物は光に対して適応しなければならないが、他の刺激では事情が異なっている。たとえば、化学受容器が急激に発達したとしたら、それに対する適応として、動物は体から出る化学物質を最小限に抑えればよい。ただしそうした変化に、硬い外部組織が関与することはほとんどない。実際、そうした性質をもつ変化のほとんどは、体内の化学処理プロセスで起こる。ということは、化学受容器に革命が起きたとしても、外部形態の進化をひきおこしたカンブリア紀の爆発の起爆剤とはなりえなかったわけである。

眼がもたらす新たな挑戦

見方を変えると、視覚への適応は、他の感覚にも影響を及ぼすといえる。視覚に頼る捕食者に対する門が閉ざされると、主として別の感覚に頼っている捕食者への門が開かれる。防護用の硬い装甲は、眼をもった捕食者に対する装具となっている場合が多い。それは、攻撃するだけエネルギーの無駄だぞ、そっちに危害が及ぶことだってあるぞという信号なのだ。ところが、目の見えない捕食者はその信号に気づかない。装甲で身を固めた動物は、水中の最大の脅威である、眼をもつ積極果敢な捕食者への対抗策を最優先に進化している。しかしそうすることで、逆に新しいニッチを創出する結果になった。つまり、積極果敢ではない捕食者が生きてゆけるニッチを生み出したのだ。

そこで登場するのがヒトデである。ヒトデは目が見えないが、動きののろい動物ならば、装甲で身を固めた動物でも襲って食べることができる。ヒトデは、嗅覚と触覚を頼りに獲物を探し当てると、がっちりと押さえつけて、軟らかい肉に通じる入口を探り当てる。しかし、こんなことが可能なのも、動物がすべてに適応することなど、どだい無理な話だからである。たいていは、当面の最大の脅威に向けた適応手段しか講じられないからにほかならない。すると、別の脅威が裏口から忍び込んでくる。もっとも、今でこそ裏口だが、かつてはそれが表玄関だったのだ。

五億四三〇〇万年前という意味

覚えておかねばならないのは、先カンブリア時代に、眼の獲得レースが開始の時を待っていたわけではないということである。進化は、そんなふうには起こらない。そういう、目的論的な見方は間違っている。そうではなく、ある日、ルールを変えてしまうような何かが、環境中にもたらされたのだ。そのとたん、淘汰圧の方向か規模が変わった。進化は、適応放散によって進む。その原因は、たいてい、環境における仕様書の変更である。英国の進化生物学者ジョン・メイナード・スミスは、その著書『進化の理論』において、「進化の方向が逆行したり変化したりするのは、たいていの場合、そこの環境を利用する方法が変化したことを受けてのことである」と述べている。いずれにしろ、眼の出現をしのぐほどの環境の変化などなかったし、それは目の見えない動物にとっても重大な変化だった。現在、視覚をそなえているのは三八ある動物門のうちの六門にすぎないが、全動物門の種を見渡すと、じつに九五パーセント以上の動物種が眼をそなえている。この事実を見ても、眼は環境を利用するうえで重要な方法であることがわかる。

マイケル・ランドは、一九九二年に発表した「眼の進化」と題した総説論文の冒頭で、「五〇億年以上前に地球が誕生して以来ずっと、日光は生物の進化を支配するもっとも有力な淘汰圧だった」と述べている。この言は、生物一般、とくに光合成生物に関してはそのとおりである。しかし、こと動物に関しては、ただ単に光を感知するだけの粗末な感覚を別にすれば、過去五億四三〇〇万年間についてしかあてはまらない。もっとも、ランドの主張は、動物には「五〇億年」という数字はあてはまらないものの、それ以外の点では、ぼくが第3章から第5章で展開した推論を支持するものである。しかし、本書の主題にとって重要なのは、「五〇億年」という数字がなぜ動物にはあてはまらないのかを理解することである。地球の歴史を眼の出現前と出現後に二分したうえで、現在の動物にとってもっとも強力な淘汰圧となっている視覚の威力を考えると、視覚が誕生した日は、生命史を画す記念碑的な出来事と言わざるをえない。カンブリア紀の爆発のことはしばし忘れるにしても、視覚の出現、すなわち最初の開眼は、生物の生き方にとって、とりわけ動物の外部形態に関して、著しい変化をひきおこしたはずなのだ。この誕生日と、動物が爆発的な進化を開始した日が一致するのは、単なる偶然とは思えない。

ダーウィンは、『種の起源』の最後で、次のように述べている。

　さまざまな種類の植物に覆われ、灌木では小鳥がさえずり、さまざまな虫が飛びまわり、湿った土中ではミミズが這いまわっている、そんな土手を観察し、互いにこれほどまでに異なり、互いに複雑なかたちで依存しあっている精妙な生きものたちのすべては、われわれの周囲で作用している法則によってつくられたものであることを考えると、不思議な感慨がわく。

ぼくも、ダーウィンの旧宅であるダウンハウスの広大な庭を散策していて、やはり多様な生きものの存在に気づいた。けれども、ほんとうはもっとたくさんの生きものが見えてしかるべきはずなのだ。ダウンハウスが位置する地方で見られる動物相の一覧に目を通すと、ダーウィン邸の庭の小道から見える田園地帯には、もっとたくさんの生きものが生息しているからである。白い紙を背景にすれば、アナウサギ、何種類かのおなじみの野鳥、もっと数の多い甲虫、カエル、ヘビなどなど、この地方にすむたくさんの動物の姿がたやすく見つかる。ところが、自然の生息場所を背景にすると、その姿がかき消えてしまう。どの生きものも、生息環境の光に適応しており、姿が目立たないようになっているのだ。野鳥のさえずりは聞こえても、その姿は見えない。見えるのは主に植物ばかり。植物は、動物の注意をそらすために見えにくい色になったりはしていないからだ。

もしダーウィンが時間をさかのぼり、スキューバをつけて先カンブリア時代末の海に潜ることができたなら、いたるところにあらゆる門の動物が見つかることだろう。哺乳類の祖先も含めて、さまざまな軟体性の動物が、目の前を這ったり漂ったりしているのが見えるはずである。ようするに、先カンブリア時代の動物は、まだ視覚に適応していなかった。たまたま派手な姿をしていたとしても、いっさい危険はなかった。今日ならばありえないことである。

第10章

では、なぜ眼は生まれたのか

三葉虫の眼は、それがかつて生息していた大古の浜には太陽が降りそそいでいたことを物語っている。そもそも自然界に目的のないものなど存在しない。したがって、光を受容するためにこれほど複雑な器官がつくられたからには、そこに差し込む光が存在したにちがいない。

——ジャン・ルイ・ロドルフ・アガシ
『地質学断章』(一八七〇年)

ひとつだけ答に窮した質問

そのようなわけで、三葉虫のあの最初の眼が開眼し、視覚が進化したことこそが、カンブリア紀の爆発をひきおこしたのだ。これが、ぼくが解明しようとした問題、すなわちカンブリア紀の謎に対する答である。二〇〇〇年にロンドンの王立研究所で行なった講演でこの解答を発表したところ、ぼくは質問ぜめにあった。ほとんどの質問はかわせたが、ひとつだけ、答に窮する質問があった。光スイッチ説は、さらなる問題提起もしてくれる。扉がひとつ閉まったとたん、別の扉が開くようなものだ。

その質問を受けたのは、講演の終わり間際だった。「何が眼の進化の引き金となったのですか」。この問いにはどうしても答えねばならないと思う。眼は前々からずっと満を持していたのであって、ある動物のなかで眼をつくる遺伝子や材料がととのった段階でただちに出現したという答では、目的論の罠にはまってしまうからだ。最近、この問題に興味を抱いた地質学者や気象学者が、答を求めて調査に乗りだした。理屈からいって、その解答は、カンブリア紀直前に地表面の光量を増大させた出来事にあったとも考えられる。そうした出来事があったとしたら、眼の進化をうながす淘汰圧が突如として高まったはずである。では、地球の生命史の流れを間接的に変えた、その決定的な出来事とは何だったのだろう。

最初の眼は、進化とは独立の要因である、日光の増大に反応して進化したにちがいない。バイオルミネッセンス（動物が生ずる光）は、それを見る眼が存在しないうちは、進化したとしても意味がなかったはずである。じつは、先カンブリア時代の最後に地表面の日光の量が増大したことを示す地質学的証拠が見つかっている。地球磁場との直接的な関係により、光量の増大は、岩石中に保存されている放射性元素である炭素一四やベリリウム一〇の量の増大と比例する。しかもその時代には、地球の温度も上昇していた。これで、答が、少なくともその一部なりとも得られたことになる。眼の進化をうながす淘汰圧が高速ギアに切り替わったときに、眼は進化したのだ。しかし、日光の量を増大させた要因探しがまだ残っている。太陽から出た光は、太陽系の宇宙空間に存在する惑星間物質のなかを通り、地球の大気中を通り抜け、さらに海中を通過する（カンブリア紀の生物はすべて海生だった！）。ということは、地表面の日光の量が増大するにあたっては、太陽から放射される光の量が増すか、太陽と地球の海底とのあいだに存在する物質の光透過性が増すか、そのいずれかが起きなければならなかった。

恒星の形成に関する理論から、四六億年前の太陽は現在よりも二五ないし三〇パーセントは暗かったというのが定説である。ただし、変化は徐々に起こったと考えられるが、どんなパターンで光の放射量が増大したのかはわかっていない。問題にしている時間は膨大である。それを考えると、光量が少しずつ、あるいは段階的に増大したとすると、カンブリア紀の爆発が起きる前の数百万年間の増加分など微々たるものである。ただし、先カンブリア時代末に日光の量が臨界レベルに達したという可能性も否定はできない。つまり、日光の量があるレベルを越えたために、大気中に新たな反応を惹起し、大気の光透過性を高めた可能性もあるということだ。そうなると当然、地球上の日光の量を増大させるもうひとつの要因が浮上する。

地球の大気組成は、まちがいなく光の透過性に影響する。成分によって、日光の吸収率が異なるからだ。ちなみに、大気組成は地質年代とともに変化してきている。一部の気象学者は、先カンブリア時代には一面の霧（火山活動などさまざまな原因が考えられる）が地球表面を覆い隠し、巨大な傘のごとく日光の大部分をさえぎっていたと考えている。もしそうなら、先カンブリア時代の末にこの霧が晴れたのだとしたら、地表面の光量は大幅に増加したことだろう。では、霧が晴れたとしたら、それはどうしてなのか。ひとつ考えられるのはやはり、太陽からの光の放射量がわずかに増大し、臨界レベルを越えたのではないかということだ。太陽放射がほんのわずかに増えたことで、一面の霧が透明な水蒸気に変わり、その結果、地史的に見るとほぼ一夜にして、地球の空は晴れあがり、どこまでも見通せるようになった。先カンブリア時代末に日光が急激に強まった理由としては、この説明がいちばん妥当なものに思われる。しかし、別の可能性も残されている。

ここまでは、大気中における光の透過性の変化について考えてきた。しかし、大気圏外の可能性も存在するのではないか。つまり、太陽と地球間で太陽光の吸収が減少するような出来事が起きた可能性である。起きたとすれば、その原因は銀河系の成り立ちにあったと思われる。

地球は太陽系のなかにあり、その太陽系はひとつの銀河のなかにある。われわれの銀河系は、星々が集合して、真ん中がふくれた「円盤」のような形をしている。しかし、この銀河の円盤にはむらがある。中央部から周辺部に向かって、四本の「アーム（腕）」が渦巻（対数らせん）状に伸びているのだ。われわれの太陽はいつも円盤の縁近くにいるが、銀河系内の同じ位置にずっととどまっているわけではない。時間とともに移動し、渦巻きアームのなかに入ったり、そこから出たりしている。毎秒六八キロメートルの速さでアーム内を進み、何千万年かでひとつのアームを横断する。また、銀河系の円盤にはいくらか厚みがあるため、アーム間の移動よりは小規模ではあるが、アーム内での上下動もある。

太陽系がひとつの渦巻アームに入ると、分子のガスや塵が密集した部分に出くわすだけでなく、星の密度も高くなるため、他の星にも接近する。ときとして星が爆発して「超新星」となることがあるが、地球の歴史には超新星にかなり接近した時期がある。超新星の出現は、地史的なスケールで太陽系周辺で起きた出来事としてはもっとも激烈なものだっただろう。ここでの議論との関連でいえば、超新星の出現は太陽系の惑星間物質に変化を生じさせる。

超新星は、二酸化窒素を形成させることで、可視光の吸収をひきおこす。その結果として、地表面の光量を減少させる。さらに、渦巻アームを通過するあいだに、太陽系が濃密な「オールトの雲」を横切る可能性もある。そうなると、太陽の明るさが増すと同時に地球の大気が不透明になり、差し引きで、やはり地球表面の光量が減少する。一方、太陽系が超新星やオールトの雲から離れると、地球はそれまでよりも明るくなったはずである。もしかして、こうした日光の増加が眼の進化をうながす淘汰圧を高めたのかもしれない。これは、先ほど述べた「一面の霧」そのものか、よく似たシナリオである。

超新星はまた、イオン放射や宇宙線を増加させることにより、大気中のオゾンを減少させる。する

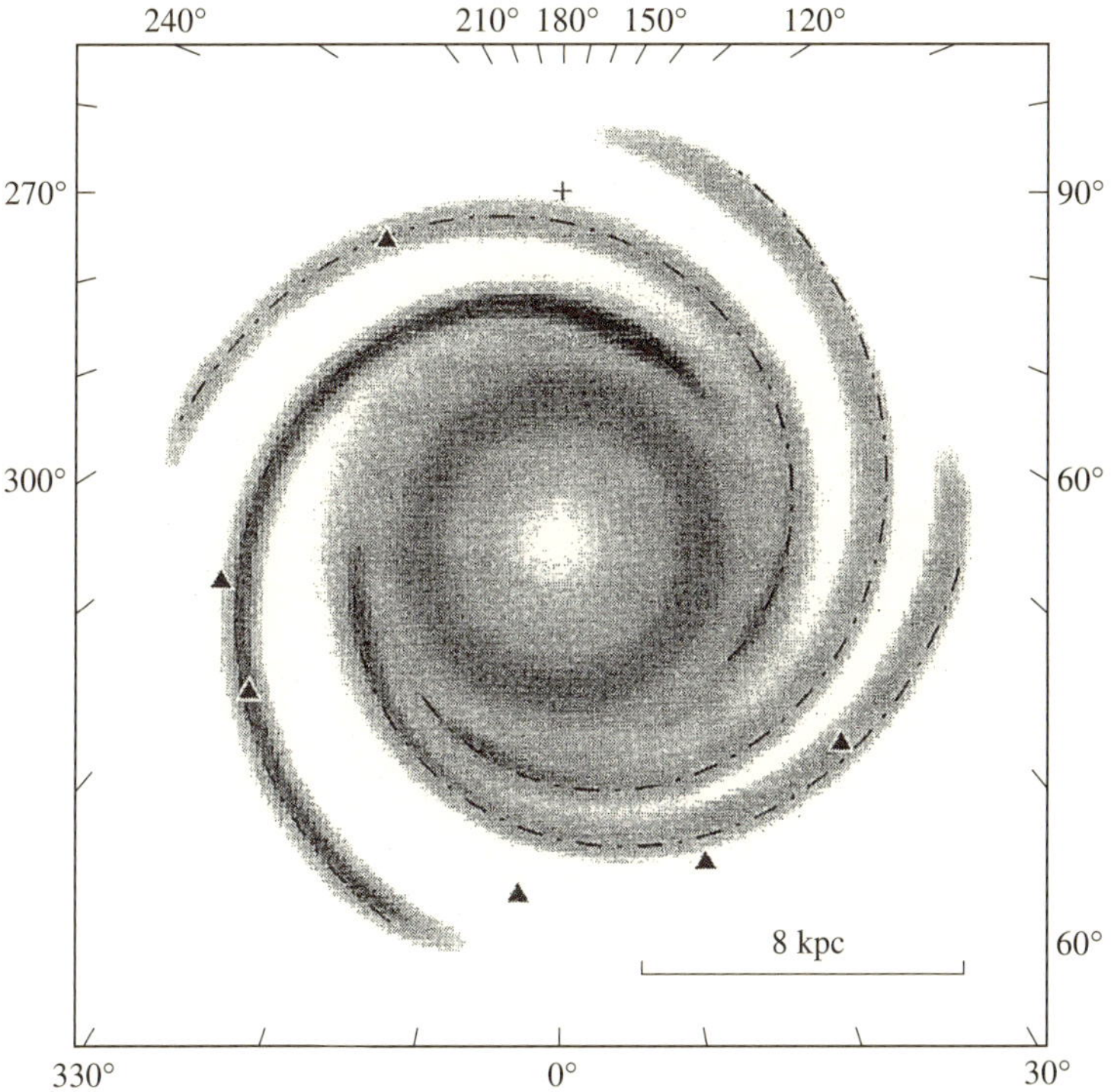

銀河系の俯瞰図。太陽（いちばん上の十点）から反時計回りに、射手座－竜骨座アーム、楯座－十字架座アーム、定規座アーム、ペルセウス座アーム。三角印は、カンブリア紀以降に大量絶滅が起こった時期の太陽の位置を示す（エリック・レイッチおよびゴータム・ワシシュトの論文から改変して掲載）。太陽系が渦巻アームに突入したことが、（巨大隕石の衝突を招いて）大量絶滅をひきおこしたと考える研究者もいる。破線は、渦巻がそれぞれ１度、４度、８度で伸びているアームの中心軌跡。

と、今日のオゾンホールをめぐる現象でよく知られているとおり、一部紫外線が地表に到達する割合が増加する。その紫外線は、視覚に利用される紫外線とは別の、もっと波長の短いもので、視覚に活用されるどころか、むしろ動物組織の損傷をひきおこす。地表に到達する日光を直接的に増加させるものがあるとすれば、超新星の爆発によって生じる閃光だが、それはあまり長く続かないので、進化の淘汰圧にはなりえない。したがって、超新星が進化に及ぼす影響は、惑星間物質や大気中の変化を介したものに限られる。しかしそれでも十分に、進化を一定方向に押しやるだけの効果があったかもしれない。この分野において残された研究課題は、タイミングの問題である。カンブリア紀の爆発が起きた時期と、地球が銀河系の渦巻アームを通過した時期とは一致するのだろうか。今後の研究が待たれる。

最後に、海の透明度の変化について検討しよう。現在の海は、特定の性質の光、つまり特定の色だけを通すフィルターとしてはたらいている。海水中を透過しやすいのは、一定範囲の波長、主として青色域にかぎられており、それ以外の波長は吸収されるか散乱されてしまう。しかし、海水中のミネラル含有量が変化すれば、このフィルターを透過するスペクトルの範囲が移動したり、広がったりする可能性がある。それまで岩石中に閉じ込められていたミネラル分を放出させるような出来事が地球表面で起きた可能性はあるだろうか。カナディアンロッキーの湖は、目の覚めるようなエメラルドグリーンをしている。氷河がその通り道の岩石をすりつぶしたため、時がたつにつれて湖水のミネラル含有量が変わり、その結果、湖底まで届く光の波長が変化したせいである。カンブリア紀の爆発の舞台となった海岸域でも、ミネラル含有量や光の透過性が変化した可能性はある。もしかすると、先カンブリア時代末に突如として、浅海に届く光のなかに紫外線光が含まれるようになったのかもしれない。紫外線といえば、現時点で視覚に利用されている波長域である。それが最初の眼に幸いした可能性を考えると興味がつきない。

ある種の動物は利用しているが、人間には感知できない紫外線波長について、さまざまなことがわかってきている。人間に紫外線光が見えないのは、眼のレンズが紫外線光を吸収してしまうからである。自然界において紫外線が形成する像を見る方法は、すでに述べた。カメラのフィルムで写せばいいのだ。ただし、通常のガラス製のカメラレンズは紫外線光を吸収してしまう。ところが、石英レンズはきわめて透過性が高く、とくに節足動物など一部の現生動物が視覚に利用している紫外線波長をよく透過する。三葉虫の眼のレンズを形成していたのも石英だった。ということは、あの最初の眼は、網膜に紫外線を感知する細胞をそなえていたのだとしたら、紫外線光も見えていた可能性がある。そしてそれは、十分にありえた話である。というのも、ヒトも

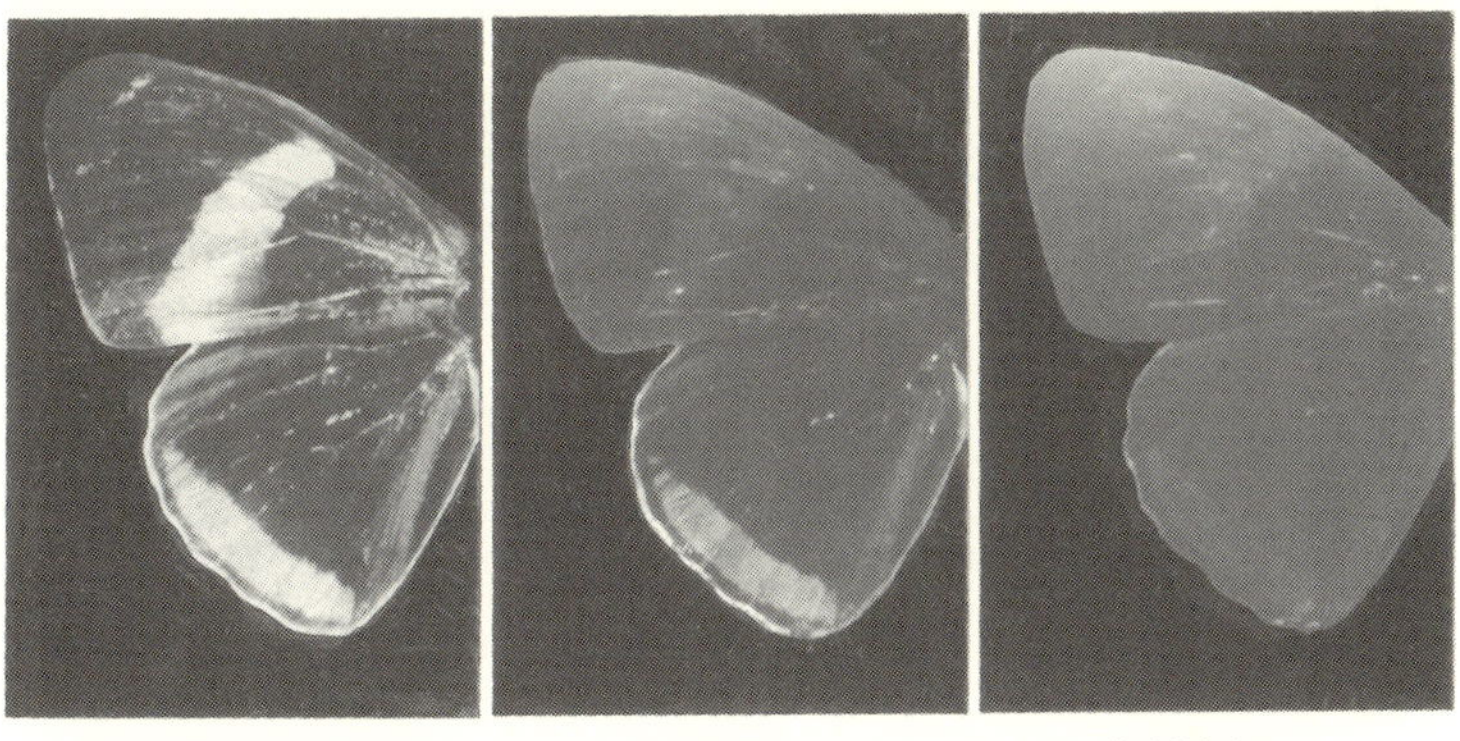

白色光 + 紫外線光
石英レンズ

紫外線光のみ
石英レンズ

紫外線光のみ
ガラスレンズ

白色光 + 紫外線光を当てて石英レンズで撮影したチョウの翅の白黒写真（左）。紫外線光だけを当てて石英レンズで撮影した写真（中）。紫外線光だけを当ててガラスレンズで撮影した写真（右）。チョウの翅は、肉眼で見ると、黒地に2本の青いすじが入っている。3枚の写真からは、下の翅のすじは紫外線も反射し、紫外線を透過する石英レンズでは写るが、紫外線を吸収するガラスレンズでは写らないことがわかる。

含めて、動物の青色光を感じる網膜細胞は、紫外線の一部も感知できるからだ（人工レンズを通せば、人も紫外線でものが見える）。カンブリア紀の海には青色光がいちばんよく届いたはずだから、三葉虫が青色を感じる網膜細胞をもっていたことはほぼまちがいないだろう。

現在の海が紫外線光をとくによく透過するということはない。それでも、紫外線の波長域の光を見る能力をそなえたエビなどがいる。それどころか、そのような発見がどんどんなされている。先カンブリア時代末に海洋の紫外線透過率が高まったのも、海水中のミネラル含有量の変化に加えて、光を散乱させる「粒子」が減少したことが原因だったと思われる。そうした粒子は、光のスペクトルの赤色側である長い波長の光よりも、青色や紫外線側である短波長の光をよく散乱させる。したがって、そのような粒子が存在していなかったとしたら、水面下の海中には、視覚に利用される波長域の紫外線がもっとたくさん射し込んでいたはずなのだ。

同じように、大気中で起きた現象が原因となり、視覚に利用される紫外線が海水中に到達する量が増加した可能性もある。空が青く見えるのは、大気中の「粒子」が青色の日光や紫外線を散乱させるためである。一方、それ以外の波長の光は散乱層をそのまま通過する。夕空がオレンジ色や赤色に染まるのは、夕暮れ時にはそれらの光線が見えるからである。ということは、大気中の散乱粒子の密度が変化すれば、地表に届くスペクトルの主要部分が、赤色やオレンジ色から青色や紫外線へと移行しうる。しかし、最初の眼がどんな色を見ていたのか正確なところがわかっていない以上、視覚の進化を促進するきっかけとなった波長の変化をつきとめる調査は、この辺で打ち切るしかない。

眼の進化を促進した淘汰圧として残された候補は、日光の総量、つまり明るさだけである。しかしここでもやはり、全般的に光の透過率が上がった理由としては、海水中のミネラル含有率の変化がいちばんの候補である（大発生していた藻類が一掃されたという説もある）。そうだとしたら、そのような変化をもたらした出来事が必要である。もしかしたら、スノーボールアース説を再検討してみるべきなのかもしれない。

第1章で述べたように、地球は、厚さ一キロメートルほどの氷に地表全体ないしその大半を覆われていた時期があった可能性がある。その氷が後退したときには、岩石中のミネラルが大量に放出されたはずである。巨大な氷床が地表を移動するあいだに、岩石の表面を削ってミネラルを取り込み、それを海へと運び込んだのだ。ところがあいにくなことに、タイミングがちょっとばかりずれている。カンブリア紀の爆発が起きたのは五億四三〇〇万年前から五億三八〇〇万年前である。それに対して、最後のスノーボールアース事件が終息したのは、遅くとも五億七五〇〇万年前のことだった。したがって二つの出来事のあいだには、少なくとも三二〇〇万年の開きがある。このずれは、あまりにも大きすぎる。理論上、眼は、五〇万年もあれば進化できるのだ。したがってぼくとしては、最後のスノーボールアース事件は、カンブリア紀の爆発とではなく、あくまでも先カンブリア時代にあった進化の「うねり」と結びつけて考えるべきだと思っている。

宇宙や大気や海水という媒質の光透過率が地史的にどう変化してきたかという研究は、まだ始まったばかりである。そのせいもあって、この問題については簡単にしか議論できなかった。将来、先カンブリア時代末の環境と並んでこの問題もすっきりと解明されることが期待される。

再びシドニーの海岸で

光スイッチ説は、最近の化石の発見と進化学の精査から生まれたものである（現代の色彩理論の成果も大きい）。地質学の記録がいまだに不完全であることに変わりはないが、ダーウィンの時代のように巨大な影を落としているわけではない。現代の古生物学者は、すっかり埋まりつつある化石記録の欠落をさらに埋めるべく奮闘しており、カンブリア紀の爆発の前後に生息していた未発見の生物種を求めて、地球の隅々まで探しまわっている。

当初ぼくは、光スイッチ説が突拍子もない説だと思われやしないか心配だった。とくに、他の大半の説とは目のつけどころがまったく異なっている点が不安のたねだった。眼がカンブリア紀の爆発の原因だって？　そんなばかな！　しかし、カンブリア紀の古生物学に現代の生物学を融合させてみて、ようやく安心できた。現時点での視覚の影響力について熟思した結果、最初の眼の出現は生命史上とてつもなく重大な事件だったと確信するにいたったのだ。この事実だけでも、ぼくは自分の考えを一人でも多くの読者に伝えたい。カンブリア紀初期の地層から新しい化石が発見されるにつれて、カンブリア紀の爆発の開始と眼の出現とがほんとうに同時期だったのかどうか、ますます正確な答がもたらされるはずである。しかし、現時点で得られている情報に照らすかぎり、この二つの事件はきわめて緊密な関係にあるように見える。

光スイッチ説は理にかなったみごとな説であるという自信をいよいよ深めたのは、ある新聞の編集長の反応を知ったときのことだった。オーストラリアの〈シドニー・モーニング・ヘラルド〉紙の記者、ジェームズ・ウッドフォードが、ぼくの説を紹介する総説記事を書いてくれた。これが朝刊の一面に掲載されることになり、その新聞の編集長は不安にかられた。発行日の前夜、紙面が印刷にまわされる直前になって、ジェームズは上司から問い質された。「ほんとうにこれは新説なんだろうな」。その話を伝え聞いて、ぼくはすっかり元気づけられた。それは、「こんなわかりきった話が、ほんとうに科学の新説なのか。誰だって思いつけることじゃないか」といわれたも同然だからである。まったくそのとおり。今のぼくは、これはあたりまえの答だと思っている。

最近泳ぎに行ったシドニーの海岸で、ぼくは再びコウイカの群れに出くわした。生物の多様性に目覚めるきっかけとなった、あの第1章で述べたのと同じコウイカの群れである。今度もまた、コウイカは弧を描いてぼくをとりかこみ、体色の劇的な変化を披露してくれた。またもや大きくて精巧な眼でぼくを見つめ、精妙な色彩のディスプレイを見せてくれたのだ。まるで、自然界における光の重要性を確証するかのように。そう、視覚はもうすっかり動物の行動システムに組み込まれている。そのとき、海底にいるカニに気づいた。その眼をじっと見つめながら、ぼくはつくづく考えた。節足動物の眼は、数多くの要求を満たすために起源したのだと。

訳者あとがき

本書は目から鱗の物語である。しかも、二重の意味で。

地球は太陽系の一部であり、地上の生命は太陽の恵みのもとに生を謳歌している。そもそも地球上に多様な生物が満ちあふれるきっかけとなったのは、光をエネルギーに変え、酸素を放出する光合成生物の登場だった。今からおよそ三五億年前のことである。それによって、後に食物連鎖を支えることになる土台の形成と、大気中の酸素濃度上昇が開始されたのだ。

しかし、その後の歩みはのろかった。なにしろ、今から六億年あまり前以前の世界からは、大型多細胞動物としては、クラゲとカイメン、そしてエディアカラ動物と総称される謎めいたグループくらいしか知られていない。それはまるで「暗黒時代」とでも呼びたくなるほど情報の少ない時代であり、そんなこともあって、それ以前の（最古の岩石が見つかる四〇億年前までの）およそ三四億年間は先カンブリア時代という呼称でひとくくりされている。

先カンブリア時代に続くカンブリア紀は、今から五億四三〇〇万年にはじまる。この五億四三〇〇万年前が節目となるのは、この年代から（四六億年の歴史をもつ地球の歴史との相対的な意味で）わずか五〇〇万年間に、節足動物を主とした多様な動物が、それこそ爆発的に登場したことによる。この爆発的な進化は、「カンブリア紀の爆発」と呼びならわされている。

カンブリア紀の爆発は、生物進化史上最大の出来事といわれてきた。ところがその原因については諸説並存のまま、いずれも決め手を欠いてきた。かのチャールズ・ダーウィンは、『種の起源』のなかで、先カンブリア時代から大型動物化石が見つからないのは、化石調査が進んでいないからだとの解釈を採っていた。しかしその後、化石の記録は着実に充実してきた。

カンブリア紀の爆発がどれほどの規模だったかを垣間見せてくれるのが、カナディアンロッキー山中のカンブリア紀初期の化石層から見つかるバージェス動物群化石である。バージェス動物群の奇妙奇天烈さとその研究史を世にはじめて広く紹介したのは、偉大な進化生物学者にしてサイエンスライティングでも健筆を振るった偉才スティーヴン・ジェイ・グールドの著書『ワンダフル・ライフ』だった。しかしそのなかでも、爆発的進化の原因に関しては、いくつか有力な説が紹介されていたにすぎない。この積年の謎にはじめて単純明快な答を下したのが、本書の著者アンドリュー・パーカーであり、その学説を紹介したのが本書『眼の誕生——カンブリア紀大進化の謎を解く』（*In the Blink of an Eye*, Free Press, 2003）である。

パーカーの新説は、名付けて「光スイッチ説」。生物がそれ以前から太陽光の恩恵を受けていたことは冒頭で触れたとおりだが、生物が太陽光線を視覚信号として本格的に利用し始めたこと、すなわち本格的な「眼」を獲得したのはまさにカンブリア紀初頭のことであり、そのことで世界が一変したというのが「光スイッチ説」の骨子である。俗にいう肉食動物が視覚を獲得したことで食う・食われるの関係が激化し、体を装甲で固める必要性が生じた（まさに軍備拡張競争の開始！）。それがカンブリア紀の爆発的進化を引き起こしたというのである。

パーカーは、自説を詳述するにあたって、まず基本的な事実確認から始めている。一般にカンブリア紀の爆発というと、カンブリア紀開始当初のわずか五〇〇万年間に、多様な動物グループが突如として出現した出来事であると理解されている。しかしそれは事実誤認であるというのだ。その直前までにすでに登場していたすべての動物門が、突如として複雑な外部形態をもつにいたった進化上の大事変こそが、カンブリア紀の爆発の実体にほかならないというのである。そしてそのきっかけが、「眼」の獲得だった。まさに「あっ、そうか」というアイデアであり、しかも「眼」の獲得が文字どおり鱗すなわち装甲を生んだというのだ。冒頭で、二重の意味での「目から鱗」の物語と書いた所以である。

概略だけを紹介すればそういうことなのだが、その一方で本書は、著者がこの「目から鱗」学説を着想するにいたった経緯とその背景を語った証言記録でもある。一般向けの著作としては著者の処女作であり、いうなれば研究者としての青春記でもあるのだ。そこで本文中の一人称は、あえて「ぼく」でとおすことにした。

著者アンドリュー・パーカーは、一九六七年英国生まれ。オーストラリアに移住してシドニーのオーストラリア博物館に在職しながら、ウミホタル類（節足動物貝虫類）の研究でマクアリー大学から博士号を取得した。その研究の過程で、ウミホタルの、生物発光とはまた別の発光現象を発見したことから、動物の体色と光学の分野に研究領域を広げていった。そして、バージェス動物化石に構造色の存在を示唆する証拠を発見したことをふまえて、一九九八年に「光スイッチ」説を発表。一九九九年には英国ロイヤルソサエティ（英国学士院）の大学特別研究員に選任され、オクスフォード大学動物学科の研究リーダーに就任（オクスフォード大学サマーヴィル・カレッジのリサーチフェローも兼任）。二〇〇五年からはロンドンにある英国自然史博物館動物学研究部研究リーダー（微生物学および生物測定学部門）とオクスフォード大学グリーン・カレッジのリサーチフェローの地位にある（オーストラリア博物館とシドニー大学の客員研究員も兼務）。二〇〇四年一一月には、ロレアル賞連続ワークショップの講演者として来日した。また、二〇〇五年五月には、本書の続編として、自然界の色を主題とした意欲作 *Seven Deadly Colours: The Genius of Nature's Palette and How It Eluded Darwin* (Free Press, 2005) を出版している。

光スイッチ説は、発想と結論が単純なだけに、その真価がなかなか伝わりにくい面がある。本書の内容が、安直に結論に走るのではなく、関連分野の研究成果紹介を経るという遠回しの構成をとらざるをえなかったのも、単なる思いつきに終わらせず、堅固な証拠を積み上げることで説得力のある進化学説を提唱した科学者パーカーの努力と執念の軌跡を、読者にも共有してもらいたいからにほかならない。

それにしても、五億数千万年前の化石の色を現代によみがえらせ、史上最大の大進化の謎を鮮やかに解き明かしたパーカーの眼力には驚嘆するほかない。二〇〇四年の来日時に親しく接した印象では、自然史学と美術を愛する控えめでハンサムな好漢だった。

以下に、カンブリア紀の爆発をめぐる関連図書を紹介しておこう。

スティーヴン・ジェイ・グールド著『ワンダフル・ライフ――バージェス頁岩と生物進化の物語』(ハヤカワ文庫)

――言わずと知れたバージェス動物に関する必読書。

スティーヴン・ジェイ・グールド著『八匹の子豚』(早川書房)

――その後のバージェス研究の進展を踏まえたエッセイを含む。

サイモン・コンウェイ・モリス著『カンブリア紀の怪物たち――進化はなぜ大爆発したか』

——バージェス研究立役者の一人によるバージェス動物の正伝。（講談社現代新書）

デリック・ブリッグスほか著『バージェス頁岩　化石図譜』（朝倉書店）
——バージェス化石を総覧できる。

荒俣宏編集『このすばらしき生きものたち——カンブリア大爆発から人工生命の世紀へ』（角川書店）
——バージェス化石産地紀行も含むカラフルな冊子。

リチャード・フォーティ著『生命40億年全史』（草思社）
——バージェス化石の解釈をめぐる中立意見も開陳されている生命史決定版。

リチャード・フォーティ著『三葉虫の謎——「進化の目撃者」の驚くべき生態』（早川書房）
——本書の主役ともいえる三葉虫を知るための必読書。

アンドルー・ノール著『生命　最初の30億年——地球に刻まれた進化の足跡』（紀伊國屋書店）
——「暗黒時代」先カンブリア時代に光を当てた意欲作。

阿部勝巳著『海蛍の光——地球生物学に向けて』（筑摩書房）
——本書にも登場する日本人ウミホタル研究者の遺著

著者の来日時に翌年の出版を約束しながら、さらに年を越してしまった。著者と共訳者の今西康子さんには申し訳ないと思っている。また、草思社編集部の田中尚史さんとフリー編集者の深井彩美子さんのお力添えにも、この場を借りて感謝したい。

二〇〇六年一月

渡辺　政隆

眼の誕生　カンブリア紀大進化の謎を解く

2006年3月3日　第1刷発行
2006年3月24日　第2刷発行

著　者　アンドリュー・パーカー
訳　者　渡辺政隆・今西康子
装丁者　間村俊一
発行者　木谷東男
発行所　株式会社 草 思 社
〒151-0051　東京都渋谷区千駄ヶ谷2-33-8
電　話　営業03(3470)6565　編集03(3470)6566
振　替　00170-9-23552
印　刷　中央精版印刷株式会社
製　本　大口製本印刷株式会社
ISBN4-7942-1478-2
Printed in Japan

草思社刊

生命40億年全史

フォーティ
渡辺政隆訳

隕石の衝突、地殻の変動、気候激変、絶滅と進化――生物たちの命運を分けた事件とは。謎とドラマに満ちた壮大なる進化劇を、巧みな語り口で一気に読ませる決定版・生命史。

定価2520円

複雑な世界、単純な法則
ネットワーク科学の最前線

ブキャナン
阪本芳久訳

大量絶滅の引き金とは？ 貧富の差はなぜ生じるか？ 脳はなぜ素速く働くのか？ 世界を「繋がり」で捉える新手法、ネットワーク科学が難問に驚くほどシンプルに答える！

定価2310円

銃・病原菌・鉄（上・下）
1万3000年にわたる人類史の謎

ダイアモンド
倉骨彰訳

なぜ人類は五つの大陸で異なる発展をとげたのか？ 分子生物学から言語学にいたるまでの最新の知見を編み上げて、人類史の壮大な謎に挑む。ピュリッツァー賞受賞作。

定価各1995円

文明崩壊（上・下）
滅亡と存続の命運を分けるもの

ダイアモンド
楡井浩一訳

イースター島やマヤ文明など、消えた文明がたどった運命とは――。繁栄が環境に与える負荷の恐るべき結末を歴史的事例で検証し、文明存続の条件を探る。全米ベストセラー。

定価各2100円

定価は本体価格に消費税5％を加えた金額です。